建筑工程项目管理

主　编　姚亚锋　张　蓓

参　编　徐广舒　许　茜　季京晨

主　审　蔡海兵

北京理工大学出版社
BEIJING INSTITUTE OF TECHNOLOGY PRESS

内 容 提 要

本书以现行国家标准《建设工程项目管理规范》（GB/T 50326—2017）为依据，结合国家注册建造师考试大纲，重点介绍建筑工程项目管理的基本理论和相关知识。本书共设有8个项目，主要内容包括绪论、建筑工程项目管理组织、建筑工程项目进度管理、建筑工程项目质量管理、建筑工程施工成本管理、建筑工程项目职业健康安全管理与环境管理、建筑工程项目合同管理和建筑工程项目信息管理（BIM案例）。每个项目后均附有自我测评，能够帮助读者理解并掌握建筑工程项目管理的基本概念和原理，提高建筑工程施工现场管理人员项目管理的能力。

本书可作为高等院校土木工程类相关专业的教材，也可作为相关从业人员的岗位培训教材，还可作为施工现场的技术和管理人员的自学和参考用书。

图书在版编目（CIP）数据

建筑工程项目管理 / 姚亚锋，张蓓主编. — 北京：北京理工大学出版社，2020.12
ISBN 978-7-5682-9346-4

Ⅰ.①建…　Ⅱ.①姚…　②张…　Ⅲ.①建筑工程 – 工程项目管理 – 高等学校 – 教材
Ⅳ.①TU712.1

中国版本图书馆CIP数据核字（2020）第254097号

出版发行 / 北京理工大学出版社有限责任公司

社　　　址 / 北京市海淀区中关村南大街5号

邮　　　编 / 100081

电　　　话 / (010)68914775(总编室)
　　　　　　(010)82562903(教材售后服务热线)
　　　　　　(010)68948351(其他图书服务热线)

网　　　址 / http://www.bitpress.com.cn

经　　　销 / 全国各地新华书店

印　　　刷 / 天津久佳雅创印刷有限公司

开　　　本 / 787毫米×1092毫米　1/16

印　　　张 / 15　　　　　　　　　　　　　　　　　责任编辑 / 钟　博

字　　　数 / 358千字　　　　　　　　　　　　　　　文案编辑 / 钟　博

版　　　次 / 2020年12月第1版　2020年12月第1次印刷　　责任校对 / 周瑞红

定　　　价 / 65.00元　　　　　　　　　　　　　　　责任印制 / 边心超

Foreword

前言

"建筑工程项目管理"是高等院校土木工程类相关专业的必修课，课程教学主要面向施工单位、监理单位及建设单位生产一线的工作岗位，着眼培养具有工程项目管理能力的实践型人才。

通过本课程的学习，学生应掌握建筑工程项目管理的基本理论和建筑工程项目进度控制、质量控制、安全控制和成本控制的基本方法，熟悉项目组织管理、合同管理、信息管理、风险管理、采购管理等基础知识，同时熟悉各种项目管理技术、方法在建筑工程项目上的应用特点。本课程旨在为学生建立一套建筑工程项目管理所需的知识、技术和方法体系，通过实训巩固，进一步培养学生发现、分析、研究、解决建筑工程项目管理实际问题的基本能力，为以后的工作打下坚实的基础。

本书教学内容可按照72～80学时安排，各项目参考学时：项目1为4学时，项目2为6学时，项目3为14～16学时，项目4为10～12学时，项目5为12～14学时，项目6为10～12学时，项目7为10学时，项目8为6学时。

本书由南通职业大学建筑工程学院建筑工程项目管理教学团队负责编写，由姚亚锋、张蓓担任主编，徐广舒、许茜、季京晨参与本书的编写工作。具体编写分工如下：姚亚锋编写项目6和项目7，张蓓编写项目1、项目2和项目3，徐广舒编写项目5，许茜编写项目4，季京晨编写项目8。全书由姚亚锋进行统稿。安微理工大学蔡海兵教授对本书进行了精心审读并提出了宝贵意见，在此表示感谢！

在编写过程中，编者参考和引用了大量的文献资料，在此表示衷心感谢。由于编者水平有限，书中难免存在不足和疏漏之处，敬请广大读者批评指正。

编　者

Contents

目 录

项目 1　绪论

内容提要 >>>

　　本项目主要介绍两个方面的内容：一是项目与工程项目的概念及特征、项目的生命周期及我国的建筑工程建设程序、工程项目的参与者及其作用；二是建筑项目管理的概念、内容、特点和意义，施工项目管理的目标、主要任务和各阶段的具体内容。

教学要求 >>>

知识要点	能力要求	相关知识
建筑工程施工项目管理概述	(1)能够理解项目的概念、特征； (2)能够分清项目与一般企业日常生产的区别； (3)能够理解工程项目的概念、特征及分类； (4)能够掌握工程项目建设程序及各阶段的具体内容； (5)能够熟悉工程项目的参与者及其作用	(1)项目的概念、特征； (2)项目与一般日常企业生产的区别； (3)工程项目的概念、特征及分类； (4)工程项目的建设程序及各阶段应完成的工作任务； (5)工程项目的参与者及其作用
建筑工程施工项目管理内容及程序	(1)能够理解项目管理的概念和特征； (2)能够掌握工程项目管理的概念、内容、基本职能、特点及意义； (3)能够熟悉建筑工程施工项目管理的依据、任务及项目管理过程	(1)项目管理的概念和特征； (2)建筑工程项目管理的概念、内容、基本职能、特点及意义； (3)建筑工程施工项目管理的依据、任务及项目管理过程

1.1 建筑工程施工项目管理概述

1.1.1 建筑工程施工项目基本概念

项目是指由一组有起止时间的、相互协调的受控活动组成的特定过程，该过程要达到符合规定要求的目标，约束条件，包括时间、成本和资源。项目的类型较多，如科研项目、社会项目、建筑工程项目等。

项目一般具有以下三个特征：

(1)项目的特定性。项目的特定性又称为项目的单件性或一次性，是项目最主要的特征。每个项目是唯一的，不可能批量生产。因此，要针对每个项目采取切实有效的管理措施。

(2)项目有明确的目标和一定的约束条件。项目的目标包括成果目标和约束性目标。成果目标包括设计规定的生产产品的规格、型号等项目功能要求；约束性目标包括工期、投资等限制条件。约束条件一般包括限定的时间、限定的资源和限定的质量标准。

(3)项目具有特定的生命周期。项目的生命周期从编制项目管理规划大纲开始至保修期结束为止。

建筑工程项目是指为新建、改建、扩建房屋建筑物和附属构筑物、设施所进行的规划、勘察、设计、采购、施工、竣工验收及移交等过程。

建筑工程项目可以从不同的角度进行分类，具体见表1-1。

表1-1 建筑工程项目的分类

分类方法	类别		
按照行业构成	生产性项目(包括建筑业、商业、交通运输等项目)		
	非生产性项目(教育、卫生、体育等项目)		
按照建设性质	新建		
	改建		
	扩建		
	恢复		
	迁建		
按照建设规模	基本建设项目	大型	生产性建设项目能源、交通、原材料投资额5 000万元以上，其他部门3 000万元以上
		中型	非生产性项目3 000万元以上为大中型项目，否则为小型项目
		小型	
	技术改造项目	限额以上	投资额5 000万元以上
		限额以下	投资额不足5 000万元

建筑工程施工项目是施工企业对建筑产品的施工过程及成果，也就是建筑施工企业的生产对象。建筑工程施工项目具有以下三个特征：

(1)建筑工程施工项目是建筑工程项目或其中的单项工程或单位工程的施工任务。

(2)建筑工程施工项目是以建筑施工企业为主体的管理整体。

(3)建筑工程施工项目的范围是由承包合同界定的。

1.1.2　建筑工程施工项目系统构成

建筑工程施工项目可分为单项工程、单位(子单位)工程、分部(子分部)工程、分项工程。具体系统构成如图 1-1 所示。

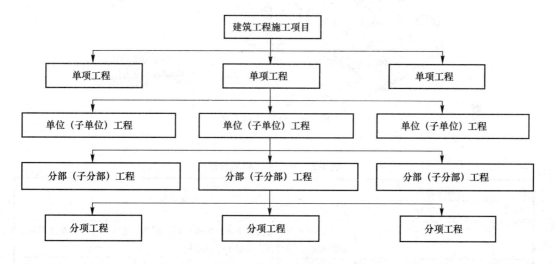

图 1-1　建设工程施工项目的系统构成

(1)单项工程是指具有独立建设文件的，建成后可以独立发挥生产能力或效益的一组配套齐全的工程项目。一个工程项目有时包括多个单项工程，有时仅有一个单项工程，单项工程一般单独组织施工和竣工验收。

(2)单位工程是指具有独立的设计文件，可以独立施工，但建成后不能独立发挥生产能力或效益的工程。单位工程通常只有一个单体建筑物或构筑物。建筑规模较大的单位工程，可将其能够形成独立使用功能的部分作为一个子单位工程。

(3)分部工程是单位工程的组成部分，应按专业性质、建筑部位进行划分。建筑工程可以划分为地基与基础工程、主体结构工程、装饰装修工程、屋面工程、给水排水及采暖工程、电气工程、智能建筑工程、通风与空调工程和电梯工程九个分部工程。当分部工程较大或较复杂时，可按材料种类、施工特点、施工程序、专业系统及类别等划分为若干个子分部工程。分部工程示意如图 1-2 所示。

分部工程可以分成若干个子分部工程，具体分类见表 1-2。

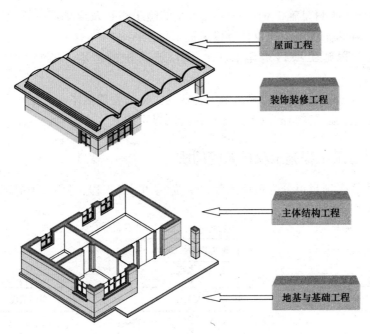

图 1-2 分部工程示意

表 1-2 子分部工程划分表

分部工程		子分部工程
序号	名称	
1	地基与基础	无支护土方、有支护土方、地基处理、桩基、地下防水、混凝土基础、砌体基础、劲钢（管）混凝土、钢结构
2	主体结构	混凝土结构、劲钢（管）混凝土结构、砌体结构、钢结构、木结构、网架和索膜结构
3	建筑装饰装修	地面、抹灰、门窗、吊顶、轻质隔墙、饰面板（砖）、幕墙、涂饰、裱糊与软包、细部
4	建筑屋面	卷材防水屋面、涂膜防水屋面、刚性防水屋面、瓦屋面、隔热屋面
5	建筑给水排水及采暖	室内给水系统、室内排水系统、室内热水供应系统、卫生器具安装、室内采暖系统、室外给水管网、室外排水管网、室外供热管网、建筑中水系统及游泳池系统、供热锅炉及辅助设备安装
6	建筑电气	室外电气、变配电室、供电干线、电气动力、电气照明安装、备用和不间断电源安装、防雷及接地安装
7	智能建筑	通信网络系统、办公自动化系统、建筑设备监控系统、火灾报警及消防联动系统、安全防范系统、综合布线系统、智能化集成系统、电源与接地、环境、住宅（小区）智能化系统、
8	通风与空调	送排风系统、防排烟系统、除尘系统、空调风系统、净化空调系统、制冷设备系统、空调水系统
9	电梯	电力驱动的曳引式或强制式电梯安装、液压电梯安装、自动扶梯、自动人行道安装

(4)分项工程是分部工程的组成部分，是建筑工程质量形成的直接过程，也是计量工程用工、用料和机械台班消耗的基本单元。分项工程应按主要工种、材料、施工工艺、设备类别等进行划分。建筑工程分部工程、分项工程的划分见表1-3。

表1-3　建筑工程分部工程、分项工程的划分

序号	分部工程	子分部工程	分项工程
1	地基与基础	地基	素土、灰土地基，砂和砂石地基，土工合成材料地基，粉煤灰地基，强夯地基，注浆地基，预压地基，砂石桩复合地基，高压旋喷注浆地基，水泥土搅拌桩地基，土和灰土挤密桩复合地基，水泥粉煤灰碎石桩复合地基，夯实水泥土桩复合地基
		基础	无筋扩展基础，钢筋混凝土扩展基础，筏形与箱形基础，钢结构基础，钢管混凝土结构基础，型钢混凝土结构基础，钢筋混凝土预制桩基，泥浆护壁成孔灌注桩基，干作业成孔桩基，长螺旋钻孔压灌桩基，沉管灌注桩基，钢桩基，锚杆静压桩基，岩石锚杆基础，沉井与沉箱基础
1	地基与基础	基坑支护	灌注桩排桩围护墙，板桩围护墙，咬合桩围护墙，型钢水泥土搅拌墙，土钉墙，地下连续墙，水泥土重力式挡墙，内支撑，锚杆，与主体结构相结合的基坑支护
		地下水控制	降水与排水，回灌
		土方	土方开挖，土方回填，场地平整
		边坡	喷锚支护，挡土墙，边坡开挖
		地下防水	主体结构防水，细部构造防水，特殊施工法结构防水，排水，注浆
2	主体结构	混凝土结构	模板，钢筋，混凝土，预应力，现浇结构，装配式结构
		砌体结构	砖砌体，混凝土小型空心砌块砌体，石砌体，配筋砌体，填充墙砌体
		钢结构	钢结构焊接，紧固件连接，钢零部件加工，钢构件组装及预拼装，单层钢结构安装，多层及高层钢结构安装，钢管结构安装，预应力钢索和膜结构，压型金属板，防腐涂料涂装，防火涂料涂装
		钢管混凝土结构	构件现场拼装，构件安装，钢管焊接，构件连接，钢管内钢筋骨架，混凝土
		型钢混凝土结构	型钢焊接，紧固件连接，型钢与钢筋连接，型钢构件组装及预拼装，型钢安装，模板，混凝土
		铝合金结构	铝合金焊接，紧固件连接，铝合金零部件加工，铝合金构件组装，铝合金构件预拼装，铝合金框架结构安装，铝合金空间网格结构安装，铝合金面板，铝合金幕墙结构安装，防腐处理
		木结构	方木与原木结构，胶合木结构，轻型木结构，木结构的防护
		建筑地面	基层铺设，整体面层铺设，板块面层铺设，木、竹面层铺设

序号	分部工程	子分部工程	分项工程
2	主体结构	抹灰	一般抹灰，保温层薄抹灰，装饰抹灰，清水砌体勾缝
		外墙防水	外墙砂浆防水，涂膜防水，透气膜防水
		门窗	木门窗安装，金属门窗安装，塑料门窗安装，特种门安装，门窗玻璃安装
		吊顶	整体面层吊顶，板块面层吊顶，格栅吊顶
		轻质隔墙	板材隔墙，骨架隔墙，活动隔墙，玻璃隔墙
		饰面板	石板安装，陶瓷板安装，木板安装，金属板安装，塑料板安装
3	建筑装饰装修	饰面砖	外墙饰面砖粘贴，内墙饰面砖粘贴
		幕墙	玻璃幕墙安装，金属幕墙安装，石材幕墙安装，陶板幕墙安装
		涂饰	水性涂料涂饰，溶剂型涂料涂饰，美术涂饰
		裱糊与软包	裱糊，软包
		细部	橱柜制作与安装，窗帘盒和窗台板制作与安装，门窗套制作与安装，护栏和扶手制作与安装，花饰制作与安装
4	屋面	基层与保护	找坡层和找平层，隔汽层，隔离层，保护层
		保温与隔热	板状材料保温层，纤维材料保温层，喷涂硬泡聚氨酯保温层，现浇泡沫混凝土保温层，种植隔热层，架空隔热层，蓄水隔热层
		防水与密封	卷材防水层，涂膜防水层，复合防水层，接缝密封防水
		瓦面与板面	烧结瓦和混凝土瓦铺装，沥青瓦铺装，金属板铺装，玻璃采光顶铺装
		细部构造	檐口，檐沟和天沟，女儿墙和山墙，落水口，变形缝，伸出屋面管道，屋面出入口，反梁过水孔，设施基座，屋脊，屋顶窗
5	建筑给水排水及供暖	室内给水系统	给水管道及配件安装，给水设备安装，室内消火栓系统安装，消防喷淋系统安装，防腐，绝热，管道冲洗、消毒，试验与调试
		室内排水系统	排水管道及配件安装，雨水管道及配件安装，防腐，试验与调试
		室内热水系统	管道及配件安装，辅助设备安装，防腐，绝热，试验与调试
		卫生器具	卫生器具安装，卫生器具给水配件安装，卫生器具排水管道安装，试验与调试
		室内供暖系统	管道及配件安装，辅助设备安装，散热器安装，低温热水地板辐射供暖系统安装，电加热供暖系统安装，燃气红外辐射供暖系统安装，热风供暖系统安装，热计量及调控装置安装，试验与调试，防腐，绝热
		室外给水管网	给水管道安装，室外消火栓系统安装，试验与调试
		室外排水管网	排水管道安装，排水管沟与井池，试验与调试
		室外供热管网	管道及配件安装，系统水压试验，土建结构，防腐，绝热，试验与调试

序号	分部工程	子分部工程	分项工程
5	建筑给水排水及供暖	建筑饮用水供应系统	管道及配件安装，水处理设备及控制设施安装，防腐，绝热，试验与调试
		建筑中水系统及雨水利用系统	建筑中水系统、雨水利用系统管道及配件安装，水处理设备及控制设施安装，防腐，绝热，试验与调试
		游泳池及公共浴池水系统	管道及配件系统安装，水处理设备及控制设施安装，防腐，绝热，试验与调试
		水景喷泉系统	管道系统及配件安装，防腐，绝热，试验与调试
		热源及辅助设备	锅炉安装，辅助设备及管道安装，安全附件安装，换热站安装，防腐，绝热，试验与调试
		检测与控制仪表	检测仪器及仪表安装，试验与调试
6	通风与空调	送风系统	风管与配件制作，部件制作，风管系统安装，风机与空气处理设备安装，风管与设备防腐，旋流风口、岗位送风口、织物（布）风管安装，系统调试
		排风系统	风管与配件制作，部件制作，风管系统安装，风机与空气处理设备安装，风管与设备防腐，吸风罩及其他空气处理设备安装，厨房、卫生间排风系统安装，系统调试
		防排烟系统	风管与配件制作，部件制作，风管系统安装，风机与空气处理设备安装，风管与设备防腐，排烟风阀（口）、常闭正压风口、防火风管安装，系统调试
		除尘系统	风管与配件制作，部件制作，风管系统安装，风机与空气处理设备安装，风管与设备防腐，除尘器与排污设备安装，吸尘罩安装，高温风管绝热，系统调试
		舒适性空调系统	风管与配件制作，部件制作，风管系统安装，风机与空气处理设备安装，风管与设备防腐，组合式空调机组安装，消声器、静电除尘器、换热器、紫外线灭菌器等设备安装，风机盘管、变风量与定风量送风装置、射流喷口等末端设备安装，风管与设备绝热，系统调试
		恒温恒湿空调系统	风管与配件制作，部件制作，风管系统安装，风机与空气处理设备安装，风管与设备防腐，组合式空调机组安装，电加热器、加湿器等设备安装，精密空调机组安装，风管与设备绝热，系统调试
		净化空调系统	风管与配件制作，部件制作，风管系统安装，风机与空气处理设备安装，风管与设备防腐，净化空调机组安装，消声器、静电除尘器、换热器、紫外线灭菌器等设备安装，中、高效过滤器及风机过滤器单元等末端设备清洗与安装，洁净度测试，风管与设备绝热，系统调试

序号	分部工程	子分部工程	分项工程
6	通风与空调	地下人防通风系统	风管与配件制作，部件制作，风管系统安装，风机与空气处理设备安装，风管与设备防腐，过滤吸收器，防爆波活门，防爆超压排气活门等专用设备安装，系统调试
		真空吸尘系统	风管与配件制作，部件制作，风管系统安装，风机与空气处理设备安装，风管与设备防腐，管道安装，快速接口安装，风机与滤尘设备安装，系统压力试验及调试
		冷凝水系统	管道系统及部件安装，水泵与附属设备安装，管道冲洗，管道、设备防腐，板式热交换器，辐射板及辐射供热、供冷地埋管，热泵机组设备安装，管道、设备绝热，系统压力试验及调试
		空调(冷、热)水系统	管道系统及部件安装，水泵及附属设备安装，管道冲洗，管道、设备防腐，冷却塔与水处理设备安装，防冻伴热设备安装，管道、设备绝热，系统压力试验及调试
		冷却水系统	管道系统及部件安装，水泵及附属设备安装，管道冲洗，管道、设备防腐，系统灌水渗漏及排放试验，管道、设备绝热
		土壤源热泵换热系统	管道系统及部件安装，水泵及附属设备安装，管道冲洗，管道、设备防腐，埋地换热系统与管网安装，管道、设备绝热，系统压力试验及调试
		水源热泵换热系统	管道系统及部件安装，水泵及附属设备安装，管道冲洗，管道、设备防腐，地表水源换热管及管网安装，除垢设备安装，管道、设备绝热，系统压力试验及调试
		蓄能系统	管道系统及部件安装，水泵及附属设备安装，管道冲洗，管道、设备防腐，蓄水罐与蓄冰槽、罐安装，管道、设备绝热，系统压力试验及调试
		压缩式制冷(热)设备系统	制冷机组及附属设备安装，管道、设备防腐，制冷剂管道及部件安装，制冷剂灌注，管道、设备绝热，系统压力试验及调试
		吸收式制冷设备系统	制冷机组及附属设备安装，管道、设备防腐，系统真空试验，溴化锂溶液加灌，蒸汽管道系统安装，燃气或燃油设备安装，管道、设备绝热，试验及调试
		多联机(热泵)空调系统	室外机组安装，室内机组安装，制冷剂管路连接及控制开关安装，风管安装，冷凝水管道安装，制冷剂灌注，系统压力试验及调试
		太阳能供暖空调系统	太阳能集热器安装，其他辅助能源、换热设备安装，蓄能水箱、管道及配件安装，防腐，绝热，低温热水地板辐射采暖系统安装，系统压力试验及调试
		设备自控系统	温度、压力与流量传感器安装，执行机构安装调试，防排烟系统功能测试，自动控制及系统智能控制软件调试

序号	分部工程	子分部工程	分项工程
7	建筑电气	室外电气	变压器、箱式变电所安装，成套配电柜、控制柜（屏、台）和动力、照明配电箱（盘）及控制柜安装，梯架、支架、托盘和槽盒安装，导管敷设，电缆敷设，管内穿线和槽盒内敷线，电缆头制作、导线连接和线路绝缘测试，普通灯具安装，专用灯具安装，建筑照明通电试运行，接地装置安装
		变配电室	变压器、箱式变电所安装，成套配电柜、控制柜（屏、台）和动力、照明配电箱（盘）安装，母线槽安装，梯架、支架、托盘和槽盒安装，电缆敷设，电缆头制作、导线连接和线路绝缘测试，接地装置安装，接地干线敷设
		供电干线	电气设备试验和试运行，母线槽安装，梯架、支架、托盘和槽盒安装，导管敷设，电缆敷设，管内穿线和槽盒内敷线，电缆头制作、导线连接和线路绝缘测试，接地干线敷设
		电气动力	成套配电柜、控制柜（屏、台）和动力配电箱（盘）安装，电动机、电加热器及电动执行机构检查接线，电气设备试验和试运行，梯架、支架、托盘和槽盒安装，导管敷设，电缆敷设，管内穿线和槽盒内敷线，电缆头制作、导线连接和线路绝缘测试
		电气照明	成套配电柜、控制柜（屏、台）和照明配电箱（盘）安装，梯架、支架、托盘和槽盒安装，导管敷设，管内穿线和槽盒内敷线，塑料护套线直敷布线，钢索配线，电缆头制作、导线连接和线路绝缘测试，普通灯具安装，专用灯具安装，开关、插座、风扇安装，建筑照明通电试运行
		备用和不间断电源	成套配电柜、控制柜（屏、台）和动力、照明配电箱（盘）安装，柴油发电机组安装，不间断电源装置及应急电源装置安装，母线槽安装，导管敷设，电缆敷设，管内穿线和槽盒内敷线，电缆头制作、导线连接和线路绝缘测试，接地装置安装
		防雷及接地	接地装置安装，防雷引下线及接闪器安装，建筑物等电位连接，浪涌保护器安装
8	智能建筑	智能化集成系统	设备安装，软件安装，接口及系统调试，试运行
		信息接入系统	安装场地检查
		用户电话交换系统	线缆敷设，设备安装，软件安装，接口及系统调试，试运行
		信息网络系统	计算机网络设备安装，计算机网络软件安装，网络安全设备安装，网络安全软件安装，系统调试，试运行
		综合布线系统	梯架、托盘、槽盒和导管安装，线缆敷设，机柜、机架、配线架安装，信息插座安装，链路或信道测试，软件安装，系统调试，试运行

序号	分部工程	子分部工程	分项工程
8	智能建筑	移动通信室内信号覆盖系统	安装场地检查
		卫星通信系统	安装场地检查
		有线电视及卫星电视接收系统	梯架、托盘、槽盒和导管安装，线缆敷设，设备安装，软件安装，系统调试，试运行
		公共广播系统	梯架、托盘、槽盒和导管安装，线缆敷设，设备安装，软件安装，系统调试，试运行
		会议系统	梯架、托盘、槽盒和导管安装，线缆敷设，设备安装，软件安装，系统调试，试运行
		信息导引及发布系统	梯架、托盘、槽盒和导管安装，线缆敷设，显示设备安装，机房设备安装，软件安装，系统调试，试运行
		时钟系统	梯架、托盘、槽盒和导管安装，线缆敷设，设备安装，软件安装，系统调试，试运行
		信息化应用系统	梯架、托盘、槽盒和导管安装，线缆敷设，设备安装，软件安装，系统调试，试运行
		建筑设备监控系统	梯架、托盘、槽盒和导管安装，线缆敷设，传感器安装，执行器安装，控制器、箱安装，中央管理工作站和操作分站设备安装，软件安装，系统调试，试运行
		火灾自动报警系统	梯架、托盘、槽盒和导管安装，线缆敷设，探测器类设备安装，控制器类设备安装，其他设备安装，软件安装，系统调试，试运行
		安全技术防范系统	梯架、托盘、槽盒和导管安装，线缆敷设，设备安装，软件安装，系统调试，试运行
		应急响应系统	设备安装，软件安装，系统调试，试运行
		机房	供配电系统，防雷与接地系统，空气调节系统，给水排水系统，综合布线系统，监控与安全防范系统，消防系统，室内装饰装修，电磁屏蔽，系统调试，试运行
		防雷与接地	接地装置，接地线，等电位连接，屏蔽设施，电涌保护器，线缆敷设，系统调试，试运行
9	建筑节能	围护系统节能	墙体节能，幕墙节能，门窗节能，屋面节能，地面节能
		供暖空调设备及管网节能	供暖节能，通风与空调设备节能，空调与供暖系统冷热源节能，空调与供暖系统管网节能
		电气动力节能	配电节能，照明节能
9	建筑节能	监控系统节能	监测系统节能，控制系统节能
		可再生能源	地源热泵系统节能，太阳能光热系统节能，太阳能光伏节能
10	电梯	电力驱动的曳引式或强制式电梯	设备进场验收，土建交接检验，驱动主机，导轨，门系统，轿厢，对重，安全部件，悬挂装置，随行电缆，补偿装置，电气装置，整机安装验收
		液压电梯	设备进场验收，土建交接检验，液压系统，导轨，门系统，轿厢，对重，安全部件，悬挂装置，随行电缆，电气装置，整机安装验收
		自动扶梯、自动人行道	设备进场验收，土建交接检验，整机安装验收

1.1.3　建筑工程施工项目管理

建筑工程施工项目管理的内涵是自项目开始至项目完成，通过项目策划和项目控制，以使项目的费用目标、进度目标和质量目标得以实现。按照管理主体可分为建设项目管理、设计项目管理、施工项目管理和监理项目管理等。

建筑工程施工项目是指施工企业自工程施工投标开始到保修期满为止的全过程中完成的项目。建筑工程施工项目管理是指施工企业运用系统的观点、理论和科学技术对施工项目进行的计划、组织、监督、控制、协调等全过程管理。建筑工程施工项目的管理主体是施工企业。其与建筑工程项目管理的区别见表1-4。

表 1-4　建筑工程施工项目管理与建筑工程项目管理的区别

区别特征	建筑工程施工项目管理	建筑工程项目管理
管理主体	施工企业，以施工活动承包者的身份出现	建设单位，以工程活动投资者和建筑产品购买者身份出现
管理目标	效率性目标：以利润、施工成本、施工工期及一定限度的质量管理为目标	成果性目标：以投资额、产品质量、建设工期的管理为目标
管理客体	一次性的施工任务	一次性的建设任务
管理方式管理手段	利用各种有效的手段完成施工任务，是直接和具体的	选择投资项目和控制投资费用，其对设计、施工活动的控制是间接的
管理范围	从施工投标意向开始至施工任务交工终结过程的各个方面施工活动	一个项目从投资意向书开始到投资回收全过程各个方面施工活动
管理内容	涉及从投标开始至交工为止的全部生产组织管理和维修	涉及投资周转和建设全过程的管理
涉及环境和关系	对参与施工活动的各个主体进行监督、控制、协调等管理工作，包括施工分包单位、建材供应单位等	对参与建设活动的各个主体进行监督、控制、协调等管理工作，包括设计单位、施工企业、建材及资金供应单位

1.1.4　建筑工程建设程序和项目管理的关系

建筑工程建设程序是指建设项目从分析论证、决策立项、勘察设计、招标投标、竣工验收、交付使用所经历的整个过程中，各项工作必须遵循先后次序的法则。在整个建筑工程建设程序中项目管理自始至终贯穿其间。狭义的建筑工程项目管理(PM)一般仅指实施阶段；广义的建筑工程项目管理(LCM)是指全寿命周期的管理。施工项目管理是从招标投标阶段开始至保修期结束。建设单位的项目管理应该是广义的建筑工程项目管理过程。建设程序和项目管理的关系如图1-3所示。

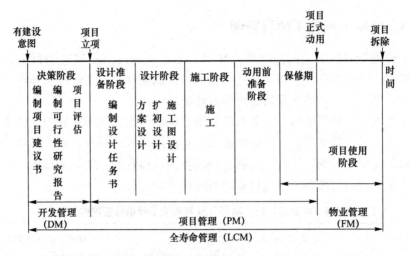

图 1-3　建筑工程建设程序和项目管理的关系图

1.2.1　建筑工程施工项目管理内容

建筑企业实施项目管理后，相应的层次划分规定为两层：第一层是企业管理层；第二层是项目管理层。企业管理层是指企业本部机关，其人员包括企业的领导、各职能部门的主管人员和一般管理人员。项目管理层是指项目经理部，它是在企业的支持下组建并领导、进行项目管理的组织机构。项目经理部是企业的下属层次，项目经理是该层次的领导人员，项目经理部设立职能部门。

项目经理部的管理内容应在企业法定代表人向项目经理下达的《项目管理目标责任书》中确定，并由项目经理组织实施。在项目管理期间，由发包人或其委托的监理工程师或企业管理层按规定程序提出的、以施工指令下达的工程变更导致的额外施工任务或工作，均应列入项目管理范围。

建筑工程施工项目管理的内容应包括以下几项：

(1)编制《项目管理规划大纲》和《项目管理实施规划》；

(2)项目进度控制；

(3)项目质量控制；

(4)项目安全控制；

(5)项目成本控制；

(6)项目人力资源管理；

(7)项目材料管理；

(8)项目机械设备管理；

(9)项目技术管理；

(10)项目资金管理；

(11)项目合同管理;

(12)项目信息管理;

(13)项目现场管理;

(14)项目组织协调;

(15)项目竣工验收;

(16)项目考核评价;

(17)项目回访保修。

1.2.2 建筑工程施工项目管理程序

建筑工程施工项目的管理程序是项目建设程序中的一个过程,是施工单位从投标以后至竣工验收阶段的一段时间参与对项目的管理。建筑工程施工项目管理程序如图1-4所示。

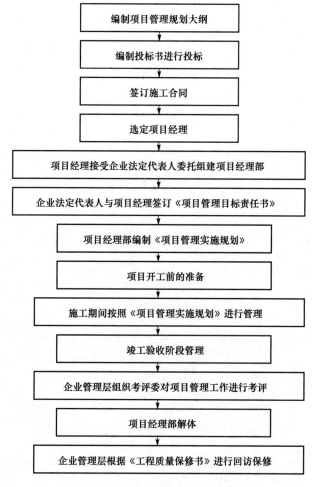

图1-4 建筑工程施工项目管理程序

由图1-4可知,企业管理层和项目管理层均应参与施工项目的管理。企业管理层的项目管理从编制《项目管理规划大纲》开始至保修期结束;项目管理层的管理从项目经理组建项目经理部开始至项目经理部解体结束。

1. 建筑工程施工项目的特征是什么？

2. 什么是工程项目建设程序？

3. 建筑工程项目建设的主体有哪些？在建设过程中如何体现合作与项目管理？

4. 简述建筑工程项目管理的概念及基本职能。

5. 建筑工程项目管理的内容有哪些？

6. 建筑工程施工项目管理任务是什么？

7. 简述建筑工程项目管理的作用。

项目 2　建筑工程项目管理组织

内容提要 >>>

　　本项目主要介绍两个方面的内容：一是建筑工程项目承包模式；二是建筑工程项目管理组织——项目经理部及其常见的组织形式。另外，还介绍项目经理的概念和素质，项目经理责任制，项目经理的责、权、利及建造师执业资格制度。

教学要求 >>>

知识要点	能力要求	相关知识
建筑工程项目承包模式	（1）能够理解建筑工程项目承包模式的概念、分类和特点，认识参与主体之间的经济法律关系及工作关系； （2）能够根据具体情况，科学合理地选择建筑工程项目承包模式	（1）建筑工程项目承包模式的概念； （2）建筑工程承包模式的分类及其特点
建筑工程项目经理部	（1）能够理解项目经理部的概念、设置原则、建立步骤、职能部门、工作内容和解体； （2）能够理解项目经理部各种组织形式的特征、优点、缺点和适用范围	（1）项目经理部的概念； （2）项目经理部的组织形式
建筑工程项目经理	（1）能够理解项目经理的地位； （2）能够理解项目经理责任制； （3）能够理解项目经理的责、权、利； （4）能够认识我国的建造师执业资格制度	（1）项目经理的概念和素质； （2）项目经理责任制； （3）项目经理的责、权、利； （4）建造师执业资格制度

2.1 建筑工程项目管理组织

2.1.1 建筑工程项目管理组织概述

1. 组织的含义

组织包含两层含义,第一层含义是指各生产要素相结合的形式和制度。通常,前者表现为组织结构;后者表现为组织的工作规则。组织结构又称为组织形式,反映了生产要素相结合的结构形式,即管理活动中各种职能的横向分工和层次划分。组织结构运行的规则和各种管理职能分工的规则即是工作制度。第二层含义是指管理的一种重要职能,即通过一定权利体系或影响力,为达到某种工作的目标,对所需要的一切资源(生产要素)进行合理配置的过程。它实质上是一种管理行为。

2. 建筑工程项目管理组织的概念

建筑工程项目管理组织是指建筑工程项目的参与者、合作者按照一定的规则或规律构成的整体。其是建筑工程项目的行为主体构成的协作系统。建筑工程项目投资大、建设周期长、参与项目的单位众多、社会性强,项目的实施模式具有复杂性。建筑工程项目的实施组织方式是通过研究工程项目的承发包模式,根据工程的合同结构和参与工程项目各方的工作内容来确定。建筑市场的市场体系主要由三个方面构成,即以发包人为主体的发包体系;以设计、施工、供货方为主体的承建体系;以工程咨询、评估、监理为主体的咨询体系。市场主体三方的不同关系就会形成不同的建筑工程项目组织体系。目前,我国建筑工程项目组织的结构如图 2-1 所示。

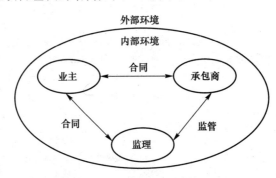

图 2-1　建筑工程项目组织的结构

与此相对应的参加者、合作者大致有以下几类:

(1)项目所有者(通常又称为业主)。业主居于项目组织的最高层,对整个项目负责。业主最关心的是项目整体经济效益,业主在项目实施全过程中的主要责任和任务是做项目的宏观控制。

(2)项目管理者(主要是指监理单位)。项目管理者由业主选定,为业主提供有效、独立的管理服务,负责项目实施中的具体事务性管理工作。项目管理者的主要责任是实现业主的投资意图,保护业主利益,达到项目的整体目标。

（3）项目专业承包商。项目专业承包商包括专业设计单位、施工单位和供应商等。项目专业承包商构成项目的实施层。

（4）政府机构。政府机构包括政府的土地、规划、水、电、通信、环保、消防、公安等部门。政府机构的协作和监督决定项目的成败。其中最重要的是建设部门的质量监督。

2.1.2 建筑工程项目承包模式

建筑工程项目承包模式是指从事工程承包的企业受业主委托，按照合同约定对工程项目的勘察设计、采购、施工、试运行（竣工验收）等实行一个阶段或多个阶段或全过程的承包作业的项目交易方式。根据承包范围可将工程承包模式分为三类：平行承包模式，即传统的设计、招标、施工依次进行的模式；单项总承包模式，比如施工总承包模式（GC模式）；工程项目总承包模式，主要包括设计—施工总承包模式（DB模式），设计—采购—施工总承包模式（EPC模式）；由专业化机构进行项目管理的模式，如建筑工程管理模式（CM模式）等。此外还包括特殊的投融资和建设模式（BOT模式）等。本章主要介绍以下四种模式：

1. 平行承包模式（DBB模式）

（1）概念。平行承包模式即设计—招标—施工模式（Design-Bid-Build），简称为DBB模式，是指业主将设计、设备供应、土建、电气安装、机械安装、装饰等工程分别委托给不同的承包商，各承包商分别与业主签订合同，向业主负责，各承包商之间没有合同关系。其是一种在国际上比较通用且应用最早的工程项目发包模式之一。我国第一个利用世界银行贷款项目——鲁布

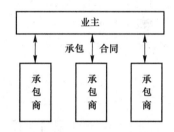

图2-2　平行承包模式合同项目结构示意

革水电站工程实行的就是这种模式。平行承包模式合同项目结构示意如图2-2所示。

（2）特点。

1）有利于业主择优选择承包商。由于合同内容比较单一、合同价值小、风险小，对不具备总承包管理能力的中、小承包商较为有利，使他们有可能参与竞争。业主可以在更大范围内选择承包商。

2）有利于控制工程质量。通过分散平行承包，业主分阶段进行招标，可以通过协调和项目管理加强对工程实施过程的干预。同时，承包商之间存在着一定的制衡，各专业设计、设备供应、专业工程施工之间存在着制约关系。例如，主体工程与装修工程分别由两个施工单位承包，当主体工程不合格时，装修单位不会同意在不合格的主体工程上进行装修，这相当于有了他人控制，比自我控制更有约束力。

3）建设工期较长。该模式最突出的特点是强调工程项目的实施必须按照设计—招标—施工的顺序进行，只有一个阶段结束后另一个阶段才能开始，因此，建设周期较长。

4）组织管理和协调工作量大。在大型工程项目中，平行承包模式下业主需要面对很多承包商（设计单位、供应单位、施工单位），直接管理的承包商数量太多，管理跨度太大，容易造成项目协调的困难，造成工程中的混乱和项目失控现象，最终导致总投资的增加和工期的延长。该模式需要业主具备较强的项目管理能力。但是业主可以委托项目管理公司（监理公司）进行工程管理。

5)业主负责各承包商之间的协调，对承包商之间由于互相干扰造成的问题承担责任。在整个项目的责任体系中会存在责任的"盲区"。例如，由于设计单位拖延造成施工图纸延误，土建和设备安装承包商向业主提出工期与费用索赔，而设计单位又不承担或者承担很少的赔偿责任，所以，这类工程中组织争执较多，索赔较多，工期比较长。

6)工程造价控制难度大。一是由于总合同价不易短期确定，从而影响工程造价控制的实施；二是由于工程招标任务量大，需要控制多项合同价格，从而增加了工程造价控制的难度。

7)平行承包模式下设计和施工分别发包，易造成设计不考虑施工，缺乏对施工的指导和咨询等弊端，而且设计单位和施工承包商都缺乏项目优化的积极性。

8)相对于总承包模式而言，平行承包模式不利于发挥那些技术水平高、综合管理能力强的承包商的综合优势。

长期以来，我国的项目管理都采用这种承发包模式。这是我国建设工程项目存在问题的最主要原因之一。

2. 施工总承包模式(GC 模式)

(1)概念。业主委托一个施工单位或由多个施工单位组成的施工联合体或施工合作体作为施工总承包单位，经业主同意，施工总承包单位可以根据需要将施工任务的一部分分包给其他符合资质的分包人，称为施工总承包模式(General Contractor)，简称为 GC 模式。施工总承包模式合同结构示意如图 2-3 所示。

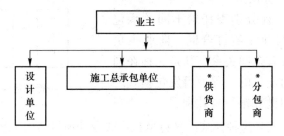

图 2-3　施工总承包模式合同结构示意
注：此为业主自行采购和分包的部分

(2)特点。

1)投资控制方面。一般以施工图设计为投标报价的基础，投标人的投标报价较有依据；在开工前就有较明确的合同价，有利于业主的总投资控制；若在施工过程中发生设计变更，可能会引起索赔。

2)进度控制方面。由于一般要等施工图设计全部结束后，业主才进行施工总承包的招标，因此开工日期不可能太早，建设周期会比较长。这是施工总承包模式的最大缺点，限制了其在建设周期紧迫的建设工程项目上的应用。

3)质量控制方面。建设工程项目质量的好坏在很大程度上取决于施工总承包单位的管理水平和技术水平。

4)合同管理方面。业主只需要进行一次招标，与施工总承包商签约，因此，招标及合同管理工作量将会减小。

5)组织与协调方面。由于业主只负责对施工总承包单位的管理及组织协调，其组织与协调的工作量比平行发包会大大减少，对业主有利。

3. 设计—采购—施工总承包模式(EPC 模式)

设计—采购—施工总承包是指一家总承包商或承包商联合体对整个工程的设计(Engineering)、材料设备采购(Procurement)、工程施工(Construction)实行全面、全过程的"交钥匙"承包。设计—采购—施工总承包模式合同结构示意如图 2-4、图 2-5 所示。

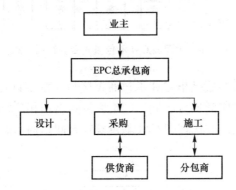

图 2-4 设计—采购—施工总承包模式合同结构示意(一)

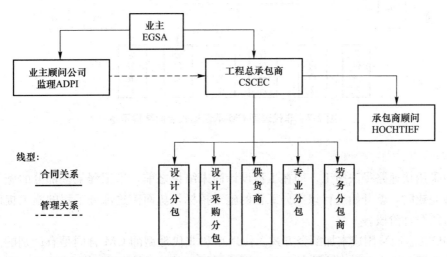

图 2-5 设计—采购—施工总承包模式合同结构示意(二)

4. CM 承包模式

(1)概念。CM(Construction Management)承包模式是由业主委托 CM 单位,以一个承包商的身份,采取快速路径法(Fasttrack)的生产组织方式进行施工管理,直接指挥施工活动,在一定程度上影响设计活动,而它与业主的合同通常采用"Costplus"方式的一种承发包模式。

(2)分类。CM 单位有代理型(Agency)和非代理型(Non—Agency)两种。

1)代理型 CM 承包模式是指 CM 承包商接受业主的委托进行整个工程的施工管理,协调设计单位与施工承包商的关系,保证在工程中设计和施工过程的搭接。业主直接与工程承包商和供应商签订合同,CM 单位主要从事管理工作,与设计、施工、供应单位没有合同关系,这种形式在性质上属于管理工作承包。代理型 CM 承包模式合同结构示意如图 2-6 所示。

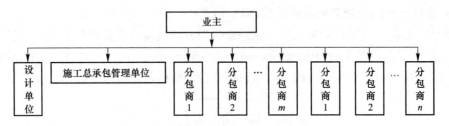

图 2-6 代理型 CM 承包模式合同结构示意

2)非代理型 CM 承包模式是指 CM 承包商直接与业主签订合同，接受整个工程施工的委托，再与分包商、供应商签订合同，CM 承包商承担相应的施工和供应风险，可认为它是一种工程承包模式。非代理型 CM 承包模式合同结构示意如图 2-7 所示。

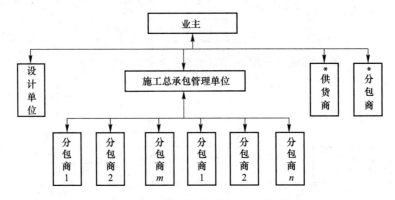

图 2-7 非代理型 CM 承包模式合同结构示意

(3)特点。

1)采用快速路径法施工。即在工程设计尚未结束之前，当工程某些部分的施工图设计已经完成时，就开始进行该部分工程的施工招标，从而使这部分工程的施工提前到工程项目的设计阶段。

2)CM 合同采用成本加酬金方式。代理型和非代理型的 CM 合同是有区别的。由于代理型合同是业主与分包商直接签订，因此采用简单的成本加酬金合同形式。而非代理型合同则采用保证最大工程费用(GMP)加酬金的合同形式。这是因为 CM 合同总价是在 CM 合同签订之后，随着 CM 单位与各分包商签约而逐步形成的。只有保证最大工程费用，业主才能控制工程总费用。

3)CM 承包模式在工程造价控制方面的价值。CM 承包模式特别适用于实施周期长、工期要求紧迫的大型复杂建设工程。其在工程造价控制方面的价值体现在以下几个方面：

①与施工总承包模式相比，采用 CM 承包模式的合同价更具合理性。

②CM 单位不赚取总包与分包之间的差价。

③应用价值工程方法挖掘节约投资的潜力。

④GMP 大大减少了业主在工程造价控制方面的风险。

近年来，我国实行的工程代建制就属于非代理型 CM 模式在公共工程项目上的应用。根据国家发改委起草、国务院通过的《投资体制改革方案》，工程项目代建制是指政府投资项目通过招标投标的方式，选择专业化的项目管理公司，负责项目的投资管理和建设组织实施工作，项目建成交付使用单位。其实质是以专业化的项目管理公司代替建设单位行使建设期项目法人的职责，将传统管理体制中的"建、用合一"改为"建、用分开"，并割断建设单位与使用单位之间的利益关系，使用单位不直接参与建设，实现项目管理队伍的专业化，从而有效提高项目管理水平，有效控制质量、进度和费用，保证财政资金的使用效率。

>>> 2.2 建筑工程项目经理部

2.2.1 建筑工程项目经理部的概念与设置原则

1. 项目经理部的概念

项目经理部是由项目经理在企业法定代表人授权和职能部门的支持下按照企业的相关规定组建的，进行项目管理的一次性组织机构。项目经理部直属项目经理领导，主要承担和负责现场项目管理的日常工作。在项目实施过程中，其管理行为应接受企业职能部门的监督和管理。

2. 项目经理部的设置原则

(1)目的性原则。从"一切为了确保建筑工程项目目标实现"这一根本目的出发，因目标而设事，因事而设人、设机构、分层次，因事而定岗定责，因责而授权。如果离开项目目标，或者颠倒这种客观规律，组织机构设置就会走偏方向。

(2)管理跨度原则。适当的管理跨度，加上适当的层次划分和适当的授权，是建立高效率组织的基本条件。因为领导是以良好的沟通为前提，只有命令而没有良好的双向沟通便不可能实施有效的领导，而良好的双向沟通只能在有限的范围内运行。因此，对于项目经理部而言，一要限制管理跨度；二要适当划分层次，即限制纵向领导深度。从而使每一级领导都保持适当的领导幅度，以便集中精力在职责范围内实施有效的领导。

(3)系统化管理原则。这是由项目自身的系统性所决定的。项目是由众多子系统组成的有机整体，这就要求项目经理部也必须是一个完整的组织结构系统，否则就会使组织和项目之间不匹配、不协调。因此，从项目经理部设置开始，就应根据项目管理的需要将职责划分、授权范围、人员配备加以统筹考虑。

(4)精简原则。项目经理部在保证履行必要职能的前提下，应尽量简化机构。"不用多余的人""一专多能"是项目经理部人员配备的原则，特别是要从严控制二、三线人员，以便提高效率、降低人工费用。

(5)类型适应原则。项目经理部有多种类型，分别适用于规模、地域、工艺技术等各不相同的工程项目，应当在正确分析工程特点的基础上选择适当的类型，设置相应的项目经理部组织形式。

2.2.2 建立项目经理部应遵循的步骤

项目经理部作为一次性组织机构，其设立应严格按照组织管理制度和项目特点，随项目的开始而产生，设置项目经理部时，一般应按图 2-8 所示的程序进行。

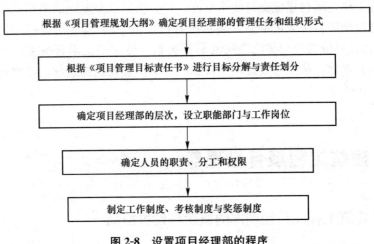

图 2-8　设置项目经理部的程序

2.2.3　项目经理部的职能部门

项目经理部的职能部门及其人员配置，应当满足施工项目管理工作中合同管理、进度管理、质量管理、职业健康安全管理、环境管理、成本管理、资源管理、信息管理、风险管理等各项管理内容的需要。因此，项目经理部通常应设置下列部门：

(1)经营核算部门：主要负责预算、合同、索赔、资金收支、成本核算、劳动力的配置与分配等工作。

(2)工程技术部门：主要负责生产调度、文明施工、技术管理、施工组织设计、计划统计等工作。

(3)物资设备部门：主要负责材料的询价、采购、计划供应、管理、运输、工具管理、机械设备的租赁配套使用等工作。

(4)监控管理部门：主要负责工程质量、职业健康安全管理、环境保护等工作。

(5)测试计量部门：主要负责计量、测量、试验等工作。

项目经理部职能部门及管理岗位的设置，必须贯彻因事设岗、有岗有责和目标管理的原则，明确各岗位的责、权、利和考核指标，并对管理人员的责任目标进行检查、考核与奖惩。

2.2.4　项目经理部的工作内容

(1)在项目经理领导下制定"项目管理实施规划"及项目管理的各项规章制度。

(2)对项目资源进行优化配置和动态管理。

(3)有效控制项目工期、质量、成本和安全等目标。

(4)协调企业内部、项目内部及项目与外部各系统之间的关系，增进项目有关各部门之间的沟通，提高工作效率。

(5)对施工项目目标和管理行为进行分析、考核和评价，并对各类责任制度的执行结果实施奖罚。

2.2.5 项目经理部的解体

项目经理部作为一次性组织机构，应随项目的完成而解体，在项目竣工验收后，即应对其职能进行弱化，并经经济审计后予以解体。项目经理部解体应具备下列条件：

(1)工程已经竣工验收。

(2)与各分包单位已经结算完毕。

(3)已协助企业管理层与发包人签订了"工程质量保修书"。

(4)"项目管理目标责任书"已经履行完成，经企业管理层审核合格。

(5)已与企业管理层办理了有关手续，主要是向相关职能部门交接清楚项目管理文件资料、核算账册、现场办公设备、公章保管、领借的工器具及劳防用品、项目管理人员的业绩考核、评价材料等。

(6)现场清理完毕。

2.2.6 项目经理部的组织形式

项目经理部的组织形式是指施工项目管理组织中处理管理层次、管理跨度、部门设置和上下级关系的类型，可繁可简，可大可小，其复杂程度和职能范围完全取决于组织管理体制、项目规模和人员素质。以下介绍几种常见的基本类型。

1. 直线式

直线式是一种最简单的组织形式。在这种组织形式中，各种职位均按直线垂直排列，项目经理直接进行单线垂直领导。直线式组织形式示意如图 2-9 所示。

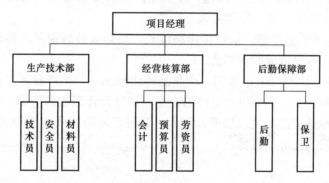

图 2-9　直线式组织形式示意

(1)特征。每个团队成员均只有一个上级，上级对下级的管理是直接的。各种职能均按直线排列，任何一个下级只接受唯一上级的指令。

(2)优点。组织机构简单、隶属关系明确；权力集中，命令源唯一；职责分明，决策迅速。

(3)缺点。指令路径过长会造成组织系统运行困难；由于未设置职能部门，项目经理没有参谋和助手，要求领导者通晓各种业务，成为"全能式"人，对项目经理的综合素质要求较高。

(4)适用范围。适用于中、小型项目；或工期紧迫或多部门密切配合的大、中型项目。

2. 职能式

职能式组织形式是指按职能及职能的相似性来划分部门，由相应的各职能单元完成各方面的工作。职能式组织形式示意如图 2-10 所示。

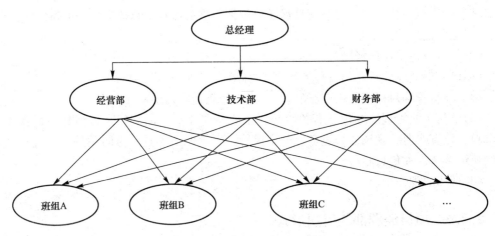

图 2-10　职能式组织形式示意

(1)特征。职能式组织是在各管理层次之间设置职能部门，各职能部门分别从职能角度对下级执行者进行业务管理。在职能式组织形式中，各级领导不直接指挥下级，而是指挥职能部门。各职能部门可以在上级领导的授权范围内，就其所辖业务范围向下级执行者发布命令和指示。

(2)优点。强调管理业务的专门化，注意发挥各类专家在项目管理中的作用；职责单一、明确，关系简单，便于整体协调。

(3)缺点。有多个指令源，信息传递路线长，易造成管理混乱；协调难度大；项目组成员责任淡化，容易造成职责不清。

(4)适用范围。适用于中小型的、产品品种比较单一、生产技术发展变化较慢、外部环境比较稳定的企业。具备以上特性的企业，其经营管理相对简单，部门较少，横向协调的难度小，对适应性的要求较低，因而，其可以使职能式组织形式的缺点不突出，而优点却能得到较为充分的发挥。

3. 矩阵式

矩阵式组织形式是现代大型项目管理中应用最为广泛的新型组织形式，是目前推行项目法施工中一种较好的组织形式，如图 2-11 所示。

矩阵式组织形式将企业职能原则与项目对象相结合，形成了一种纵向企业职能机构和横向项目机构相互交叉的"矩阵"型组织形式，解决了以实现企业目标为宗旨的长期稳定的企业组织专业分工与具有较强综合性和临时性的一次性项目组织的矛盾。

在矩阵式组织中，企业的永久性专业职能部门和临时性项目管理组织交互起作用。纵向，职能部门负责人对本项目的专业人员负有组织调配、业务指导和管理考察的责任；横向，项目经理对参加本项目的各种专业人才负有领导责任，并按项目实施的要求将他们有效地组织协调起来，为实现项目目标共同配合工作。

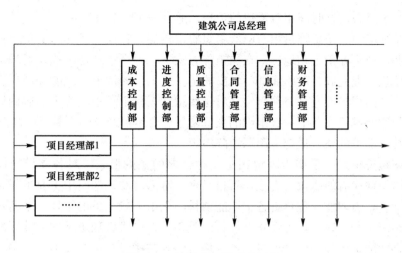

图 2-11　矩阵式组织形式示意

(1)特征。

1)上一级组织管理规模较大,存在利用管理规模效益的可能。

2)上一级组织已在该系统层面设立了专业分工细化的职能部门。

3)在面临项目管理任务时,同时设立了分别的项目管理部门。

4)项目部与各职能部门联合管理同一项目,导致矩阵中的成员接受职能部门负责人和项目经理的双重领导。

(2)优点。

1)矩阵式组织具有很大的弹性和适应性,可根据工作需要,集中各种专门的知识和技能,短期内迅速完成任务。

2)可发挥项目部门的统筹协调及现场密切跟踪作用。

3)上一级组织的负责人可以运用组合管理技能较为灵活地设置上述两种机构之间的分工组合。

(3)缺点。

1)职能部门与项目部门之间需要进行较大量的协调。

2)项目部成员根据工作需要临时从各职能部门抽调,其隶属关系不变,可能产生临时观念,影响工作责任心,且接受并不总是保持一致的双重领导,工作中有时会无所适从。

3)项目管理业绩的考核较为困难。

(4)划分。根据项目的上一级组织系统最高负责人对内部机构设置的战略设想、对人员与部门的了解和判断、对相关工作连续性和稳定性的考虑等,按对项目部与职能部门授予最终决定权的不同,以及对项目的管理是由项目部主导还是由专业职能部门主导,矩阵式组织又可分为强矩阵、弱矩阵和平衡矩阵三种方式。

1)强矩阵组织。强矩阵组织是一种项目部门,虽需要接受上一级组织职能部门的专业指导,但本身仍处于项目管理主导的组织方式。在强矩阵组织方式下,项目经理对上级职能部门发出的是指令性计划任务,职能部门向项目部提供的是咨询性意见,项目经理有权决定是否及如何采纳这些意见,但也要承担最终的主要管理责任。

对于技术复杂而且时间相对紧迫的项目,适合采用强矩阵组织。

2)弱矩阵组织。弱矩阵组织与职能组织非常相似,它是项目部门负责项目管理工作之间的协调,但不处于主动地位。在弱矩阵方式下,项目经理基本执行经理的职责:列表、搜集信息、促完成,对职能部门发出的是支持工作的请求;职能经理负责其项目部分的管理,提出指导性意见,项目经理对这些意见无权不予采纳或不经协调做出重大调整改变,但职能部门及其上一级组织的主管领导也要承担最终的主要管理责任。

对于技术简单的项目适合采用弱矩阵组织。

3)平衡矩阵组织。平衡矩阵组织是一种经典的矩阵形式。对各项目均任命项目经理,并且赋予他应有的职权与责任,项目经理以对部门及该部门中主要工作(或重要)人员的控制为主,由职能经理负责各个职能项目团队中一般人员的管理。平衡矩阵组织是对弱矩阵组织结构的改进,为强化对项目的管理,在项目管理班子内,从职能部门参与本项目活动的成员中任命一名项目经理。项目经理被赋予一定的权力,对项目整体与项目目标负责。

对于有中等技术复杂程度而且周期较长的项目,适合采用平衡矩阵组织。

(5)适用范围。适用于同时承担多个项目的企业及大型、复杂的施工项目,需要多部门、多技术、多工种配合施工,施工阶段中对人员有着不同的数量和搭配需求,宜采用矩阵式组织形式。

4. 事业部式

事业部式组织形式最早由美国通用汽车公司总裁斯隆于1924年提出,故有"斯隆模型"之称,也称为联邦分权化,是一种高度(层)集权下的分权管理体制。事业部式组织形式示意如图2-12所示。

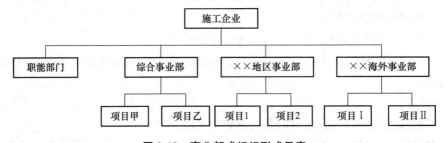

图 2-12 事业部式组织形式示意

(1)特征。

1)针对特定的产品、地区及目标客户成立特定的事业部。如麦当劳公司按区域成立事业部;美的电器按产品类别划分事业部;一些银行则按客户所在行业类别建立事业部。

2)在纵向关系方面,按照"集中决策,分散经营"的原则划分总部和事业部之间的管理权限。即重大事项由集团公司最高决策层进行决策,事业部独立经营。

3)在横向关系方面,事业部为利润中心,实行独立核算。

4)总部和事业部内部仍然按照直线职能式结构进行组织设计,这样即可保证事业部组织形式的稳定性。

5)事业部的独立性是相对的,不是独立的法人,只是总部的一个分支机构,对利润没有支配权,不能对外进行融资和投资。

（2）优点。

1）总公司领导可以摆脱日常事务，集中精力考虑全局问题。

2）事业部实行独立核算，更能发挥经营管理的积极性，有利于组织专业化生产和实现企业的内部协作。

3）各事业部之间有了比较和竞争，这种比较和竞争有利于企业的发展。

4）事业部内部的供、产、销之间容易协调，不像在直线职能制下需要高层管理部门过问。

5）事业部经理要从事业部全局来考虑问题，这有利于培养和训练管理人才。

（3）缺点。一方面公司与事业部的职能机构重叠，构成管理人员浪费；另一方面事业部实行独立核算，各事业部只考虑自身的利益，影响事业部之间的协作，一些业务联系与沟通往往也被经济关系所替代。

（4）适用范围。适用于规模庞大、品种繁多、技术复杂的大型企业，特别是适用于远离公司本部的施工项目、海外工程承包，是国外较大的联合公司所采用的一种组织形式，也是近几年我国一些大型企业集团或公司采取的主要形式。

需要注意的是，一个地区只有一个项目，没有后续工程时，不宜设立地区事业部，即它适用于在一个地区有长期市场或有多种专业化施工力量的企业采用。在这种情况下，事业部与地区市场寿命相同，地区没有项目时，该事业部应予以撤销。

2.3 建筑工程项目经理

项目经理部是项目组织的核心，而项目经理主持着项目经理部的工作，项目经理居于整个项目的核心地位，对项目的成败起决定性作用。工程实践证明，一个强大的项目经理领导一个弱的项目经理部，比一个弱的项目经理领导一个强的项目经理部，项目成就会更大。业主在选择承包商和项目管理公司时也十分注重对项目经理的经历、经验和能力的审查，并赋予其一定的权重，作为定标、签订合同的指标之一。而很多建筑施工单位和项目管理工作也将项目对经理的选拔、培养作为企业发展战略之一。

2.3.1 建筑工程项目经理的概念和素质

1. 项目经理的概念

建筑工程项目管理有多种类型。因此，一个建筑工程项目的项目经理也有多种情况，如建设单位的项目经理、设计单位的项目经理和施工单位的项目经理。

就建筑施工企业而言，项目经理是企业法定代表人在施工项目中派出的全权代表。建设部颁发的《建筑施工企业项目经理资质管理办法》指出："施工企业项目经理是受企业法定代表人委托，对工程项目施工过程全面负责的项目管理者，是建筑施工企业法定代表人在工程项目上的代表人。"这就决定了项目经理在项目中是最高的责任者、组织者，是项目决策的关键人物。项目经理在项目管理中处于中心地位。

为了确保工程项目的目标实现，项目经理不应同时担任两个或两个以上未完工程项目领导岗位的工作。为了确保工程项目实施的可持续性及项目经理责任、权利和利益的连贯性和可追溯性，在项目运行正常的情况下，企业不应随意撤换项目经理。但在工程项目发生重大安全、质量事故或项目经理违法违纪时，企业可撤换项目经理，而且必须进行绩效审计，并按合同规定通告有关单位。

2. 项目经理的素质

(1)政治素质。项目经理是建筑工程施工企业的重要管理者，必须具有思想觉悟高、政策观念强的品质，在建筑工程项目管理中能够认真执行党和国家的方针、政策，遵守国家的法律和地方法规，执行上级主管部门的有关决定，自觉维护国家的利益，保护国家的财产，正确处理国家、企业和职工三者的利益关系。

(2)领导素质。项目经理是一名领导者，应具有较高的组织领导能力。博学多识、通情达理，能妥善处理人与人之间的关系；多谋善断，灵活机动，当情况发生变化时，能够随机应变地追踪决策，见机处理；知人善任，宽容大度，有容人之量，善于与人求同存异；公道正直，以身作则；铁面无私，奖赏严明。

(3)专业素质。项目经理既是复合型管理人才，又是专业性人才。要懂得建筑专业的技术知识，是建筑业真正的行中人。项目经理应该具有建筑工程专业的管理知识、经营知识、法律知识及相关经济知识，了解建筑市场的运行规律，懂得建筑行业的管理规律。项目经理应当受过项目管理的专业训练，参加过项目管理，具有项目管理的实际经验，对具体的项目管理问题具有妥善处理的能力。项目经理应当是具有较强的决策能力、组织能力、指挥能力、应变能力，能够带领项目经理班子成员，团结广大群众，以及一道工作的内行、专家，而不能是一名一般性的行政领导人员。项目经理也不能是一名只知个人苦干，整天忙忙碌碌，只干不管的具体办事人员，而应该是会"点将"、善运筹的"帅才"。

(4)身体素质。项目经理必须有良好的身体素质，这是因为项目管理不但需要承担繁重的工作，而且生活条件和工作条件也会因现场性强而相当艰苦。因此，项目经理必须有健康的身体，以便保持充沛的精力和必需的体力。

2.3.2 建筑工程项目经理责任制

1. 项目经理责任制简介

项目经理责任制是企业制定的，以项目经理为责任主体，确保项目管理目标实现的责任制度。项目管理工作成功的关键是推行和实施项目经理责任制，项目经理责任制作为项目管理的基本制度，是评价项目经理绩效的依据，其核心是项目经理承担实现项目管理责任书确定的责任。项目经理与项目经理部在工程建设中均应严格遵守和实行项目管理责任制度，以确保项目目标全面实现。

2. 项目管理目标责任书

项目管理目标责任书是在项目实施之前，有法定代表人或其授权人依据项目的合同、项目管理制度、项目管理规划大纲及组织的经营方针和目标要求等与项目经理签订的，明确项目经理部应达到成本、质量、工期、安全和环境等管理目标及其承担的责任，并作为项目完成后考核评价依据的文件。它是具有企业法规性的文件，也是项目经理的任职目标，具有很强的约束性。

项目管理目标责任书一般包括下列内容：

(1)项目管理实施目标，明确企业各业务职能部门与项目经理之间的关系。

(2)项目经理部的责任、权限和利益分配。

(3)项目设计、采购、施工、试运行等管理的内容和要求。

(4)项目需要资源的提供方式和核算方法。

(5)法定代表人向项目委托的特殊事项。

(6)项目经理部应承担的风险。

(7)项目管理目标评价的原则、内容和方法。

(8)对项目经理部进行奖惩的依据、标准和办法。

(9)项目经理解职和项目经理部解体的条件和办法。

项目管理目标责任书的重点是明确项目经理工作内容，其核心是为了完成项目管理目标。项目管理目标责任书是组织和考核项目经理与项目经理部成员业绩的标准及依据。

2.3.3 建筑工程项目经理的责、权、利

1. 项目经理应履行的职责

(1)项目管理目标责任书规定的职责。

(2)主持编制项目管理实施规划，并对项目目标进行系统管理。

(3)对资源进行动态管理。

(4)建立各种专业管理体系，并组织实施。

(5)进行授权范围内的利益分配。

(6)收集工程资料，准备结算资料，参与工程竣工验收。

(7)接受审计，处理项目经理部解体的善后工作。

(8)协助组织进行项目的检查、鉴定和评奖申报工作。

2. 项目经理应具有的权限

(1)参与项目招标、投标和合同签订。

(2)参与组建项目经理部。

(3)主持项目经理部工作。

(4)决定授权范围内的项目资金的投入和使用。

(5)制订内部计酬办法。

(6)参与选择并使用具有相应资质的分包人。

(7)参与选择物资供应单位。

(8)在授权范围内协调与项目有关的内、外部关系。

(9)法定代表人授予的其他权力。

3. 项目经理的利益与惩罚

(1)获得工资和奖励。

(2)项目完成后，按照项目管理目标责任书规定，经审计后给予奖励或处罚。

(3)获得评优表彰、记功等奖励。

2.3.4　建造师执业资格制度

1. 我国建造师执业资格制度的建立

建造师执业资格制度于 1834 年起源于英国，至今已有 180 余年的历史。世界上许多发达国家已经建立了该项制度。

建造师执业资格制度的法律依据是《中华人民共和国建筑法》第 14 条规定："从事建筑活动的专业技术人员，应当依法取得相应的执业资格证书，并在执业资格证书许可的范围内从事建筑活动。"2003 年 2 月 27 日《国务院关于取消第二批行政审批项目和改变一批行政审批项目管理方式的决定》(国发〔2003〕5 号)规定："取消建筑施工企业项目经理资质核准，由注册建造师代替，并设立过渡期"。该规定明确指出，我国的建造师是指从事建设工程项目总承包和施工管理关键岗位的专业技术人员。建造师可分为一级建造师(Constructor)和二级建造师(Associate Constructor)。

2. 建造师执业资格证书

一级建造师执业资格实行全国统一大纲、统一命题、统一组织的考试制度，由人力资源和社会保障部、住房和城乡建设部共同组织实施，原则上每年举行一次考试；二级建造师执业资格实行全国统一大纲，各省、自治区、直辖市命题并组织考试。考试内容可分为综合知识与能力和专业知识与能力两个部分。报考人员要符合有关条件规定的相应条件。参加一级、二级建造师执业资格考试合格的人员，可分别获得《中华人民共和国一级建造师执业资格证书》(该证书在全国范围内有效)、《中华人民共和国二级建造师执业资格证书》(该证书在所在行政区域有效)。取得建造师执业资格证书且符合注册条件的人员，经过注册登记后，即获得一级或二级建造师注册证书。注册后的建造师方可受聘执业。

依据建设部颁布的《建筑业企业资质等级标准》，在行使项目经理职责时，一级注册建造师可以担任中、特级、一级建筑业企业资质的建设工程项目施工的项目经理；二级注册建造师可以担任二级建筑业企业资质的建设工程项目施工的项目经理。大、中型工程项目的项目经理必须逐步由取得建造师执业资格的人员担任；但取得建造师执业资格的人员能否担任大、中型工程项目的项目经理，应由建筑业企业自主决定。

3. 注册建造师与项目经理的关系

建造师是一种专业人员的名称，而项目经理是一个工作岗位的名称。

建造师与项目经理定位不同，但所从事的都是建设工程的管理。建造师执业的覆盖面较大，可涉及工程建设项目管理的许多方面，可以在施工企业、政府管理部门、建设单位、工程咨询单位、设计单位等执业，担任项目经理只是建造师执业中的一项；项目经理则仅限于企业内某一特定工程的项目管理。建造师选择工作的权力相对自主，可在社会市场上有序流动，有较大的活动空间；项目经理岗位则是企业设定的，项目经理是企业法人代表授权或聘用的、一次性的工程项目施工管理者。

项目经理岗位是保证工程项目建设质量、安全、工期的重要岗位，在全面实施建造师执业资格制度后仍然要坚持落实项目经理岗位责任制。大、中型工程项目的项目经理必须由取得建造师执业资格的建造师担任。注册建造师资格是担任大、中型工程项目经理的必要条件之一，是国家的强制性要求。但选聘哪位建造师担任项目经理，则由企业决定，这是企业行为。

1. 国内外常用的建筑工程项目承包模式有哪些？它们各有什么特点？

2. 如果业主希望掌握材料和设备供应的权利，采取哪种管理模式比较合适？该模式会带来什么问题？

3. 画出 CM 承包模式中代理型 CM 和非代理型 CM 合同结构图，说明 GMP 的含义，比较两种模式的优点、缺点。

4. 常见的建筑工程项目管理模式有哪些？各有什么特点？

5. 常见的项目经理部的组织形式有哪些？各有什么优点、缺点？它们各自的适用范围是什么？

6. 简述对项目经理责任制和项目管理目标责任书的认识。

7. 项目经理的责、权、利各是什么？

8. 简述项目经理与注册建造师的关系。

项目3 建筑工程项目进度管理

内容提要 >>>

　　本项目主要介绍四个方面的内容：一是流水施工原理与横道计划的编制（横道计划是在流水原理的基础上介绍的）；二是网络计划技术；三是施工项目进度计划的编制、实施与检查；四是建筑工程项目进度控制的概念、原理、控制方法及进度计划的调整。本项目要求掌握流水施工的基本概念，了解施工组织的三种方式，熟悉流水施工的三种表达方式，掌握流水施工主要参数的概念及计算方法，掌握流水施工的分类及计算方法并能够正确绘制横道图；熟悉网络计划技术的基本概念，掌握网络计划的绘制方法、时间参数的计算、双代号时标网络计划，熟悉网络计划优化的思路和方法；掌握施工项目进度计划的编制与实施步骤；掌握进度控制方法，找出偏差，在实施过程中进行进度计划调整。

教学要求 >>>

知识要点	能力要求	相关知识
流水施工原理	(1)能够了解施工组织的三种方式的区别，熟悉流水施工的三种表达方式； (2)能够掌握流水施工的主要参数的概念及计算方法； (3)能够掌握流水施工的分类及计算方法； (4)能够正确绘制横道图	(1)流水施工的基本概念； (2)施工组织的三种方式； (3)流水施工的表达方式； (4)流水施工的主要参数； (5)流水施工的分类及计算； (6)横道图计划绘制的方法和步骤

知识要点	能力要求	相关知识
网络计划技术	(1)能够正确识读网络计划; (2)能够根据工程已知条件正确绘制网络计划; (3)能够计算网络计划的时间参数,找出关键线路和关键工作; (4)能够正确绘制双代号时标网络计划; (5)具有网络优化的思路,熟悉网络计划优化的思路和方法	(1)网络计划的基本概念; (2)网络计划的绘制规则、绘制方法; (3)网络计划时间参数的计算; (4)双代号时标网络计划的概念及绘制; (5)网络计划优化的概念、思路和方法
施工项目进度计划的编制、实施与检查	(1)能够独立编制单位工程施工进度计划; (2)能够理解施工项目进度计划的实施步骤	(1)施工项目进度计划的类型; (2)施工总进度计划的编制; (3)单位工程施工进度计划的编制; (4)施工项目进度计划的实施; (5)施工项目进度计划的检查
建筑工程项目进度控制的概念、原理、控制方法及进度计划的调整	(1)能够理解工程项目进度控制的概念、原理及进度控制目标; (2)能够利用常用进度控制方法找出进度偏差,指出偏差产生的原因,并提出相应的对策; (3)能够利用S形曲线比较和香蕉形曲线法预测工程项目的进展趋势; (4)能够对进度计划在实施过程中进行调整	(1)工程项目进度控制的概念、原理; (2)施工项目进度控制目标体系; (3)横道图比较法; (4)S形曲线比较法; (5)香蕉形曲线比较法; (6)前锋线比较法; (7)施工项目进度计划的调整

》》》 3.1 流水施工

工业生产实践证明,流水施工是组织生产的有效方法。流水施工的原理是在分工大量出现之后的顺序作业和平行作业的基础上产生的,它是一种以分工为基础的写作,是批量生产产品的一种优越的作业方法。

流水施工的原理同样也适用于建筑工程施工。两者之间不同的是,在工业生产的流水施工中,专业生产者是固定的,而各产品或中间产品在流水线上流动,由前一个工序流向后一个工序;而在建筑工程施工中,各个施工段(相当于产品或者中间产品)是固定不动的,而专业施工队是流动的,他们由前一个施工段流向后一个施工段。

3.1.1 流水施工简介

1. 建筑工程施工的组织方式

建筑工程施工的组织是受其内部施工顺序、施工场地、空间、时间等因素影响和制约的。根据具体情况不同，组织方式有依次施工、平行施工和流水施工三种。

如某住宅小区拟建Ⅰ、Ⅱ两幢建筑物，它们的基础工程量都相等，而且均由基槽开挖、基础砌筑和基槽回填三个施工过程组成。每个施工过程在每个建筑物中的施工天数均为 5 d。两幢建筑物基础工程施工的三种组织方式如下：

（1）依次施工。依次施工组织方式如图 3-1 所示。

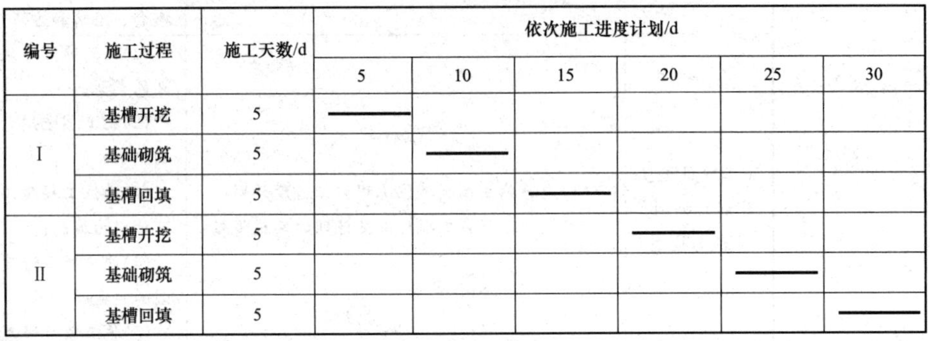

编号	施工过程	施工天数/d	依次施工进度计划/d					
			5	10	15	20	25	30
Ⅰ	基槽开挖	5	——					
	基础砌筑	5		——				
	基槽回填	5			——			
Ⅱ	基槽开挖	5				——		
	基础砌筑	5					——	
	基槽回填	5						——

图 3-1　依次施工组织方式

由此可见，依次施工具有以下特点：

1）工期比较长，没有充分利用工作面。

2）如果按专业成立施工队，各专业队不能连续作业，有时间间歇，劳动力及施工机具等资源无法均衡使用。

3）如果由一个工作队完成全部施工任务，则不能实现专业化施工，不利于资源供应的组织。

4）单位时间内投入的劳动力、施工机具、材料等资源较少，有利于资源的供应和组织。

5）施工现场的组织、管理比较简单。

（2）平行施工。平行施工组织方式如图 3-2 所示。

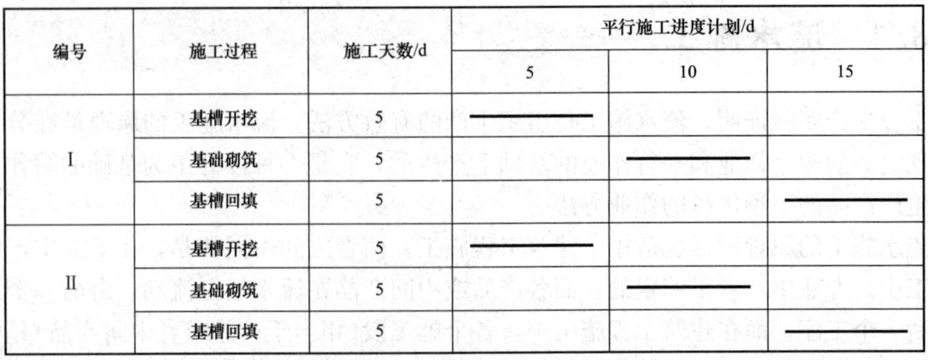

编号	施工过程	施工天数/d	平行施工进度计划/d		
			5	10	15
Ⅰ	基槽开挖	5	——		
	基础砌筑	5		——	
	基槽回填	5			——
Ⅱ	基槽开挖	5	——		
	基础砌筑	5		——	
	基槽回填	5			——

图 3-2　平行施工组织方式

由此可见，平行施工具有以下特点：

1)工期比较短，充分利用工作面进行施工。

2)如果按专业成立施工队，各专业队伍不能连续作业，劳动力及施工机具等资源无法均衡使用。

3)如果由一个工作队完成全部施工任务，则不能实现专业化施工，不利于提高劳动生产率和质量。

4)单位时间内投入的劳动力、施工机具、材料等资源成倍增加，不利于资源的供应和组织。

5)施工现场的组织、管理比较复杂。

（3）流水施工。流水施工组织方式如图 3-3 所示。

编号	施工过程	施工天数/d	流水施工进度计划/d			
			5	10	15	20
I	基槽开挖	5	——			
	基础砌筑	5		——		
	基槽回填	5			——	
II	基槽开挖	5				
	基础砌筑	5			——	
	基槽回填	5				——

图 3-3　流水施工组织方式

由此可见，流水施工具有以下特点：

1)尽可能利用工作面进行施工，工期比较短。

2)各专业队实现专业化，有利于提高生产率和工作质量。

3)各专业队能够连续施工，相邻专业队的开工时间能够最大限度搭接。

4)单位时间内投入的资源均衡，易于管理。

5)为文明施工和科学管理创造了条件。

2. 流水施工的分级

根据流水施工组织的范围划分，流水施工通常可以分为以下几类：

（1）分项工程流水施工。分项工程流水施工也称为细部流水施工，是在一个专业工种内部组织起来的流水施工。在施工进度计划表上，它由一条标有施工段或工程队编号的水平进度指示线段或斜向进度指示线段来表示。

（2）分部工程流水施工。分部工程流水施工也称为专业流水施工，是在一个分部工程内部、各分项工程之间组织起来的流水施工。在施工进度计划表上，它由一条标有施工段或工程队编号的水平进度指示线段或斜向进度指示线段来表示。

（3）单位工程流水施工。单位工程流水施工也称为综合流水施工，是在一个单位工程内部、各分部工程之间组织起来的流水施工。在施工进度计划表上，它是若干分部工程的进度指示线段，并由此构成一张单位工程施工进度计划。

（4）群体工程流水施工。群体工程流水施工也称为大流水施工，是在若干单位工程之间组织起来的流水施工。反映在施工进度计划表上，它是一张项目施工总进度计划。

流水施工的分级和它们之间的相互关系如图 3-4 所示。

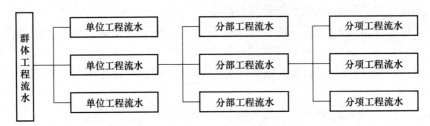

图 3-4　流水施工分级关系图

3. 流水施工的表达方式

流水施工的表达方式主要有横道图和网络图两种表达方式，如图 3-5 所示。

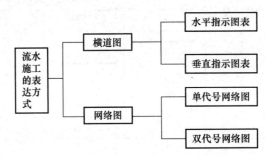

图 3-5　流水施工的表达方式

(1)横道图。横道图可分为水平指示图表和垂直指示图表两种。

1)在水平指示图表的表达方式中，横坐标表示流水施工的持续时间；纵坐标表示开展流水施工的施工过程、专业工作队的名称、编号和数目；呈梯形分布的水平线段表示流水施工的开展情况。

水平指示图表的优点是绘图简单，施工过程及先后的顺序表达清楚，时间和空间状况形象直观，使用方便，因而得到广泛使用。

2)在垂直指示图表的表达方式中，横坐标表示流水施工的持续时间；纵坐标表示开展流水施工所划分的施工段编号；n 条斜线段表示各专业工作队或施工过程开展流水施工的情况如图 3-6 所示。

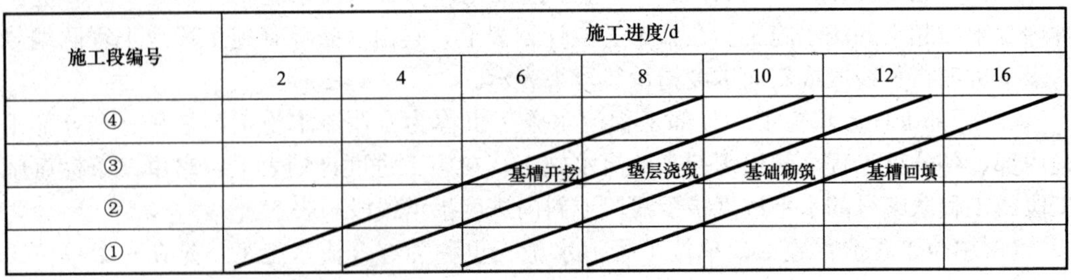

施工段编号	施工进度/d						
	2	4	6	8	10	12	16
④							
③			基槽开挖	垫层浇筑	基础砌筑	基槽回填	
②							
①							

图 3-6　垂直指示图表表示流水施工

垂直指示图表的优点是施工过程及先后的顺序表达清楚，时间和空间状况形象直观，斜向进度线的斜率可以直观地表示施工过程的进展速度；但编制实际工程进度计划不如水平指示图表方便。

（2）网络图。有关流水施工网络图表达方式，见3.2节介绍。

3.1.2 流水施工的主要参数

在组织拟建工程项目流水施工时，用以表达流水施工在工艺流程、空间布置和时间安排等方面开展状态的参数，称为流水参数。其主要包括工艺参数、空间参数和时间参数三种。

（1）工艺参数。工艺参数是指在组织流水施工时，用以表达流水施工在施工工艺上开展顺序及其特征的参数；具体地说是指在组织流水施工时，将拟建工程项目的整个建造过程可分解为施工过程的种类、性质和数目的总称，通常用"n"表示。在工程项目施工中，施工过程所包括的范围可大可小，既可以是分部工程、分项工程，又可以是单位工程、单项工程。

（2）空间参数。在组织流水施工时，用以表达流水施工在空间布置上所处状态的参数，称为空间参数。空间参数主要有工作面、施工段和施工层三种。一般按下式计算：

$$M=m\times r$$

1）工作面。从事某专业工种的工人在从事建筑产品生产加工过程中，必须具备一定的活动空间，这个活动空间称为工作面（在施工对象上能够安排劳动力或施工机械的地段）。

2）施工段。为了有效地组织流水施工，通常将拟建工程项目在平面上划分成若干个劳动量大致相等的施工段落，这些施工段落称为施工段。施工段的数目通常用"m"表示。图3-7所示的建筑共划分了4个施工段。

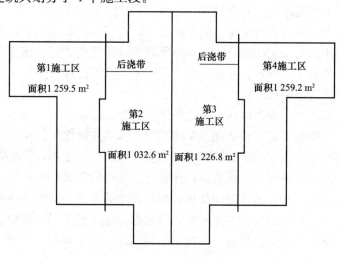

图3-7 施工段的划分

划分施工段是组织流水施工的基础。为了使施工段划分更科学、更合理，通常应遵循以下原则：

①专业工作队在各个施工段上的劳动量要大致相等，其相差幅度不宜超过15%；

②对多层或高层建筑物，施工段的数目要满足合理流水施工组织的要求，即$m\geqslant n$；

③为了充分发挥工人、主导施工机械的生产效率，每个施工段要有足够的工作面；

④为了保证拟建工程项目结构整体的完整性，施工段的分界线应尽可能与结构的自然界线（如伸缩缝、沉降缝等）相一致；

⑤对于多层的拟建工程项目，既要划分施工段，又要划分施工层，以保证相应的专业工作队在施工段与施工层之间，组织有节奏、连续、均衡地流水施工。

3）施工层。在组织流水施工时，为了满足专业工作队对操作高度和施工工艺的要求，将拟建工程项目在竖向上划分为若干个操作层，这些操作层称为施工层。施工层一般用"r"表示。通常以建筑物的结构层作为施工层，有时为了满足专业工种对操作高度和施工工艺的要求，也可以按一定高度划分施工层，如砌筑工程的施工层高度一般为 1.2 m（一步架高）；混凝土结构、室内抹灰、木装饰、油漆和水电的施工高度，可按楼层进行施工层的划分。

（3）时间参数。每个工序（施工过程）的完成，都要消耗时间。在组织流水作业时，用流水节拍、流水步距、平行搭接时间、技术间歇时间、组织间歇时间和工期这六个参数来表达流水作业在时间排列上所处的状态。这些参数称为时间参数。

1）流水节拍。流水节拍是指每个专业队在各个施工段上完成相应的施工任务所需要的工作持续时间。其是流水施工的基本参数之一，通常用"t"表示。

流水节拍的大小，可以反映出流水施工的快慢、节奏感的强弱和资源消耗量的多少。通常流水节拍小，则流水速度快、节奏快、单位时间内资源供应量大。

影响流水节拍数值大小的因素主要有：项目实施时所采取的施工方案；各个施工段投入的劳动力人数或施工机械台数；工作班次及该施工段工程量的多少。为避免专业工作队转移时浪费工时，流水节拍在数值上最好是半个班（0.5 d）的整数倍。

2）流水步距。流水步距是指两个相邻的专业工作队在保证施工顺序、满足连续施工、最大限度地搭接和保证工程质量要求的条件下，相继投入施工的最小时间间隔。其是流水施工的基本参数之一，通常用"K"表示。

流水步距的大小反映着流水作业的紧凑程度，对工期的影响很大。在施工段不变的情况下，流水步距越大，工期越长；流水步距越小，则工期越短。流水步距的数目取决于参加流水施工的施工过程数。一般来说，若有 n 个施工过程，则有 $n-1$ 个流水步距。

确定流水步距的原则如下：

①要满足相邻两个专业工作队在施工顺序上的制约关系。

②要保证相邻两个专业工作队在各个施工段上都能连续作业。

③要使相邻两个专业工作队在开工时间上能实现最大限度和合理地搭接。

④流水步距的确定要保证工程质量，保证安全生产的要求。

3）平行搭接时间。平行搭接时间是指在组织流水施工时，有时为了缩短工期，在工作面允许的条件下，如果前一个专业工作队完成部分施工任务后，能够提前为后一个专业工作队提供工作面，则后者提前进入前一个施工段，两者在同一个施工段上平行搭接施工的时间，通常用"t_d"表示。

4）技术间歇时间。技术间歇时间是指流水施工中某些施工过程完成后需要有合理的工艺间歇（等待）时间。技术间歇时间与材料的性质和施工方法有关，如设备基础在浇筑混凝土后，必须经过一定的养护时间，使基础达到一定强度后才能进行设备安装；又如设备涂刷底漆后，必须经过一定的干燥时间，才能涂面漆等，通常用"t_j"表示。

5）组织间歇时间。组织间歇时间是指流水施工中某些施工过程完成后必要的检查验收或施工过程准备时间，如一些隐蔽工作的检查、焊缝检查等，通常用"t_z"表示。

6）工期。工期是指从第一个专业队投入流水作业开始，到最后一个专业队完成最后一个施工过程的最后一段工作退出流水作业为止的整个持续时间，通常用"T_t"表示。

【例 3-1】某建筑共计两层，每层的施工过程分为两个施工段。对其中的混凝土结构子分部工程中的支模板、绑扎钢筋、浇混凝土三个分项工程组织流水施工，具体如图 3-8 所示。分别求出流水参数。

施工层	施工过程	施工进度计划/d						
		2	4	6	8	10	12	14
1	支模板	①	②					
	绑扎钢筋		①	②				
	浇混凝土			①	②			
2	支模板				①	②		
	绑扎钢筋					①	②	
	浇混凝土						②	②

图 3-8　流水施工方式

【解】　由图 3-8 可知：

施工过程数：施工过程有支模板、绑扎钢筋、浇混凝土三个，$n=3$

空间参数：分为两个施工层，每个施工层分为两个施工段，$M=2\times2=4$

时间参数：流水节拍 $t=2$ d

流水步距 $K=2$ d

流水组的工期 $T_t=14$ d

3.1.3　流水施工的分类及计算

在建筑工程流水施工中，流水节拍是主要流水参数之一，流水施工要求必须有一定的节拍，流水施工的节奏是由流水节拍决定的。在大多数情况下，各个施工过程中的流水节拍不一定相等，有的甚至同一个施工过程本身在不同的施工段上的流水节拍也不相等。这样就形成了不同节奏特征的流水施工。根据流水施工节奏的不同特征，可以将流水施工划分为有节奏流水施工和无节奏流水施工两大类，见表 3-1。

表 3-1　流水施工分类

流水作业施工的种类	分类	
有节奏流水施工	固定节拍流水(等节拍流水)	
	异节拍流水	一般异节拍流水
		成倍节拍流水
无节奏流水施工		

1. 有节奏流水施工

有节奏流水施工可分为等节拍流水施工和异节拍流水施工两种。

(1)等节拍流水施工。等节拍流水施工是指同一施工中参与的各个施工过程在各个施工段的流水节拍数相等。其是流水施工中最简单、最有规律的一种形式。其适用于工程规模小、建筑结构比较简单、施工过程不多的建筑物。常用于组织分部工程的流水施工。其特征如下：

1）所有流水节拍都彼此相等。如果有 n 个施工过程，则 $t_1=t_2=\cdots t_n=t$（常数）。

2）所有流水步距都彼此相等，而且等于流水节拍，即 $K_{1,2}=K_{2,3}=\cdots K_{n-1,n}=K=t$（常数）。

3）每个专业工作队都能够连续作业，施工段没有空闲。

4）专业工作队数等于施工过程数。

根据等节拍流水施工的特点，其流水施工工期可按下式计算：

$$T=(n-1)K+mt_i=(m+n-1)t_i \tag{3-1}$$

式中　　T——流水施工总工期；

　　　　m——施工段数；

　　　　n——施工过程数；

　　　　K——流水步距；

　　　　t_i——施工过程 i 在某施工段上的流水节拍。

【例 3-2】　某基础工程划分为挖土垫层、钢筋混凝土基础、砌基础墙、回填土四个施工过程，每个施工过程划分为三个施工段，各施工过程的流水节拍均为 4 d，试组织等节奏流水施工，确定流水步距、计算工期并绘制进度计划表。

【解】　已知施工过程 $n=4$，施工段 $m=3$；

①确定流水步距：$t_i=t=4$ d　$K=t=4$ d

②计算工期：$T=(m+n-1)t=(4+3-1)\times4=24$ d

用横道图绘制流水进度计划表，如图 3-9 所示。

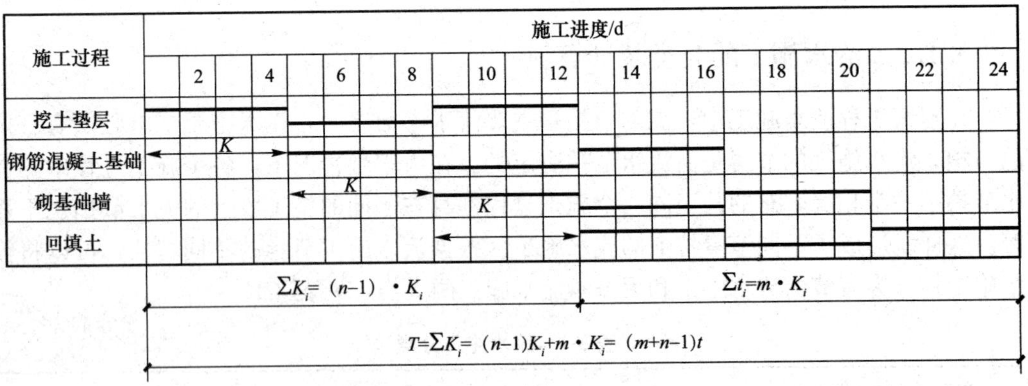

图 3-9　等节拍流水施工进度计划表

对于有间歇时间的等节拍流水施工，其流水施工工期 T 可按下式计算：

$$T=(m+n-1)t+\sum t_j+\sum t_z-\sum t_d \tag{3-2}$$

式中　　$\sum t_j$——技术间歇时间之和；

　　　　$\sum t_z$——组织间歇时间之和；

$\sum t_d$——平行搭接时间之和。

(2)异节拍流水施工。在通常情况下，有时由于各个施工过程之间的工程量相差很大，各个施工队组的施工人数有所不同，很难使得各个施工过程的流水节拍都彼此相等。但是，如果施工段划分得合适，保持同一个施工过程各个施工段的流水节拍相等是不能实现的。此时，应考虑异节拍流水施工。

异节拍流水施工是指同一个施工过程在各个施工段上的流水节拍彼此相等，不同施工过程在同一个施工段上的流水节拍不完全相等的一种流水施工方式。异节拍流水施工又可分为一般异节拍流水施工和成倍节拍流水施工两类。

1)一般异节拍流水施工。一般异节拍流水施工是指同一个施工过程在各个施工段上的流水节拍彼此相等，不同施工过程在同一个施工段上的流水节拍既不相等也不成倍的一种流水施工方式。一般异节拍流水施工主要适用于施工段大小相等的工程施工组织。其特征如下：

①同一个施工过程流水节拍相等，不同施工过程之间的流水节拍不全相等。

②在多数情况下，流水步距彼此不相等且流水步距与流水节拍两者之间存在着某种函数关系。

③工作队在主导施工过程上连续作业，但施工段之间可能有空闲。

④专业工作队数等于施工过程数。根据异节拍流水施工的特点，确定主要参数如下：

流水步距$K_{i,i+1}$：

$$K_{i,i+1}=\begin{cases}t_i & (\text{当 } t_i \leqslant t_{i+1}\text{时}) \\ mt_i-(m-1)t_{i+1} & (\text{当 } t_i > t_{i+1}\text{时})\end{cases} \tag{3-3}$$

式中　t_i——施工过程i在某个施工段上的流水节拍；

　　　t_{i+1}——施工过程$i+1$在某个施工段上的流水节拍。

一般异节拍流水施工工期可按下式计算：

$$T = \sum K_{i,i+1} + T_n + \sum t_j + \sum t_z - \sum t_d \tag{3-4}$$

式中　T——流水施工工期；

　　　T_n——最后一个专业队的施工工期。

【例3-3】　某基础工程划分为A、B、C、D四个施工过程，分为三个施工段组织流水施工，各个施工过程的流水节拍分别为$t_A=2$ d，$t_B=3$ d，$t_C=4$ d，$t_D=2$ d，其中施工过程B完成后需要2 d的技术间歇时间，施工过程D施工中有1 d的平行搭接时间，确定各个施工过程之间的流水步距、计算工期并绘制进度计划表。

【解】　已知施工过程$n=4$，施工段$m=3$；

①确定流水步距：　　$K_{A,B}=t_A=2$ d，$K_{B,C}=t_B=3$ d

　　　　　　　$K_{C,D}=m \cdot t_C-(m-1)t_D=3 \times 4-(3-1) \times 2=8$ d

②计算工期：　　$T = \sum K_{i,i+1} + T_n + \sum t_j + \sum t_z - \sum t_d$

　　　　　　　$=(2+3+8)+3 \times 2+2-1=20$ d

用横道图绘制流水进度计划表，如图3-10所示。

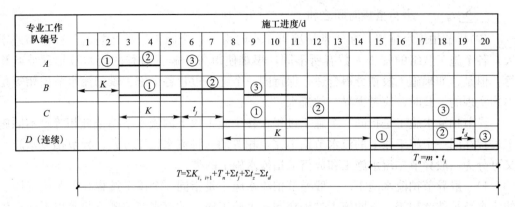

图 3-10　一般异节拍流水施工进度计划表

2)成倍节拍流水施工。成倍节拍流水施工是指同一个施工过程在各个施工段上的流水节拍彼此相等,不同施工过程在同一个施工段上的流水节拍之间存在整数倍(或公约数)关系的流水施工方式。其既适用于线性工程(如道路、管道等),也适用于房屋建筑工程施工。其特征如下:

①同一个施工过程流水节拍相等,不同施工过程之间的流水节拍彼此不相等,但互为倍数(或公约数)。

②流水步距彼此相等,且等于流水节拍的最大公约数。

③工作队在主导施工过程上连续作业,但施工段之间可能有空闲。

④专业工作队数大于等于施工过程数,即 $n_1 \geq n$。

根据成倍节拍流水施工的特点,确定主要参数,即

$$K_{i,i+1} = K_b \tag{3-5}$$

式中　K_b——流水节拍的最大公约数。

每个施工过程的专业工作队数和专业工作队总数分别用式(3-6)和式(3-7)确定:

$$t_i b_i = K_b \tag{3-6}$$

$$N' = \sum b_i \tag{3-7}$$

式中　b_i——施工过程所需专业工作队数;

　　　N'——专业工作队总数。

成倍节拍流水施工工期可按下式计算:

$$T = (m + N' - 1)K_b + \sum t_j + \sum t_z - \sum t_d \tag{3-8}$$

【例 3-4】 某施工工程划分为 A、B、C 三个施工过程,平面上划分六个施工段组织流水施工,各个施工过程的流水节拍分别为 $t_A = 2$ d,$t_B = 6$ d,$t_C = 4$ d,确定各个施工过程之间的流水步距、计算工期并绘制进度计划表。

【解】 已知施工过程 $n = 4$,施工段 $m = 6$;

①确定流水步距:　　　　　　$K = K_b = 2$ d

②确定每个施工过程的专业工作队数:

$$b_A = 2/2 = 1(个)$$

$$b_B = 6/2 = 3(个)$$

$$b_C = 4/2 = 2(个)$$

③计算工期：$$T=(m+N'-1)K_b+\sum t_j+\sum t_z-\sum t_d$$
$$=(6+6-1)\times 2=22(\text{d})$$

用横道图绘制流水进度计划表，如图 3-11 所示。

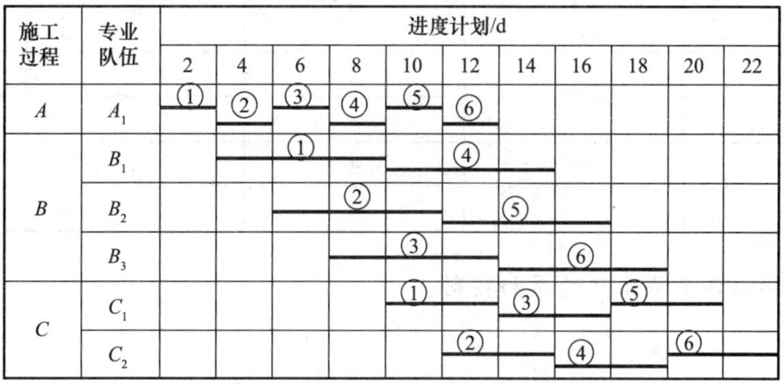

施工过程	专业队伍	进度计划/d

施工过程	专业队伍	2	4	6	8	10	12	14	16	18	20	22
A	A_1	①	②	③	④	⑤	⑥					
B	B_1			①			④					
	B_2				②			⑤				
	B_3					③			⑥			
C	C_1						①	③		⑤		
	C_2						②		④		⑥	

图 3-11　成倍节拍流水施工进度计划表

2. 无节奏流水施工

在工程项目实际施工中，往往每个实施过程中在各个施工段上的工程量彼此不相等，各专业工作队的生产效率也相差较大，从而导致同一个施工过程中的流水节拍彼此不相等，不可能组织有节奏流水施工。这种情况下，往往利用流水施工的基本概念，在保证施工工艺、满足施工顺序要求的前提下，按照一定的计算方法，确定相邻专业工作队之间的流水步距，使其在开工时间上最大限度、合理地搭接起来，形成每个专业工作队都能连续作业的流水施工方式，称为无节奏流水施工。

无节奏流水施工不像有节奏流水施工那样受到一定的时间规律约束，在进度安排上比较灵活、自由，适用于分部工程和单位工程及大型建筑群的流水施工，实际运用比较广泛。其特征如下：

(1)同一个施工过程在各个施工段上的流水节拍不完全相等，不同施工过程流水节拍也不完全相等。

(2)各个施工过程之间的流水步距不完全相等且差异较大。

(3)各个施工队能在施工段上连续作业，有的施工队可能有空闲时间。

(4)施工队组数等于施工过程数。在无节奏流水施工中，通常采用"累加数列错位相减求大差法"计算流水步距。由于这种方法是由潘特考夫斯基首先提出的，故又称为潘特考夫斯基法。这种方法简捷、准确，便于掌握。累加数列错位相减求大差法的基本步骤如下：

1)将每个施工过程在各个施工段上的流水节拍依次累加，求得各个施工过程流水节拍的累加数列。

2)将相邻施工过程流水节拍累数列中的后者错后一位，相减后求得一个差数列。

3)在差数列中取最大值，即这两个相邻施工过程的流水步距。

流水施工工期可按下式计算：

$$T=\sum K_{i,i+1}+T_n+\sum t_j+\sum t_z-\sum t_d \tag{3-9}$$

【例 3-5】　某工程有 A、B、C、D 四个施工过程，平面上划分成四个施工段，每个施工过程在各个施工段上的流水节拍见表 3-2，确定各个施工过程之间的流水步距、计算工期并绘制进度计划表。

表 3-2　某工程流水节拍值　　　　　　　　　　d

施工过程 ＼ 施工段	I	II	III	IV
A	3	2	2	4
B	1	3	4	3
C	3	4	2	2
D	6	2	3	4

【解】　(1)求各个施工队的累加数列：

$$A：\quad 3,\quad 5,\quad 7,\quad 11$$
$$B：\quad 1,\quad 4,\quad 8,\quad 11$$
$$C：\quad 3,\quad 7,\quad 9,\quad 11$$
$$D：\quad 6,\quad 8,\quad 11,\quad 15$$

(2)错位相减：

$$K_{A,B}\quad\begin{array}{ccccc} 3, & 5, & 7, & 11 & \\ — & 1, & 4, & 8, & 11 \\ \hline 3, & 4, & 3, & 3, & -11 \end{array}$$

$$K_{B,C}\quad\begin{array}{ccccc} 1, & 4, & 8, & 11 & \\ — & 3, & 7, & 9, & 11 \\ \hline 1, & 1, & 1, & 2, & -11 \end{array}$$

$$K_{C,D}\quad\begin{array}{ccccc} 3, & 7, & 9, & 11 & \\ — & 6, & 8, & 11, & 15 \\ \hline 3, & 1, & 1, & 0, & -15 \end{array}$$

(3)取大差值：

$$K_{A,B}=4\text{ d}$$
$$K_{B,C}=2\text{ d}$$
$$K_{C,D}=3\text{ d}$$

(4)计算流水工期：

$$T=(4+2+3)+(6+2+3+4)+0+0-0=24(\text{d})$$

(5)绘制流水施工进度计划表，如图 3-12 所示。

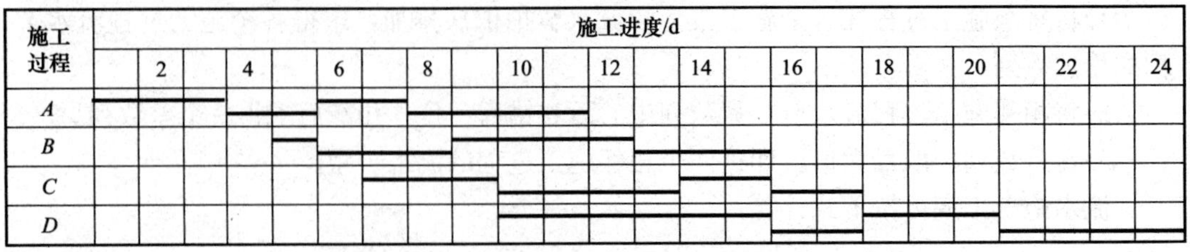

施工过程	施工进度/d											
	2	4	6	8	10	12	14	16	18	20	22	24
A												
B												
C												
D												

图 3-12　无节奏流水施工进度计划表

【特别提示】

任何一种流水施工的组织形式，仅仅是一种组织管理手段，其最终目的是要实现企业目标，即工程质量好、工期短、成本低、效益高和安全施工。

3.2 网络计划技术

3.2.1 网络计划技术简介

1. 网络计划技术的产生与发展

网络计划技术是 20 世纪 50 年代在美国创造和发展起来的一项新型计划技术，当初最有代表性的是关键线路法（CPM）和计划评审技术法（PERT），我国于 20 世纪 60 年代由著名数学家华罗庚教授，将此技术介绍到中国，并将它称为"统筹法"。之后，我国的一些高科技项目开始应用网络计划技术，并获得成功。20 世纪 80 年代开始，网络计划技术逐渐应用在我国国民经济各个领域的计划管理中，而应用最多的还是工程项目的施工组织与管理，并取得了巨大的经济效益。

美国较多使用双代号网络计划，欧洲则较多使用单代号搭接网络计划。我国《工程网络计划技术规程》（JGJ/T 121—2015）推荐的常用工程网络计划类型包括双代号网络计划、单代号网络计划、双代号时标网络计划、单代号搭接网络计划。

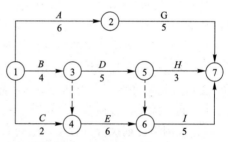

图 3-13　双代号网络计划

（1）双代号网络计划。双代号网络计划是以箭线及其两端节点的编号表示工作的网络图（图 3-13）。

（2）单代号网络计划。单代号网络计划是以节点及其编号表示工作，以箭线表示工作之间的逻辑关系的网络图（图 3-14）。

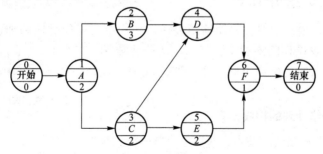

图 3-14　单代号网络计划

（3）双代号时标网络计划。双代号时标网络计划是以时间坐标为尺度绘制的网络计划。时标的时间单位应根据需要在编制网络计划之前确定，可为时、天、周、旬、月或季（图 3-15）。

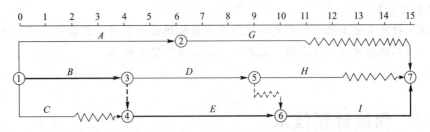

图 3-15　双代号时标网络计划

（4）单代号搭接网络计划。紧前工作虽然尚未完成但已经提供了紧后工作开始工作的条件，紧后工作就可以在这种条件下与紧前工作平行进行。这种关系就称为搭接关系。用单代号网络计划来表示工作之间的逻辑关系和搭接关系网络计划。

2. 网络计划技术的基本原理与特点

网络计划技术是利用网络计划进行生产管理的一种方法。其利用有向网络图全面反映出整个计划中各工作的先后顺序和逻辑关系，通过计算时间参数，找出关键工作和关键线路，通过不断优化网络计划，选择最优的方案付诸实施，并在执行过程中进行有效的控制和调整，以达到缩短工期、提高效率、降低成本、增加经济效益的目的。

建筑施工进度计划既可以用网络图表示，也可以用横道图表示，从发展的角度看，网络图的应用将会比横道图更为广泛。网络计划技术与横道图技术管理比较，具有以下特点：

（1）能全面、明确地反映出整个计划中各工作之间相互制约和相互依赖的关系。

（2）通过时间参数的计算，找出影响工程进度的关键工作和关键线路，抓住主要矛盾，更好地运用和调配人力和资源，从而降低成本，缩短工期。

（3）通过优化，可在若干个可行方案中找出最优方案。

（4）在网络计划执行过程中，通过计算的时间参数，预先知道各项工作提前或推迟完成对整个计划的影响程度，便于进行有效控制和监督，加强施工管理。

（5）可以利用计算机对复杂的计划进行计算、调整和优化，从而提高管理效率。

（6）难以清楚直观地反映流水施工情况及人力资源需求量的变化情况。

3.2.2　双代号网络计划

双代号网络计划是用双代号网络图表达任务构成、工作顺序并加注工作时间参数的进度计划。在双代号网络图中，每一项工作需要用一条箭线和其箭尾和箭头处两个圆圈中的号码来表示，如图 3-16 所示。

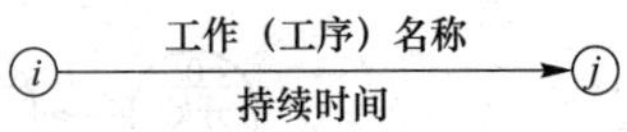

图 3-16　双代号网络图表示法

1. 双代号网络计划的构成要素

双代号网络图由箭线、节点、线路三个基本要素组成。

（1）箭线。

1）网络图中一端带箭头的实线即箭线。它与其两端的节点表示一项工作。在工程网络计划的网络图中，一项工作包含的范围大小视具体情况而定，小则表示一个工序、一个分项工程、一个分部工程（一幢建筑的主体工程、装饰装修工程）；大则表示某一建筑物的施工过程。

2)一根箭线表示一项工作所消耗的时间和资源。工作通常可分为以下三种：

①既消耗时间又消耗资源的工作——实工作，用实箭线表示。如绑扎钢筋、浇筑混凝土。

②只消耗时间而不消耗资源的工作——实工作，用实箭线表示。如浇筑混凝土的养护时间、已确认的等待材料或设备达到施工现场的时间等，虽然这些工作可能并不消耗资源和花费成本，但应视为一项工作。

③既不消耗时间也不消耗资源的工作——虚工作，虚设的工作，只表示前后工作之间的逻辑关系，用虚箭线表示。一般起着工作之间的联系、区分和断路的作用。

3)在无时间坐标的网络图中，箭线的长度不代表时间的长短，画图时原则上是任意的，但必须满足网络图的绘制原则。在有时间坐标的网络图中，其箭线的长度必须根据完成该项工作所需要的时间长短按比例绘制。

4)箭线的方向表示工作进行的方向和前进的路线，箭尾表示工作的开始，箭头表示工作的结束。

5)箭线可画成直线、折线和斜线。必要时，也可画成曲线，但应以水平直线为主。

(2)节点。网络图中箭线端部的圆圈或其他形状的封闭图形就是节点。其表示工作之间的逻辑关系，其表达的内容如下：

1)节点表示前面工作结束和后面工作开始的瞬间，所以，节点既不消耗时间也不消耗资源。

2)箭线的箭尾节点表示该工作的开始，称为开始节点；箭线的箭头节点表示该工作的结束，称为结束节点。

3)对一个节点来说，可能有许多箭线指向该节点，这些箭线称为该节点的内向箭线，如图 3-17(a)所示；同样，可能有许多箭线由该节点出发，这些箭线称为该节点的外向箭线，如图 3-17(b)所示。

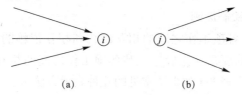

图 3-17 内向箭线和外向箭线

(a)内向箭线；(b)外向箭线

4)根据节点在网络图中的位置不同可分为起点节点、终点节点和中间节点。其中，网络图中的第一节点叫作起点节点，它意味着一项计划或工作的开始，起点节点无内向箭线；最后一个节点叫作终点节点，它意味着一项计划或工作的结束，终点节点无外向箭线。

5)节点的编号顺序应从小到大，可不连续，但严禁重复。一项工作只有唯一的一条箭线和相应的一对节点编号，且箭头节点编号大于箭尾节点编号。

(3)线路。在网络图中，从起点节点开始，沿箭线方向连续通过一系列节点和箭线，最后到达终点节点的若干条通道，称为线路。线路可依次用该线路上的节点编号来表示，也可依次用该线路上的工作名称来表示。通常情况下，一个网络图中有若干条线路，线路上各工作的持续时间之和为该线路的总持续时间。其中，持续时间最长的线路称为关键线路。关键线路至少有一条。位于关键线路上的工作称为关键工作。关键线路常用粗箭线、双线或彩色线表示，以突出其重要性。除关键线路外的其他线路称为非关键线路。

2. 网络计划相关概念和术语

(1)紧前工作、紧后工作、平行工作。

1)紧前工作。紧排在本工作之前的工作之前的称为本工作的紧前工作，工作与其紧前工作之间有时通过虚箭线来联系。

2)紧后工作。紧排在本工作之后的工作之前的称为本工作的紧后工作，工作与其紧后工作之间有时通过虚箭线来联系。

3)平行工作。可与本工作同时进行的工作称为本工作的平行工作。

在图 3-13 中，工作 A、B、C 可称为平行工作，各工作的紧前工作与紧后工作见表 3-3。

表 3-3　各工作的紧前工作与紧后工作

工作名称	A	B	C	D	E	G	H	I
紧前工作	—	—	—	B、C	B、C	A	D	D、E
紧后工作	G	D、E	E	H、I	I	—	—	—

(2)逻辑关系。在网络图中工作之间相互制约或相互依赖的关系称为逻辑关系。其包括工艺关系和组织关系，在网络图中均应表现为工作之间的先后顺序。

1)工艺关系。工艺关系是指生产工艺过程决定，客观存在的先后顺序关系，不能改变。如建筑工程施工划分施工程序时，应遵守"先地下后地上""先土建后设备""先主体后维护""先结构后装修"的原则。

2)组织关系。组织关系是指在不违反工艺关系的前提下，由于组织安排需要和资源调配的需要，人为安排的先后顺序关系。如建筑群中各个建筑物开工顺序的先后；施工对象的分段流水作业等。

3. 双代号网络图的绘制原则

(1)必须正确地表达各项工作之间的相互制约和相互依赖的关系。在网络图中，根据施工顺序和施工组织的要求，正确地反映各项工作之间的相互制约和相互依赖关系，这些关系是多种多样的，表 3-4 列出了常见的几种表示方法。

表 3-4　网络图中各项工作逻辑关系表示方法

序号	工作之间的逻辑关系	网络图中表示方法	说明
1	有 A、B 两项工作按照依次施工方式进行		B 工作依赖着 A 工作，A 工作约束着 B 工作的开始
2	有 A、B、C 三项工作同时开始工作		A、B、C 三项工作称为平行工作
3	有 A、B、C 三项工作同时结束		A、B、C 三项工作称为平行工作
4	有 A、B、C 三项工作，只有在 A 工作完成后，B、C 工作才能开始		A 工作制约着 B、C 工作的开始，B、C 工作为平行工作

序号	工作之间的逻辑关系	网络图中表示方法	说明
5	有 A、B、C 三项工作，C 工作只有在 A、B 工作完成后才能开始		C 工作依赖着 A、B 工作，A、B 工作为平行工作
6	有 A、B、C、D 四项工作，只有当 A、B 工作完成后，C、D 工作才能开始		通过中间事件 j 正确地表达了 A、B、C、D 工作之间的关系
7	有 A、B、C、D 四项工作，A 工作完成后 C 工作才能开始，A、B 工作完成后 D 工作才开始		D 工作与 A 工作之间引入了逻辑连接（虚工作），只有这样才能正确表达它们之间的约束关系
8	有 A、B、C、D、E 五项工作，A、B 工作完成后 C 工作开始，B、D 工作完成后 E 工作开始		虚工作 ij 反映出 C 工作受到 B 工作的约束；虚工作 ik 反映出 E 工作受到 B 工作的约束

（2）在网络图中严禁出现循环回路，如图 3-18 所示。

（3）在网络图中不允许出现重复编号的箭线，如图 3-19 所示。

（4）在网络图中不允许出现没有箭尾节点的工作，如图 3-20 所示。

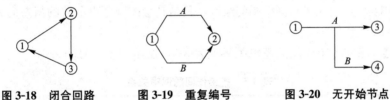

图 3-18 闭合回路示意 **图 3-19 重复编号工作示意** **图 3-20 无开始节点工作示意**

（5）在网络图中不允许出现没有箭头节点的工作。

（6）在网络图中不允许出现带有双向箭头或无箭头的工作。

（7）在双代号网络图中的某些节点有多条外向箭线或多条内向箭线时，在保证一项工作有唯一的一条箭线和对应的一对节点编号前提下，允许使用母线法绘制。

（8）绘制网络图时，箭线不宜交叉。当交叉不可避免时，可用过桥法或指向法。交叉箭线的画法如图 3-21 所示。

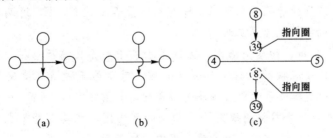

（a）   （b）   （c）

图 3-21 交叉箭线示意

（a）错误；（b），（c）正确

当网络图中不可避免地出现交叉时，不能直接相交画出，图 3-21(a)所示的画法是错误的，图 3-21(b)所示的"过桥法"和图 3-21(c)所示的"指向法"是正确的。

4. 双代号网络图的绘制方法

当已知每一项工作的紧前工作时，可按下述方法绘制双代号网络图：

(1)绘制没有紧前工作的工作箭线，使它们具有相同的开始节点，以保证网络图只有一个起点节点。

(2)依次绘制其他工作箭线。这些箭线的绘制条件是其所有紧前工作箭线都已经绘制出。在绘制这些工作箭线时，应按下列原则进行：

1)当所要绘制的工作只用一项紧前工作时，则将该工作箭线直接绘制在其紧前工作箭线之后即可。

2)当所要绘制的工作有多项紧前工作时，则将本工作箭头直接绘制在紧前工作箭线之后，然后用虚箭线将其他紧前工作箭线的箭头节点与本工作箭线的箭尾节点分别相连，以表达它们之间的逻辑关系。

(3)当各项工作箭线都绘制出来之后，应合并那些没有紧后工作的工作箭线的箭头节点，以保证网络图只有一个终点节点。

(4)当确认所绘制的网络图正确后，即可进行节点编号。网络图的节点编号在满足前述要求的前提下，既可采用连续的编号方法，也可采用不连续的编号方法，如 1，3，5……或者 5，10，15……，以避免以后增加工作时而改动整个网络图的节点编号。

以上所述是已知每一项工作的紧前工作时的绘制方法，当已知每一项工作的紧后工作时，也可采用类似的方法进行网络图的绘制，只是其绘图顺序由前述的从左向右改为从右向左。

【例 3-6】 已知各工作间的逻辑关系见表 3-5，试绘制双代号网络图。

表 3-5　各工作间的逻辑关系

紧前工作	—	—	—	A、B	A、B、C	D、E
本工作	A	B	C	D	E	F
紧后工作	D、E	D、E	E	F	F	—

【解】 (1)对工作的逻辑关系进行分析。着重寻找三种工作情况：第一种是有多个紧前工作的情况；第二种是有多个紧后工作的情况；第三种是单一的紧后、紧前工作的情况。在本案例中，工作 D 有两项紧前工作 A，B，工作 E 有三项紧前工作 A，B，C，这两个关系属于第一种情况；工作 A、B 有两项紧后工作 D，E，这两个关系属于第二种情况；工作 C 的关系属于第三种情况。

(2)按照前述分析，初绘网络图，方法是由表中关系又前往后排，排位置时，对于第一和第二种工作情况按照平行工作分行处理，对于第三种情况要安排在一条主干线上，然后检查表中逻辑关系的前后顺序是否合理，如图 3-22(a)所示。

(3)按照双代号网络图制图规则检验初绘的网络图，尤其是两节点之间工作的唯一性和不存在逻辑关系的工作间是否需要采用虚箭线断开。

(4)进行节点编号，完善网络图，如图 3-22(b)所示。

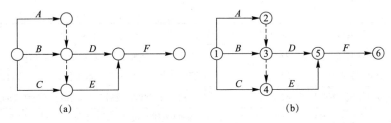

图 3-22　双代号网络图绘制

(a)双代号网络图初绘；(b)节点编号，双代号网络图绘制

5. 网络图中的"断路法"

网络图中对于不发生逻辑关系的工作容易产生错误，如图 3-23 所示，对于这种情况用虚箭线加以处理的方法称为断路法，如图 3-24 所示。

例如，现浇钢筋混凝土分部工程的网络图，该工程有支模、扎筋、浇筑三项工作，分为三段施工，如绘制成图 3-23 所示的形式就错了。

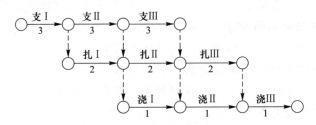

图 3-23　某双代号网络图

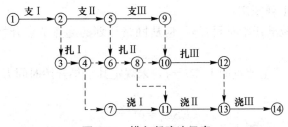

图 3-24　横向断路法示意

3.2.3　双代号网络计划时间参数的计算

双代号网络计划时间参数主要内容有各个节点的最早时间和最迟时间；各项工作的最早开始时间、最早完成时间、最迟开始时间、最迟完成时间；各项工作的有关时差及关键线路的持续时间。双代号网络计划时间参数的定义及表达符号见表 3-6。

表 3-6　双代号网络计划时间参数的定义及表达符号

参数种类	参数名称	表达符号	定义
工期	计算工期	T_c	根据时间参数计算所得到的工期
	要求工期	T_r	任务委托人所提出的指令性工期
	计划工期	T_p	根据要求工期和计算工期所确定的作为实施目标的工期

参数种类	参数名称	表达符号	定义
工作的时间参数	持续时间	D_{i-j}	一项工作从开始到完成的时间
	最早开始时间	ES_{i-j}	各紧前工作全部完成后，本工作有可能开始的最早时刻
	最早完成时间	EF_{i-j}	各紧前工作全部完成后，本工作有可能完成的最早时刻
	最迟开始时间	LS_{i-j}	在不影响整个任务按期完成(计划工期)的前提下，本工作必须开始的最迟时刻
	最迟完成时间	LF_{i-j}	在不影响整个任务按期完成的前提下，本工作必须完成的最迟时刻
	总时差	TF_{i-j}	在不影响整个任务按期完成的前提下，本工作可以利用的机动时间
	自由时差	FF_{i-j}	在不影响其紧后工作最早开始时间的前提下，本工作可以利用的机动时间
节点的时间参数	最早时间	ET_i	以该节点为开始节点的各项工作的最早开始时间
	最迟时间	LT_i	以该节点为完成节点的各项工作的最迟完成时间

时间参数的计算方法很多，本书仅介绍工作计算法和节点计算法。

1. 工作计算法计算时间参数

工作计算法是指直接计算各项工作的时间参数的方法。按工作计算应方法计算时间参数，其结果应标注在箭线之上，如图3-25所示。虚工作必须视同工作进行计算，其持续时间为零。

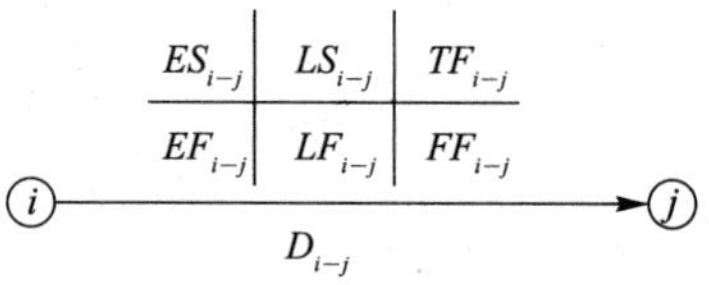

图3-25 工作计算法的标注内容

(1)工作最早开始时间的计算。工作最早开始时间是指各紧前工作全部完成后，本工作有可能开始的最早时刻。工作$i-j$的最早开始时间ES_{i-j}的计算应符合下列规定：

1)工作$i-j$的最早开始时间ES_{i-j}应从网络计划的起点节点开始，顺箭线方向依次逐项计算；

2)当起节点i为箭尾节点的工作$i-j$，未规定其最早开始时间ES_{i-j}时，其值应等于零，即

$$ES_{i-j}=0(i=1) \tag{3-10}$$

3)当工作只有一项紧前工作时，其最早开始时间应为

$$ES_{i-j}=ES_{h-i}+D_{h-i} \tag{3-11}$$

式中　ES_{h-i}——工作$i-j$的紧前工作的最早开始时间；

　　　D_{h-i}——工作$i-j$的紧前工作的持续时间。

4)其他工作的最早开始时间ES_{i-j}应按下式计算：

$$ES_{i-j}=\max\{ES_{h-i}+D_{h-i}\} \tag{3-12}$$

(2)工作最早完成时间的计算。工作最早完成时间是指各紧前工作完成后，本工作有可能完成的最早时刻。工作$i-j$的最早完成时间EF_{i-j}应按式(3-13)计算：

$$EF_{i-j}=ES_{i-j}+D_{i-j} \tag{3-13}$$

(3)网络计划工期的计算。

1)计算工期T_c是指根据时间参数计算得到的工期，其应按式(3-14)计算：

$$T_c=\max\{EF_{i-n}\} \tag{3-14}$$

式中　EF_{i-n}——以终点节点$(j=n)$为箭头节点的工作$i-n$的最早完成时间。

2)网络计划的计划工期计算。网络计划的计划工期是指按要求工期和计算工期确定的作为实施目标的工期。其计算应按下述规定：

①规定了要求工期 T_r 时：

$$T_p \leqslant T_r \tag{3-15}$$

②当未规定要求工期时：

$$T_p = T_c \tag{3-16}$$

(4)工作最迟完成时间的计算。工作最迟完成时间是指在不影响整个任务按期完成的前提下，工作必须完成的最迟时刻。

1)工作 $i-j$ 的最迟完成时间 LF_{i-j} 应从网络计划的终点节点开始，逆着箭线方向依次逐项计算。

2)以终点节点 $(j=n)$ 为箭点节点的工作最迟完成时间 LF_{i-n}，应按网络计划的计划工期 T_p 确定，即

$$LF_{i-n} = T_p \tag{3-17}$$

3)其他工作 $i-j$ 的最迟完成时间 LF_{i-j}，应按式(3-18)计算：

$$LF_{i-j} = \min\{LF_{j-k} - D_{j-k}\} \tag{3-18}$$

式中　LF_{j-k}——工作 $i-j$ 的各项紧后工作 $j-k$ 的最迟完成时间；

　　　D_{j-k}——工作 $i-j$ 的各项紧后工作 $j-k$ 的持续时间。

(5)工作最迟开始时间的计算。工作的最迟开始时间是指在不影响整个任务按期完成的前提下，工作必须开始的最迟时刻。

工作 $i-j$ 的最迟开始时间应按式(3-19)计算：

$$LS_{i-j} = LF_{i-j} - D_{i-j} \tag{3-19}$$

(6)工作总时差的计算工作总时差是指在不影响总工期的前提下，本工作可以利用的机动时间。该时间应按式(3-20)或式(3-21)计算：

$$TF_{i-j} = LS_{i-j} - ES_{i-j} \tag{3-20}$$

$$TF_{i-j} = LF_{i-j} - EF_{i-j} \tag{3-21}$$

(7)工作自由时差的计算。工作自由时差是指在不影响其紧后工作最早开始时间的前提下，本工作可以利用的机动时间。工作 $i-j$ 的自由时差 FF_{i-j} 的计算应符合下列规定：

1)当工作 $i-j$ 有紧后工作 $j-k$ 时，其自由时差应为

$$FF_{i-j} = ES_{j-k} - ES_{i-j} - D_{i-j} \tag{3-22}$$

或

$$FF_{i-j} = ES_{j-k} - EF_{i-j} \tag{3-23}$$

式中　ES_{j-k}——工作 $i-j$ 的紧后工作 $j-k$ 的最早开始时间。

2)以终点节点 $(j=n)$ 为箭头节点的工作，其自由时差按下式计算：

$$FF_{i-n} = T_p - ES_{i-n} - D_{i-n} \tag{3-24}$$

$$FF_{i-n} = T_p - EF_{i-n} \tag{3-25}$$

(8)关键工作和关键线路的判定。

1)总时差最小的工作为关键工作；当无规定工期时，$T_c = T_p$，最小总时差为零；当 $T_c > T_p$ 时，最小总时差为负数；当 $T_c < T_p$ 时，最小总时差为正数。

2)自始至终全部由关键工作组成的线路为关键线路，应当用粗线、双线或彩色线标注。

【例 3-7】 根据图 3-26，计算各时间参数。图 3-26 中箭线下的数字是工作的持续时间，以天为单位。

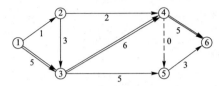

图 3-26　网络计划的计算

【解】 (1)各项工作最早开始时间和最早完成时间的计算。

$ES_{1-2}=0$ ⟶ $EF_{1-2}=ES_{1-2}+D_{1-2}=0+1=1$

$ES_{1-3}=0$ ⟶ $EF_{1-3}=ES_{1-3}+D_{1-3}=0+5=5$

$ES_{2-3}=EF_{1-2}=1$ ⟶ $EF_{2-3}=ES_{2-3}+D_{2-3}=1+3=4$

$ES_{2-4}=EF_{1-2}=1$ ⟶ $EF_{2-4}=ES_{2-4}+D_{2-4}=1+2=3$

$ES_{3-4}=\max\{EF_{1-3}, EF_{2-3}\}=\max\{5, 4\}=5$ ⟶ $EF_{3-4}=ES_{3-4}+D_{3-4}=5+6=11$

$ES_{3-5}=ES_{3-4}=5$ ⟶ $EF_{3-5}=ES_{3-5}+D_{3-5}=5+5=10$

$ES_{4-5}=\max\{EF_{2-4}, EF_{3-4}\}=\max\{3, 11\}=11$ ⟶ $EF_{4-5}=ES_{4-5}+D_{4-5}=11+0=11$

$ES_{4-6}=ES_{4-5}=11$ ⟶ $EF_{4-6}=ES_{4-6}+D_{4-6}=11+5=16$

$ES_{5-6}=\max\{EF_{3-5}, EF_{4-5}\}=\max\{10, 11\}=11$ ⟶ $EF_{5-6}=ES_{5-6}+D_{5-6}=11+3=14$

(2)各项工作最迟开始时间和最迟完成时间的计算。

$LF_{5-6}=EF_{4-6}=16$ ⟶ $LS_{5-6}=LF_{5-6}-D_{5-6}=16-3=13$

$LF_{4-6}=EF_{4-6}=16$ ⟶ $LS_{4-6}=LF_{4-6}-D_{4-6}=16-5=11$ ⟶ $LF_{4-5}=LS_{5-6}=13$

$LS_{4-5}=LF_{4-5}-D_{4-5}=13-0=13$ ⟶ $LF_{3-5}=LS_{5-6}=13$

$LS_{3-5}=LF_{3-5}-D_{3-5}=13-5=8$

$LF_{3-4}=\min\{LS_{4-6}, LS_{4-5}\}=\min\{11, 13\}=11$ ⟶ $LS_{3-4}=LF_{3-4}-D_{3-4}=11-6=5$

$LF_{2-4}=\min\{LS_{4-6}, LS_{4-5}\}=\min\{11, 13\}=11$ ⟶ $LS_{2-4}=LF_{2-4}-D_{2-4}=11-2=9$

$LF_{2-3}=\min\{LS_{3-5}, LS_{3-4}\}=\min\{8, 5\}=5$ ⟶ $LS_{2-3}=LF_{2-3}-D_{2-3}=5-3=2$

$LF_{1-3}=\min\{LS_{3-5}, LS_{3-4}\}=\min\{8, 5\}=5$ ⟶ $LS_{1-3}=LF_{1-3}-D_{1-3}=5-5=0$

$LF_{1-2}=\min\{LS_{2-3}, LS_{2-4}\}=\min\{2, 9\}=2$ ⟶ $LS_{1-2}=LF_{1-2}-D_{1-2}=2-1=1$

(3)各项工作总时差的计算。

$TF_{1-2}=LF_{1-2}-EF_{1-2}=2-1=1$ ⟶ $TF_{1-3}=LF_{1-3}-EF_{1-3}=5-5=0$

$TF_{2-3}=LF_{2-3}-EF_{2-3}=5-4=1$ ⟶ $TF_{2-4}=LF_{2-4}-EF_{2-4}=11-3=8$

$TF_{3-4}=LF_{3-4}-EF_{3-4}=11-11=0$ ⟶ $TF_{3-5}=LF_{3-5}-EF_{3-5}=13-10=3$

$TF_{4-5}=LF_{4-5}-EF_{4-5}=13-11=2$ ⟶ $TF_{4-6}=LF_{4-6}-EF_{4-6}=16-16=0$

$TF_{5-6}=LF_{5-6}-EF_{5-6}=16-14=2$

(4)各项工作自由时差的计算。

$FF_{1-2}=ES_{2-3}-EF_{1-2}=1-1=0$ ⟶ $FF_{1-3}=ES_{3-4}-EF_{1-3}=5-5=0$

$FF_{2-3}=ES_{3-4}-EF_{2-3}=5-4=1$ ⟶ $FF_{2-4}=ES_{4-5}-EF_{2-4}=11-3=8$

$FF_{3-4}=ES_{4-5}-EF_{3-4}=11-11=0$ ⟶ $FF_{3-5}=ES_{5-6}-EF_{3-5}=11-10=1$

$FF_{4-5}=ES_{5-6}-EF_{4-5}=11-11=0$ ⟶ $FF_{4-6}=T_p-EF_{4-6}=16-16=0$

$FF_{5-6}=T_p-EF_{5-6}=16-14=2$

为了进一步说明总时差和自由时差之间的关系，取出网络图（图 3-26）中的一部分，如图 3-27 所示。

从图 3-27 中可见，工作 3—5 总时差就等于本工作 3—5 及紧后工作 5—6 的自由时差之和。

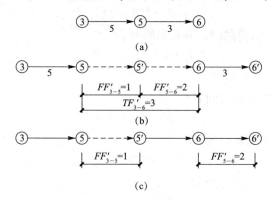

图 3-27　总时差与自由时差关系图

(a)网络图的一部分；(b)工作 3—5 的总时差；(c)工作 3—5 及 5—6 的自由时差

$$TF_{3-5} = FF_{3-5} + FF_{5-6} = 1 + 2 = 3$$

同时，从图 3-27 中可见，本工作不仅可以利用自己的自由时差，而且可以利用紧后工作的自由时差(但不得超过本工作总时差)。

由图 3-26 分析，关键节点为 1，3，4，6；关键工作为 1—3—4—6。

2. 节点计算法计算时间参数

(1)节点最早时间的计算。节点最早时间是指双代号网络计划中，以该节点为开始节点的各项工作的最早开始时间(图 3-28)。

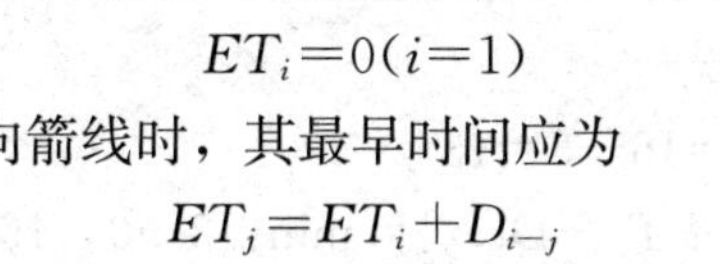

$\overline{TE_i \mid TL_i}$ 　　　　　 $\overline{TE_j \mid TL_j}$
工作名称
$(i) \longrightarrow (j)$
D_{i-j}

图 3-28　按节点计算法的标注内容

1)起点节点 i 如未规定最早时间，其值应等于零，即

$$ET_i = 0(i=1) \tag{3-26}$$

2)当节点 j 只有一条内向箭线时，其最早时间应为

$$ET_j = ET_i + D_{i-j} \tag{3-27}$$

3)当节点 j 有多条内向箭线时，其最早时间应为

$$ET_j = \max\{ET_i + D_{i-j}\} \tag{3-28}$$

(2)网络计划工期的计算。

$$T_c = ET_n \tag{3-29}$$

式中　ET_n——终点节点 n 的最早时间。

网络计划工期 T_p 的确定与工作计算法相同。

(3)节点最迟时间的计算。节点最迟时间是指双代号网络计划中，以该节点为完成节点的各项工作的最迟完成时间。

1)终点节点上的最迟时间应等于网络计划的计划工期。

$$LT_n = T_p \tag{3-30}$$

2)当节点 i 只有一个外向箭线时，最迟时间为

$$LT_i = LT_j - D_{i-j} \tag{3-31}$$

3)当节点有多条外向箭线时，其最迟时间为

$$LT_i = \min\{LT_j - D_{i-j}\} \tag{3-32}$$

(4)工作时间参数的计算。

1)工作 $i-j$ 的最早开始时间 ES_{i-j} 为

$$ES_{i-j} = ET_i \tag{3-33}$$

2)工作 $i-j$ 的最早完成时间 EF_{i-j} 为

$$EF_{i-j} = ET_i + D_{i-j} \tag{3-34}$$

3)工作 $i-j$ 的最迟完成时间 LF_{i-j} 为

$$LF_{i-j} = LT_j \tag{3-35}$$

4)工作 $i-j$ 的最迟开始时间 LS_{i-j} 为

$$LS_{i-j} = LT_j - D_{i-j} \tag{3-36}$$

5)工作 $i-j$ 的总时差 TF_{i-j} 为

$$TF_{i-j} = LT_j - ET_i - D_{i-j} \tag{3-37}$$

6)工作 $i-j$ 的自由时差 FF_{i-j} 为

$$FF_{i-j} = ET_j - ET_i - D_{i-j} \tag{3-38}$$

【例 3-8】 为了进一步理解和应用以上计算公式，现仍以图 3-26 为例说明计算的各个步骤。

【解】 (1)计算节点最早时间。

$ET_1 = 0$

$ET_2 = \max\{ET_1 + D_{1-2}\} = \max\{0+1\} = 1$

$ET_3 = \max\{ET_1 + D_{1-3}, ET_2 + D_{2-3}\} = \max\{0+5, 1+3\} = 5$

$ET_4 = \max\{ET_2 + D_{2-4}, ET_3 + D_{3-4}\} = \max\{1+2, 5+6\} = 11$

$ET_5 = \max\{ET_3 + D_{3-5}, ET_4 + D_{4-5}\} = \max\{5+5, 11+0\} = 11$

$ET_6 = \max\{ET_4 + D_{4-6}, ET_5 + D_{5-6}\} = \max\{11+5, 11+3\} = 16$

ET_6 是网络图 3-26 终点节点最早可能开始时间的最大值，也是关键线路的持续时间。

(2)计算各个节点最迟时间。

$ET_6 = LT_6 = T_c = T_p = 16$

$LT_5 = \min\{LT_6 + D_{5-6}\} = 16 - 3 = 13$

$LT_4 = \min\{LT_5 - D_{4-5}, LT_6 - D_{4-6}\} = \min\{13-0, 16-5\} = 11$

$LT_3 = \min\{LT_4 - D_{3-4}, LT_5 - D_{3-5}\} = \min\{11-6, 13-5\} = 5$

$LT_2 = \min\{LT_3 - D_{2-3}, LT_4 - D_{2-4}\} = \min\{5-3, 11-2\} = 2$

$LT_1 = \min\{LT_2 - D_{1-2}, LT_3 - D_{1-3}\} = \min\{2-1, 5-5\} = 0$

(3)计算各项工作最早开始时间和最早完成时间。

$ES_{1-2} = ET_1 = 0$ $EF_{1-2} = ET_1 + D_{1-2} = 0+1 = 1$

$ES_{1-3} = ET_1 = 0$ $EF_{1-3} = ET_1 + D_{1-3} = 0+5 = 5$ $ES_{2-3} = ET_2 = 1$

$EF_{2-3} = ET_2 + D_{2-3} = 1+3 = 4$ $ES_{2-4} = ET_2 = 1$

$EF_{2-4} = ET_2 + D_{2-4} = 1+2 = 3$ $ES_{3-4} = ET_3 = 5$

$$EF_{3-4}=ET_3+D_{3-4}=5+6=11 \qquad ES_{3-5}=ET_3=5$$
$$EF_{3-5}=ET_3+D_{3-5}=5+5=10 \qquad ES_{4-5}=ET_4=11$$
$$EF_{4-5}=ET_4+D_{4-5}=11+0=11 \qquad ES_{4-6}=ET_4=11$$
$$EF_{4-6}=ET_4+D_{4-6}=11+5=16 \qquad ES_{5-6}=ET_5=11$$
$$EF_{5-6}=ET_5+D_{5-6}=11+3=14$$

(4)计算各项工作最迟开始时间和最迟完成时间。

$$LF_{5-6}=LT_6=16 \qquad LS_{5-6}=LT_6-D_{5-6}=16-3=13$$
$$LF_{4-6}=LT_6=16 \qquad LS_{4-6}=LT_6-D_{4-6}=16-5=11$$
$$LF_{4-5}=LT_5=13 \qquad LS_{4-5}=LT_5-D_{4-5}=13-0=13$$
$$LF_{3-5}=LT_5=13 \qquad LS_{3-5}=LT_5-D_{3-5}=13-5=8$$
$$LF_{3-4}=LT_4=11 \qquad LS_{3-4}=LT_4-D_{3-4}=11-6=5$$
$$LF_{2-4}=LT_4=11 \qquad LS_{2-4}=LT_4-D_{2-4}=11-2=9$$
$$LF_{2-3}=LT_3=5 \qquad LS_{2-3}=LT_3-D_{2-3}=5-3=2$$
$$LF_{1-3}=LT_3=5 \qquad LS_{1-3}=LT_3-D_{1-3}=5-5=0$$
$$LF_{1-2}=LT_2=2 \qquad LS_{1-2}=LT_2-D_{1-2}=2-1=1$$

(5)计算各项工作的总时差。

$$TF_{1-2}=LT_2-ET_1-D_{1-2}=2-0-1=1 \qquad TF_{1-3}=LT_3-ET_1-D_{1-3}=5-0-5=0$$
$$TF_{2-3}=LT_3-ET_2-D_{2-3}=5-1-3=1 \qquad TF_{2-4}=LT_4-ET_2-D_{2-4}=11-1-2=8$$
$$TF_{3-4}=LT_4-ET_3-D_{3-4}=11-5-6=0 \qquad TF_{3-5}=LT_5-ET_3-D_{3-5}=13-5-5=3$$
$$TF_{4-5}=LT_5-ET_4-D_{4-5}=13-11-0=2 \qquad TF_{4-6}=LT_6-ET_4-D_{4-6}=16-11-5=0$$
$$TF_{5-6}=LT_6-ET_5-D_{5-6}=16-11-3=2$$

(6)计算各项工作的自由时差。

$$FF_{1-2}=ET_2-ET_1-D_{1-2}=1-0-1=0 \qquad FF_{1-3}=ET_3-ET_1-D_{1-3}=5-0-5=0$$
$$FF_{2-3}=ET_3-ET_2-D_{2-3}=5-1-3=1 \qquad FF_{2-4}=ET_4-ET_2-D_{2-4}=11-1-2=8$$
$$FF_{3-4}=ET_4-ET_3-D_{3-4}=11-5-6=0 \qquad FF_{3-5}=ET_5-ET_3-D_{3-5}=11-5-5=1$$
$$FF_{4-5}=ET_5-ET_4-D_{4-5}=11-11-0=0 \qquad FF_{4-6}=ET_6-ET_4-D_{4-6}=16-11-5=0$$
$$FF_{5-6}=ET_6-ET_5-D_{5-6}=16-11-3=2$$

(7)关键工作和关键线路的确定。在网络计划中总时差最小的工作称为关键工作。本例中由于网络计划的计算工期等于其计划工期，故总时差为零的工作即关键工作。

$$TF_{1-3}=LT_3-ET_1-D_{1-3}=5-0-5=0 \qquad 所以1-3工作是关键工作$$
$$TF_{3-4}=LT_4-ET_3-D_{3-4}=11-5-6=0 \qquad 所以3-4工作是关键工作$$
$$TF_{4-6}=LT_6-ET_4-D_{4-6}=16-11-5=0 \qquad 所以4-6工作是关键工作$$

将上述各项关键工作依次连接起来，就是整个网络图的关键线路，如图3-26中双箭线所示。

3.2.4 单代号网络计划

1. 单代号网络计划的构成要素

(1)箭线：表示紧邻工作之间的逻辑关系，箭线应画成水平直线、折线或斜线。

(2)节点：单代号网络图中的每个节点表示一项工作，用圆圈或矩形表示。节点所表示的工作名称、持续时间和工作代号等应标注在节点内，如图 3-29 所示。

图 3-29　单代号网络图的表示方法

2. 单代号网络计划的绘制规则

(1)单代号网络图应正确表述已定的逻辑关系。

(2)在单代号网络图中，不得出现回路。

(3)在单代号网络图中，不得出现双向箭头或无箭头的连线。

(4)在单代号网络图中，不得出现没有箭尾节点的箭线和没有箭头节点的箭线。

(5)绘制网络图时，箭线不宜交叉，当交叉不可避免时，可采用过桥法和指向法绘制。

(6)单代号网络计划只应有一个起点节点和一个终点。

3. 单代号网络计划时间参数的计算

单代号网络图时间参数主要有以下几个：

D_i——i 工作的持续时间；　　　　　　T_p——计划工期；

ES_i——i 工作最早开始时间；　　EF_i——i 工作最早完成时间；

LS_i——i 工作最迟开始时间；　　LF_i——i 工作最迟完成时间；

TF_i——i 工作的总时差；　　　　FF_i——i 工作的自由时差。

(1)计算工作的最早开始时间 ES_i。当起点节点 i 的最早开始时间无规定时，其值应为零：

$$ES_i=0(i=1) \tag{3-39}$$

最早开始时间：一项工作(节点)的最早开始时间等于它的各紧前工作的最早完成时间的最大值；如果本工作只有一个紧前工作，那么，其最早开始时间就是这个紧前工作的最早完成时间。

j 工作前有多个紧前工作时：

$$ES_j=\max\{EF_i\}(i<j) \tag{3-40}$$

j 工作前只有一个紧前工作时：

$$ES_j=EF_i=ES_i+D_i \tag{3-41}$$

(2)计算工作的最早完成时间 EF_j。一项工作(节点)的最早完成时间就等于其最早开始时间加本工作持续时间的和。

$$EF_j=ES_j+D_j \tag{3-42}$$

当计算到网络图终点时，由于其本身不占用时间，即其持续时间为零，所以

$$EF_n=ES_n=\max\{EF_i\}(i \text{ 为终点节点的紧前工作}) \tag{3-43}$$

(3)计算相邻两项工作 i 和 j 之间的时间间隔 LAG_{i-j}。相邻两项工作之间存在的时间间隔，工作 i 和 j 之间的时间间隔记为 LAG_{i-j}。

1)当终点节点为虚拟节点时，其时间间隔应为

$$LAG_{i,n}=T_p-EF_i \tag{3-44}$$

2)其他节点之间的时间间隔为

$$LAG_{i-j}=ES_j-EF_i \tag{3-45}$$

式中　LAG_{i-j}——工作 i 与其紧后工作 j 之间的时间间隔。

(4)计算工作的总时差 TF_i。工作总时差的计算应从网络计划的终点节点开始，逆着箭线方向按节点编号从大到小的顺序进行。

1)终点节点 n 所代表的工作的总时差应为

$$TF_n=T_p-EF_n \tag{3-46}$$

式中　T_p——计划工期。

2)其他工作的总时差应等于本工作与其紧后工作之间的时间间隔加该紧后工作的总时差所得之和的最小值，即

$$TF_i=\min\{TF_j+LAG_{i-j}\} \tag{3-47}$$

(5)计算工作的自由时差 FF_i。

1)终点节点 n 所代表的工作的自由时差应为

$$FF_n=T_p-EF_n \tag{3-48}$$

2)其他工作的自由时差应为

$$FF_i=\min\{LAG_{i-j}\} \tag{3-49}$$

(6)计算工作的最迟完成时间 LF_i。工作最迟完成时间的计算应从网络计划的终点节点开始，逆着箭线方向按节点编号从大到小的顺序进行。

1)终点节点 n 所代表的工作的最迟完成时间等于该网络计划的计划工期，即

$$LF_n=T_p \tag{3-50}$$

2)其他工作的最迟完成时间等于本工作的最早完成时间与其总时差之和，即

$$LF_i=FF_i+TF_{i-j} \tag{3-51}$$

(7)计算工作的最迟开始时间 LS_i。工作的最迟开始时间等于其最迟完成时间减去本工作的持续时间或等于本工作的最早开始时间与其总时差之和：

$$LS_i=LF_i-D_i \tag{3-52}$$

或

$$LS_i=ES_i+TF_i \tag{3-53}$$

(8)关键工作和关键线路的确定。

1)关键工作的确定：总时差最小的工作应为关键工作。

2)关键线路的确定：从起点节点起到终点节点均为关键工作，且所有工作的时间间隔均为零的线路应为关键线路。该线路在网络图上应用粗线、双线或彩色线标注。

【例 3-9】 根据图 3-30 计算各时间参数，并找出关键线路。

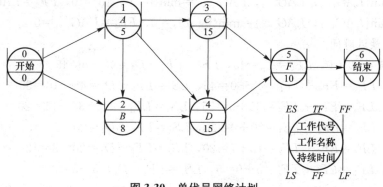

图 3-30　单代号网络计划

【解】 (1)计算最早时间。

起点节点：$D_{st}=0$，$ES_{st}=0$，$EF_{st}=ES_{st}+D_{st}=0$

A 节点：$ES_1=ET_{st}=0$(A 节点前只有起点节点)，$EF_1=ES_1+D_1=0+5=5$

B 节点：$ES_2=\max\{EF_{st}，EF_1\}=\max\{0，5\}=5$，$EF_2=ES_2+D_2=5+8=13$

C 节点：$ES_3=EF_1=5$，$EF_3=ES_3+D_3=5+15=20$

D 节点：$ES_4=\max\{EF_1，EF_2，EF_3\}=\max\{5，13，20\}=20$，$EF_4=ES_4+D_4=20+15=35$

F 节点：$ES_5=\max\{EF_3，EF_4\}=\max\{20，35\}=35$，$EF_5=ES_5+D_5=35+10=45$

终点节点：$ES_6=EF_5=45$，$EF_6=ES_6+D_6=45+0=45$

所以 $T_p=EF_6=45$(为计划工期)

(2)计算时间间隔。

终点节点为虚拟节点，$LAG_{5-6}=T_p-EF_6=45-45=0$

其他节点：$LAG_{i-j}=ES_j-EF_i$

$LAG_{4-5}=ES_5-EF_4=35-35=0$

$LAG_{3-5}=ES_5-EF_3=35-20=15$

$LAG_{3-4}=ES_4-EF_3=20-20=0$

$LAG_{2-4}=ES_4-EF_2=20-13=7$

$LAG_{1-4}=ES_4-EF_1=20-5=15$

$LAG_{1-3}=ES_3-EF_1=5-5=0$

$LAG_{1-2}=ES_2-EF_1=5-5=0$

$LAG_{0-2}=ES_2-EF_{st}=5-0=5$

$LAG_{0-1}=ES_1-EF_{st}=0-0=0$

(3)计算时差。

①各节点的总时差计算如下：

终点节点为虚拟节点，$TF_6=T_p-EF_6=45-45=0$

其他节点：$TF_5=TF_6+LAG_{5-6}=0+0=0$，$TF_4=TF_5+LAG_{4-5}=0+0=0$

$TF_3=\min\{TF_4+LAG_{3-4}、TF_5+LAG_{4-5}\}=0$

$TF_2=TF_4+LAG_{2-4}=0+7=7$

紧后工作为三项：

$TF_1=\min\{TF_3+LAG_{1-3}、TF_2+LAG_{1-2}、TF_4+LAG_{1-4}\}=\min\{0，7，15\}=0$

②各节点的自由时差计算如下：

终点节点为虚拟节点，$FF_6=T_p-EF_6=45-45=0$

$FF_1=\min\{LAG_{1-3}，LAG_{1-2}，LAG_{1-4}\}=\min\{0，0，15\}=0$，$FF_2=LAG_{2-4}=7$

$FF_3=\min\{LAG_{3-4}，LAG_{3-5}\}=\min\{0，15\}=0$，$FF_4=LAG_{4-5}=0$

(4)计算最迟时间。

终点节点：$D_6=0$，$LF_6=T_p=45$，$LS_6=LF_6-D_6=45-0=45$

F 节点：$LF_5=EF_5+TF_5=45+0=45$，$LS_5=LF_5-D_5=45-10=35$

D 节点：$LF_4=EF_4+TF_4=35+0=35$，$LS_4=LF_4-D_4=35-15=20$

C 节点：$LF_3=EF_3+TF_3=20+0=20$，$LS_3=LF_3-D_3=20-15=5$

B 节点：$LF_2=EF_2+TF_2=13+7=20$，$LS_2=LF_2-D_2=20-8=12$

A 节点：$LF_1=EF_1+TF_1=5+0=5$，$LS_1=LF_1-D_1=5-5=0$

(5)确定关键工作和关键线路。总时差最小的工作在本例中是总时差为零的工作，这些工作为 S_t，A，C，D，F，F_{in}。考虑这些工作之间的时间间隔为零，则构成了关键线路为 $S_t—A—C—D—F—F_{in}$。将该线路在图 3-31 中用双线标注出来。

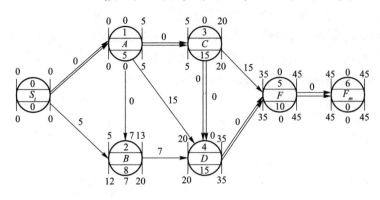

图 3-31 单代号网络计划

3.2.5 双代号时标网络计划

1. 双代号时标网络计划的概念与特点

双代号时标网络计划是指以时间坐标为尺度表示工作时间、箭线的长度和所在位置表示工作的时间进程的一种网络计划。时标的时间单位可以为天、周、旬、月及季度等。其表现特点如下：

(1)在时标网络计划中，箭线的长短与时间有关。

(2)可直接显示各工作的时间参数和关键线路，而不必计算。

(3)由于受到时间坐标的限制，所以时标网络计划不会产生闭合回路。

(4)可以直接在时标网络图的下方绘制出资源动态曲线，便于分析，平衡调度。

(5)由于箭线的长度和位置受时间坐标的限制，因此调整和修改不太方便。

2. 双代号时标网络计划的基本符号

时标网络计划的工作以实箭线表示，自由时差用波形线表示，虚工作以虚箭线表示。图 3-32、图 3-33 所示为时标网络计划表的表达方式。

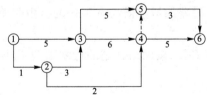

图 3-32 双代号网络计划

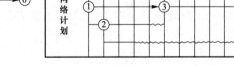

图 3-33 双代号时标网络计划

3. 双代号时标网络计划图的绘图要求

(1)时间长度是以所有符号在时标表上的水平位置及其水平投影长度表示的，与其所代表的时间值相对应。

(2)节点的中心必须对准时标的刻度线。

(3)虚工作必须以垂直虚箭线表示，有时差时加波形线表示。

(4)时标网络计划宜按最早时间编制，不宜按最迟时间编制。

(5)时标网络计划编制前，必须先绘制无时标网络计划。

(6)绘制时标网络计划图可以在以下两种方法中任选一种：

1)先计算无时标网络计划的时间参数，再按该计划在时标表上进行绘制；

2)不计算时间参数，直接根据无时标网络计划在时标表上进行绘制。

4. 双代号时标网络计划关键线路与时间参数的计算

(1)关键线路的确定。自始至终不出现波形线的线路，如图 3-33 中的①—③—④—⑥线路；图 3-34 中的①—②—③—⑤—⑥—⑦—⑨—⑩线路和①—②—③—⑤—⑥—⑧—⑨—⑩线路。

用粗线、双线或彩色线标注均可。

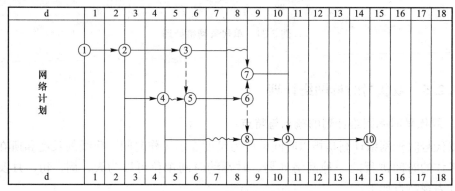

图 3-34　时标网络计划

(2)时间参数的计算。

1)计算工期的确定。其终点与起点节点所在位置的时标值差，如图 3-34 所示的时标网络计划的计算工期是 14−0＝14 d。

2)最早时间的确定。每条箭线尾节点所对应的时标值是工作的最早开始时间，箭线实线部分右端或箭头节点中心所对应的时标值代表的最早完成时间。

3)自由时差的确定。自由时差等于其波形线在坐标轴上水平投影的长度，如图 3-34 中工作③—⑦的自由时差为 1 d。

4)总时差的确定。工作总时差等于其紧后工作总时差的最小值与本工作的自由时差之和。其公式如式(3-55)和式(3-56)。

①以终点节点($j＝n$)为箭头节点的工作的总时差 TF_{i-j} 按网络计划的计划工期 T_p 计算确定，即

$$TF_{i-j}＝T_p−EF_{i-n} \tag{3-54}$$

②其他工作的总时差应为

$$TF_{i-j}＝\min\{TF_{j-k}+FF_{i-j}\} \tag{3-55}$$

按公式计算得：$TF_{9-10}＝14−14＝0$

$TF_{7-9}＝0+0＝0$，$TF_{3-7}＝0+1＝1$，$TF_{8-9}＝0+0＝0$，$TF_{4-8}＝0+2＝2$

$TF_{5-6}＝\min\{0+0,\ 0+0\}＝0$，$TF_{4-5}＝0+1＝1$，$TF_{2-4}＝\min\{2+0,\ 1+0\}＝1$

以此类推，可计算出全部工作的总时差值。

计算完成后，如果有必要，可将工作总时差值标注在相应的波形线或实箭线之上，如图 3-35 所示。

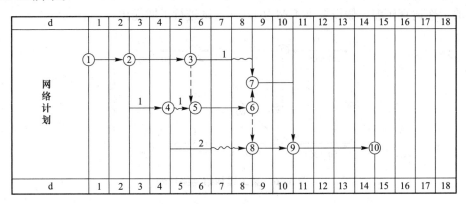

图 3-35　标注总时差的时标网络计划

5) 工作最迟时间的计算。由于已知最早开始时间和最早完成时间，又知道了总时差，故其工作最迟时间可用以下公式进行计算：

$$LS_{i-j}=ES_{i-j}+TF_{i-j} \tag{3-56}$$

$$LF_{i-j}=EF_{i-j}+TF_{i-j} \tag{3-57}$$

按公式计算得：$LS_{2-4}=ES_{2-4}+TF_{2-4}=2+1=3$，$LF_{2-4}=EF_{2-4}+TF_{2-4}=4+1=5$

3.2.6　网络计划的优化

网络计划的优化是指在一定约束条件下，按既定目标对网络计划进行不断改进，以寻求满意方案的过程。根据优化条件和目标的不同，网络计划的优化通常可分为工期优化、费用优化和资源优化三种。本书仅介绍工期优化和费用优化。

1. 工期优化

工期优化是指在满足既定约束条件下，按要求工期目标，通过延长或缩短网络计划初始方案的计算工期，以达到要求工期目标，保证按期完成任务。

（1）工期优化的方法和步骤。

1) 计算工期并找出关键线路及关键工作。

2) 按要求工期计算应缩短的时间。

3) 确定各关键工作能缩短的持续时间。

4) 选择关键工作，调整其持续时间，计算新工期。

5) 当计算工期仍超过要求工期，则重复以上第 4) 步骤。

6) 当关键工作持续时间都已达到最短极限，仍不满足工期要求时，应调整方案或对要求工期重新审定。

在上述第 4) 步骤中，选择被压缩的关键工作时应考虑的因素包括：缩短持续时间，对质量、安全影响不大的工作；有充足备用资源的工作；缩短持续时间所需增加费用最少的工作。

（2）工期优化示例。

【例 3-10】　已知某工程双代号网络计划如图 3-36 所示。图中箭线下方括号外数字表示工作的正常持续时间，括号内数字表示最短持续时间，箭线上方括号内数字表示工作优选系数，该系数综合考虑了压缩时间对工作质量、安全的影响和费用的增加，优选系数小的工作适宜压缩。假设要求工期为 120 d，试进行工期优化。

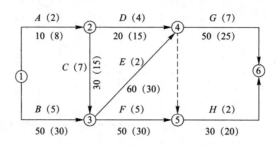

图 3-36 某工程初始网络计划

【解】 (1)根据各项工作的正常持续时间，确定网络计划的计算工期和关键线路。如图 3-37 所示，关键线路为 $B-E-G$，计算工期为 160 d。

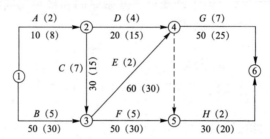

图 3-37 某工程初始网络计划中的关键线路

(2)计算压缩时间：$\Delta T = T_c - T_r = 160 - 120 = 40$ d

(3)第一次压缩。选择关键线路进行优化，E 的优选系数最小，因此，首先应选择压缩工作 E 的持续时间，将其压缩至最短持续时间，压缩 30 d，并重新计算网络计划的计算工期，确定关键线路如图 3-38 所示。此时计算工期为 130 d，网络计划中出现两条关键线路，即 $B-E-G$ 和 $B-F-H$。

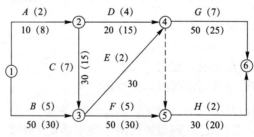

图 3-38 第一次压缩后的网络计划

(4)第二次压缩。此时网路计划中有两条关键线路，需要同时压缩，选择压缩工作 B 的持续时间，将其压缩至 40 d，并重新计算网络计划的计算工期等于要求工期，确定关键线路如图 3-39 所示。此时计算工期为 120 d，网络计划出现四条关键线路，即 $A-C-E-G$、$A-C-F-H$、$B-F-H$ 和 $B-E-G$。

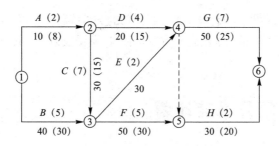

图 3-39　第二次压缩后的网络计划

经过上述优化，工期满足要求，但同时又使非关键活动的时差减少或者消失，或出现多条关键线路。这使得工期计划的刚性加大，即在施工过程中如果出现微小的干扰就会导致总工期的拖延。当所有关键的持续时间都已达到其所能缩短的极限而工期仍不能满足要求时，应对网络计划的原技术方案、组织方案进行调整或对要求工期重新审定。工期并非越短越好，还应考虑项目资源的限制。资源(包括劳动力、材料、机械设备等)是工程施工必不可少的前提条件，若资源不能保证，考虑得再周密的工期计划也不能实行。

2. 费用优化

费用优化又称为工期成本优化，是寻求工期总成本最低时的工期安排或按要求工期寻求最低成本的计划安排的过程。

(1)费用和工期的关系。工程总费用是由直接费用和间接费用组成。费用与工期的关系如图 3-40 所示。

直接费用由人工费、材料费、机械使用费、措施费等组成。直接费用会随着工期的缩短而增加。

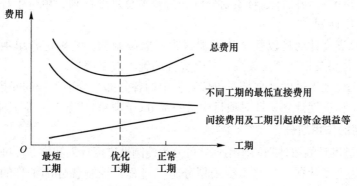

图 3-40　费用-工期曲线

(2)费用优化的方法和步骤。费用优化的基本思路是：不断地在网络计划中找出直接费用率(或组合直接费用率)最小的关键工作，缩短其持续时间。同时，考虑间接费用随工期缩短而减少的数值，最后求得工程总成本最低时的最优工期优化。其步骤如下：

1)按正常持续时间找出关键工作和关键线路。

2)计算各项工作直接费用的费用率。

3)找出费用率最低的一项或一组关键工作。

4)缩短找出工作的持续时间(被压缩的工作不能变为非关键工作)。

5)计算费用的增加值(直接费用增加与间接费用减少之差)。

6)费用增加值为负值时，再计算工期，找出新的关键线路。重复以上步骤，至最低一项或一组关键工作的直接费用率的增加值高于间接费用率的降低值为止，其前一方案即最优方案。

》》 3.3 施工项目进度计划

3.3.1 施工项目进度计划的类型

施工项目进度计划是规定各项工程的施工顺序和开工竣工时间及相互衔接关系的计划。其是在确定工程施工项目目标工期基础上，根据相应完成的工程量，对各项施工过程的施工顺序、起止时间和相互衔接关系所做的统筹安排。

1. 按计划时间划分

施工项目进度计划按计划时间划分可分为总进度计划和阶段性计划。总进度计划是控制项目施工全过程的；阶段性计划包括项目年、季、月(旬)施工进度计划等，月(旬)计划是根据年、季施工计划，结合现场施工条件制定的具体执行计划。

2. 按计划表达形式划分

施工项目进度计划按计划表达形式划分可分为文字说明计划与图表形式计划。文字说明计划是用文字来说明各阶段的施工任务及要达到的形象进度要求；图表形式计划是用图表形式表达施工的进度安排，可用横道图或网络图表示进度计划。

3. 按计划对象划分

施工项目进度计划按计划对象划分可分为施工总进度计划、单位工程施工进度计划和分项工程进度计划。

(1)施工总进度计划是以整个建设项目为对象编制的。它确定各单项工程施工顺序和开工、竣工时间及相互衔接关系，是全局性的施工战略部署。

(2)单位工程施工进度计划是对单位工程中的各分部、分项工程的安排。

(3)分项工程进度计划是针对项目中某一部分(子项目)或某一专业工种的计划安排。

4. 按计划的作用划分

施工项目进度计划按计划的作用划分可分为控制性进度计划和指导性进度计划两类。

(1)控制性进度计划按分部工程来划分施工过程，控制各分部工程的施工时间及相互搭接配合关系。其主要适用于工程结构复杂、规模大、工期长的工程，还适用于虽然工程规模不大或结构不复杂但各种资源(劳动力、机械、材料等)不落实的情况，以及建筑结构设计等可能变化的情况。

(2)指导性进度计划按分项工程或施工工序来划分施工过程，具体确定各个施工过程的施工时间及相互搭接、配合关系。其适用于任务具体而明确、施工条件基本落实，各项资源供应正常及施工工期不太长的工程。

3.3.2 施工项目进度计划的编制

施工总进度计划一般是建设工程项目的施工进度计划。其是用来确定建设工程项目中所包含的各单位工程的施工顺序、施工时间及相互衔接关系的计划。

1. 施工项目进度计划的编制依据及内容

施工项目进度计划的编制依据及内容见表 3-7。

表 3-7　施工项目进度计划的编制依据及内容

计划系统	编制依据	编制内容
施工总进度计划	①施工总方案； ②资源供应条件； ③各类定额资料； ④合同文件； ⑤工程项目建设总进度计划； ⑥工程动用时间目标； ⑦建设地区自然条件及有关技术经济资料等	①编制说明； ②施工总进度计划表； ③分期分批施工工程的开工日期、完工日期及工期一览表； ④资源需要量及供应平衡表等
单位工程施工进度计划	①《项目管理目标责任书》； ②施工总进度计划； ③单位工程施工方案； ④资源供应条件； ⑤合同工期或定额工期； ⑥施工图和施工预算； ⑦施工现场条件、气候条件、环境条件	①编制说明； ②进度计划图； ③单位工程施工进度计划的风险分析及控制措施

2. 施工项目进度计划的编制步骤

施工项目进度计划的编制一般按照图 3-41 所示程序进行。

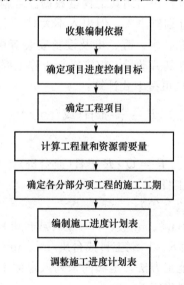

图 3-41　施工项目进度计划的编制步骤

（1）确定项目进度控制目标。项目经理部的施工项目进度控制目标应根据《项目经理目标责任书》中的规定确定。

（2）确定工程项目。工程项目的确定取决于客观需要，根据施工图纸和施工顺序将拟建单位工程的各个施工过程，结合施工方法、施工条件、劳动组织等因素，确定编制施工进度计划所需要的工程项目。工程项目划分的粗细程度也要根据进度计划的编制要求确定。

一般通过 WBS 分解的方法来确定工程项目。如某住宅楼 WBS 分解的结果如图 3-42 所示。

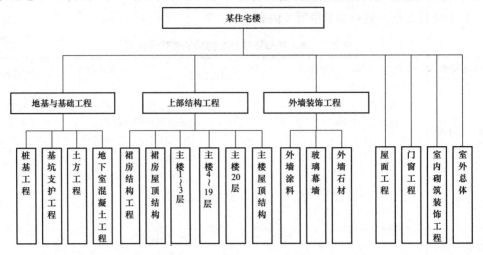

图 3-42 某住宅楼 WBS 分解的结果

施工项目进度计划表中还应列出主要的施工准备工作，水、暖、电、卫生设备安装等专业工程也应列出，以表示它们和土建工程施工配合关系。但只列出项目名称，不必再细分，而由各专业队单独安排各自的施工进度计划。

（3）计算工程量和资源需要量。工程量计算应按施工图、施工方案和劳动定额手册进行。如已编制施工预算，可直接引用其工程量数据。若施工预算中某些项目所采用的定额和项目划分与施工进度计划有出入，但出入不大时，要结合工程项目的实际需要做某些必要的变更、调整、补充。水、暖、电及设备安装等由专业部门进行工程量计算，在编制施工进度计划时不计算其劳动量，仅安排与土建工程配合的进度。

各个施工过程的劳动量 P 可按下式计算：

$$P = \frac{Q}{S} \text{工日（或台班）} \tag{3-58}$$

或

$$P = Q \cdot R \text{工日（或台班）} \tag{3-59}$$

式中　P——需要的劳动量（工日）；

　　　Q——工程量（m^3、m^2、t 等）；

　　　S——采用的产量定额（m^3、m^2、t……/工日或台班）；

　　　R——采用的时间定额 $R = 1/S$（工日或台班/m^3、m^2、t……）。

对于一些新技术和特殊施工方法，定额尚未列入定额手册，此时，其定额可参考类似项目的定额与有关实验资料确定。

（4）确定各分部分项工程的施工工期。根据实际投入的施工劳动力确定，可按下式计算：

$$T_i = \frac{P_i}{nb} \tag{3-60}$$

式中　T_i——完成某分部分项工程的施工天数（工日）；

　　　P_i——某分部分项工程所需的机械台班数（台班）或劳动量（工日）；

　　　n——每班安排在某分部分项工程上施工机械台数或劳动人数；

　　　b——每天工作班数。

（5）编制施工进度计划表。各分部工程的施工时间和施工顺序确定之后，可开始设计施工进度计划表。施工进度计划表可以用横道图或网络图表示。

（6）调整施工进度计划表。施工进度计划表的初始方案编制出之后，需要进行若干次的平衡调整工作，直至达到符合要求的施工进度计划。

3.3.3 施工项目进度计划的实施

项目的施工进度计划应通过编制年、季、月、旬、周施工进度计划来实现。年、季、月、旬、周施工进度计划应逐级落实，最终通过施工任务书由班组实施。

1. 编制施工作业计划

由于施工活动的复杂性，在编制施工进度计划时，不可能考虑到施工过程中的一切变化情况。因此，不可能一次安排好未来施工活动中的全部细节，所以，施工进度计划很难作为直接下达施工任务的依据，还必须有符合当时情况、细致具体、短时间的计划，这就是施工作业计划。

施工作业计划一般可分为月作业计划和旬作业计划。月（旬）作业计划应保证年、季度计划指标的完成。

2. 签发施工任务书

编制好月（旬）作业计划以后，将每项具体任务通过签发施工任务书的方式使其进一步落实。施工任务书是向班组下达施工任务的一种工具，是项目班组进行质量、安全、技术等交底的形式。其是计划和实施的纽带，是实行责任承包、全面管理和原始记录的综合性文件。其格式如图 3-43 所示。

施工任务书

第＿＿＿＿＿施工队＿＿＿＿组　　任务书编号＿＿＿＿＿

	开工	竣工	天数
计划			
实际			

工地名称＿＿＿＿＿＿＿＿＿　　单位工程名称＿＿＿＿＿＿＿＿＿　　签发日期＿＿＿＿年＿＿＿＿月＿＿＿＿日

定额编号	工程部位及项目	计量单位	计划				实际			安全、质量、技术、节约措施及要求		
			工程量	时间定额	每工产量	定额工日	工程量	定额工日	实际用工			
										验收意见		
										生产效率	定额用工	工日
											实际用工	工日
											工效	％

图 3-43　施工任务书

3. 做好施工进度记录，填好施工进度计划表

在施工进度计划实施的过程中，各级施工进度计划的执行者都要跟踪做好施工记录，记录计划中的每项工作开始日期、工作进度和完成日期，为施工项目进度检查分析提供信息，并填好有关图表。通过各种进度计划的检查方法，将实际进度和计划进度进行比较，发现偏差后，及时调整或修改进度计划。

年(季)施工进度计划的格式可以参考表 3-8。

表 3-8 ××项目年(季)施工进度计划表

单位工程 (分部工程)名称	工程量	总产值 /万元	开工 日期	计划完工日期	本年(季) 完成数量	本年(季) 施工进度

月(旬、周)施工进度计划具有指导作用，应该在单位工程施工进度计划的基础上进行细化，可以采用表 3-9 的形式进行编制。

表 3-9 ××工程月(旬、周)施工进度计划

分项工程名称	工程量		本月完成 工程量	需要人数 (机械数)	施工进度				
	单位	数量							

4. 做好施工中的调度工作

施工中的调度是组织施工中各阶段、环节、专业和工种的互相配合、进度协调的指挥核心。调度工作是使施工进度计划实施顺利进行的重要手段。其主要任务是掌握计划实施情况，协调各方面关系，采取措施，排除各种矛盾，加强各薄弱环节，实现动态平衡，保证完成作业计划和实现进度目标。

调度工作的内容主要有监督作业计划的实施、调整协调各方面的进度关系；监督检查施工准备工作；督促资源供应单位按计划供应劳动力、施工机具、运输车辆、材料构配件等，并对临时出现的问题采取调配措施；当工程变更引起资源需求的数量变更和品种变化时，应及时调整供应计划；按施工平面图管理施工现场，结合实际情况进行必要调整，保证文明施工；了解气候、水、电、气的情况，采取相应的防范和保证措施；及时发现和处理施工中各种事故和意外事件；定期及时召开现场调度会议，贯彻施工项目主管人员的决策，发布调度令。

3.3.4 施工项目进度计划的检查

在施工项目的实施进程中，为了进行进度控制，进度控制人员应经常地、定期地跟踪检查施工实际进度情况，主要是收集施工项目进度材料，进行统计整理和对比分析，确定实际进度与计划进度之间的关系。其主要工作内容包括以下几项。

1. 跟踪检查施工实际进度

跟踪检查施工实际进度是项目施工进度控制的关键措施。其目的是收集实际施

工进度的有关数据。跟踪检查的时间和收集数据的质量，直接影响控制工作的质量和效果。

一般检查的时间间隔与施工项目的类型、规模、施工条件和对进度执行要求程度有关。通常可以每月、半月、旬或周进行一次。若在施工中遇到天气、资源供应等不利因素的影响时，检查的时间间隔可临时缩短，次数应频繁，甚至可以每日进行检查，或派人员驻现场督阵。检查和收集资料的方式一般采用进度报表方式或定期召开进度工作汇报会。为了保证汇报资料的准确性，进度控制的工作人员，要经常到现场察看施工项目的实际进度情况，从而保证经常地、定期地准确掌握施工项目的实际进度。

跟踪检查的内容主要包括在检查时间段内任务的开始时间、结束时间、已进行的时间，完成的实物工程量、资源消耗情况等。

2. 整理统计检查数据

对于收集到的施工项目实际进度数据，要进行必要的整理、按计划控制的工程项目进行统计，形成与计划进度具有可比性的数据，相同的量纲和形象进度。一般可以按实物工程量、工作量和劳动消耗量，以及累计百分比整理和统计实际检查的数据，以便与相应的计划完成量相对比。

3. 对比实际进度与计划进度

将收集的资料整理和统计形成与计划进度具有可比性的数据后，用施工项目实际进度与计划进度的比较方法进行比较。通常用的比较方法有横道图比较法、S形曲线比较法、"香蕉"形曲线比较法和前锋线比较法等。通过比较得出实际进度与计划进度相一致、超前、滞后三种情况。比较方法的具体内容详见 3.4.4 节。

4. 施工项目进度检查结果的处理

施工项目进度检查的结果，应按照检查报告制度的规定，形成进度控制报告并向有关主管人员和部门汇报。

进度控制报告是将检查比较的结果、有关施工进度的现状和发展趋势提供给项目经理及各级业务职能负责人的最简单的书面形式报告。

进度控制报告根据报告的对象不同，一般可分为以下三个级别：

(1)项目概要级进度控制报告。项目概要级进度控制报告是以整个施工项目为对象说明进度计划执行情况的报告，是报给项目经理、企业经理或业务部门及监理单位或建设单位(业主)的。

(2)项目管理级进度控制报告。项目管理级进度控制报告是以单位工程或项目分区为对象说明进度计划执行情况的报告，是报给项目经理和企业的业务部门及监理单位的。

(3)业务管理级进度控制报告。业务管理级进度控制报告是以某个重点部位或某项重点问题为对象编写的报告，是报给项目管理者及各业务部门使用，以便采取应急措施。

进度控制报告的内容按照报告的级别和编制范围的不同而有所差异，主要包括：项目实施概况、管理概况、进度概要的总说明；项目施工进度、形象进度及简要说明；施工图纸提供进度；材料、物资、构配件供应进度；劳务记录及预测；日历计划；建设单位(业主)、监理单位及施工主管部门对施工者的变更指令等。

3.4 建筑工程项目进度控制

建筑工程项目能否在规定的工期内交付使用，直接关系到投资效益的发挥，尤其对生产性或商业性投资来说更是如此。因此，对工程项目进度进行有效的控制，使其顺利达到预定的目标，是业主、监理工程师和承包商在进行建筑工程项目管理时的中心任务和在项目实施过程中一项必不可少的重要环节。建筑工程项目进度控制是一项复杂的系统工程，是一个动态的实施过程。通过进度控制，不仅能有效地缩短项目建设周期，减少各个单位和部门之间的相互干扰，还能更好地落实施工单位各项施工计划。合理使用资源，保证施工项目成本、进度和质量等目标的实现，也为防止或提出索赔提供依据。

3.4.1 建筑工程项目进度控制的概念

建筑工程项目进度控制是指在实现工程项目总目标的过程中，为使工程建设的实际进度符合项目进度计划的要求，使项目按计划要求的时间动用而开展的有关监督管理活动。建筑工程项目进度控制的总目标就是项目最终动用的计划时间，也就是工业项目负荷联动试车成功、民用项目交付使用的计划时间。建筑工程项目进度控制是对工程项目从策划与决策开始、经设计与施工，直至竣工验收交付使用截止全过程的控制。

3.4.2 建筑工程项目进度控制的原理及程序

1. 建筑工程项目进度控制的原理

（1）动态控制原理。建筑工程项目进度管理是一个不断进行的动态控制，也是一个循环进行的过程。在进度计划执行中，由于各种干扰因素的影响，实际进度与计划进度可能会产生偏差。分析偏差产生的原因，采取相应的措施，调整原来的计划，继续按新计划进行施工活动，并且尽量发挥组织管理的作用，使实际工作按计划进行。但是在新的干扰因素作用下，又会产生新的偏差。施工进度计划控制就是采用这种循环的动态控制方法。

（2）系统控制原理。该原理认为，工程项目施工进度管理本身是一个系统工程。施工项目计划系统包括项目施工进度计划系统和项目施工进度实施组织系统两部分内容。

1）项目施工进度计划系统。为了对施工项目实行进度计划控制，首先必须编制施工项目的各种进度计划，其中有施工项目总进度计划、单位工程进度计划、分部分项工程进度计划、季度和月（旬）作业计划。这些计划组成一个施工项目进度计划系统，计划的编制对象由大到小，计划的内容从粗到细。编制时，从总体计划到局部计划，逐层进行控制目标分解，以保证计划控制目标落实。执行计划时，从月（旬）作业计划开始实施，逐级按目标控制，从而达到对施工项目整体进度目标的控制。

2)项目施工进度实施组织系统。施工组织各级负责人，从项目经理、施工队长、班组长及所属全体成员组成施工项目实施的完整组织系统，都应按照施工进度规定的要求进行严格管理。落实和完成各自的任务，为了保证施工项目按照进度实施，自公司经理、项目经理，一直到作业班组都设有专门职能部门或人员负责汇报。统计整理实际施工进度的资料，并与计划进度比较分析和进行调整，形成一个纵横连接的施工项目控制组织系统。

（3）信息反馈原理。信息反馈是施工项目进度管理的主要环节。建筑工程项目进度管理就是对有关施工活动和进度的信息不断收集、加工、汇总、反馈的过程。施工项目信息管理中心要对收集的施工进度和相关影响因素的资料进行加工分析，由领导作出决策后，向下发出指令，指导施工或对原计划作出新的调整、部署；基层作业组织根据计划和指令安排施工活动，并将实际进度和遇到的问题随时上报。每天都有大量的内外部信息、纵横向信息流进流出，若不应用信息反馈原理，不断地进行信息反馈，则无法进行进度管理。

（4）弹性原理。施工项目进度计划工期长，影响进度的原因多，根据统计经验估计出影响的程度和出现的可能性，并在确定进度目标时，进行实现目标的风险分析。在计划编制者具备了这些知识和实践经验之后，编制施工项目进度计划时就会留有余地，也就是使施工进度计划具有弹性。在进行项目进度控制时，便可以利用这些弹性，如检查之前拖延了工期，通过缩短剩余计划工期的方法，或者改变它们之间的逻辑关系，仍然可以达到预期的计划目标，这就是施工项目进度控制中对弹性原理的应用。

（5）封闭循环原理。项目的进度计划管理的全过程是计划、实施、检查、比较分析、确定调整措施、再计划。从编制项目施工进度计划开始，经过实施过程中的跟踪检查，收集有关实际进度的信息，比较和分析实际进度与施工计划进度之间的偏差，找出产生的原因和解决的办法，确定调整措施，再修改原进度计划，形成一个封闭的循环系统。

2. 建筑工程项目进度控制的程序

建筑工程项目经理部应按下列程序进行项目进度控制：

（1）根据施工合同确定的开工日期、总工期和竣工日期确定施工进度目标，明确计划开工日期、计划总工期和计划竣工日期，并确定项目分期分批的开工、竣工日期。

（2）编制施工进度计划。施工进度计划应根据工艺关系、组织关系、搭接关系、起止时间、劳动力计划、材料计划、机械计划及其他保证性计划等因素综合确定。

（3）向监理工程师提出开工申请报告，并应按监理工程师下达的开工令指定的日期开工。

（4）实施施工进度计划。当出现进度偏差（不必要的提前或延误）时，应及时进行调整，并应不断预测未来进度状况。

（5）全部任务完成后应进行进度控制总结并编写进度控制报告。

建筑工程项目进度控制流程如图 3-44 所示。

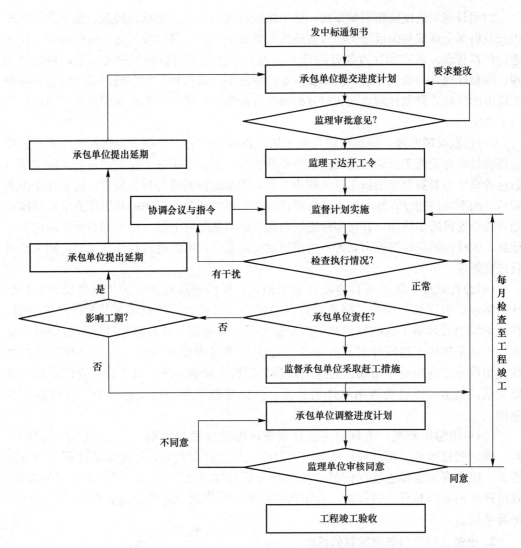

图 3-44　建筑工程项目进度控制流程

3.4.3　施工项目进度控制目标的确定与体系

1. 施工项目进度控制目标的确定

为了提高进度计划的预见性和进度控制的主动性，在确定施工项目进度控制目标时，必须全面细致地分析与建筑工程进度有关的各种有利因素和不利因素。

（1）确定施工项目进度控制目标的主要依据。确定施工项目进度控制目标的主要依据有建筑工程总进度目标对施工工期的要求、工期定额、类似工程项目的实际进度、工程难易程度和工程条件的落实情况等。

（2）确定施工项目进度分解目标时需要考虑的因素。

1）对于大型工程项目，应根据尽早提供可动用单元的原则，集中力量分期分批建设，以便尽早投入使用，尽快发挥投资效益。

2)合理安排土建与设备的综合施工。要按照它们各自的特点，合理安排土建施工与设备基础、设备安装的先后顺序及搭接、交叉或平行作业，明确设备工程对土建工程的要求和土建工程为设备工程提供施工条件的内容及时间。

3)结合本工程的特点，参考同类建设工程的经验来确定施工进度目标。避免只按主观愿望盲目确定进度目标，从而在实施过程中造成进度失控。

4)做好资金供应能力、施工力量配备、物资供应能力与施工进度的平衡工作，确保工程进度目标的要求而不使其落空。

5)考虑外部协作条件的配合情况。其包括在施工过程中及项目竣工动用所需的水、电、气、通信、道路及其他社会服务项目的满足程序和满足时间。

6)考虑工程项目所在地区地形、地质、水文、气象等方面的限制条件。

总之，要想对工程项目的施工进度实施控制，就必须有明确、合理的进度目标（进度总目标和进度分目标）；否则，控制便失去意义了。

2. 施工项目进度控制目标体系

保证工程项目按期建成交付使用，是建筑工程施工阶段进度控制的最终目的。为了有效地控制施工进度，首先要将施工进度总目标从不同角度进行层层分解，形成施工项目进度控制目标体系，从而作为实施进度控制的依据。

建筑工程施工项目进度控制目标体系如图 3-45 所示。不但要有总目标，还要有各单位工程交工动用的分目标，以及按承包单位、施工阶段和不同计划期划分的分目标，各目标之间相互联系，共同构成建筑工程施工进度控制目标体系。其中，下级目标受上级目标的制约，下级目标保证上级目标，最终保证施工进度总目标的实现。

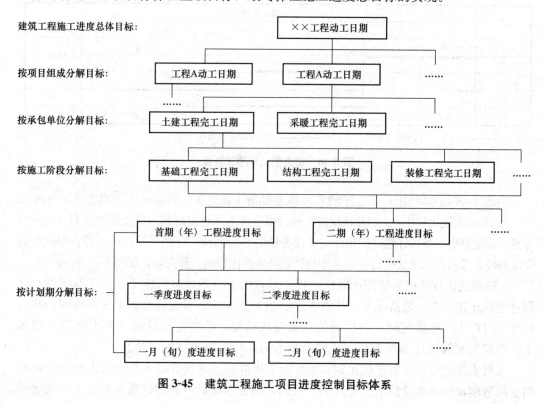

图 3-45　建筑工程施工项目进度控制目标体系

（1）按项目组成分解，确定各单位工程开工动用日期。在施工阶段进一步明确各单位工程的开工和交工动用日期，以确保施工总进度目标的实现。

（2）按承包单位分解，明确分工条件和承包责任。在一个单位工程中有多个承包单位参加施工时，应按承包单位将单位工程的进度目标分解，确定出各分包单位的进度目标，列入分包合同，以便落实分包责任，并根据各专业工程交叉施工方案和前后衔接条件，明确不同承包单位工作面交接的条件和时间。

（3）按施工阶段分解，划定进度控制分界点。根据工程项目的特点，应将其施工分解成几个阶段，如土建工程可分解为基础、结构和内外装修阶段。每一阶段的起止时间都要有明确的标志。特别是不同单位承包的不同施工段之间，更要明确划定时间分界点，以此作为形象进度的控制标志，从而使单位工程动用目标具体化。

（4）按计划期分解，组织综合施工。将工程项目的施工进度控制目标按年、季、月（旬）进行分解，并用实物工程、货币工作量及形象进度表示，将更有利于对施工进度的控制。

3.4.4 建筑工程项目进度控制方法及进度计划调整

1. 建筑工程项目进度控制方法

（1）横道图比较法。横道图比较法是指将项目实施过程中检查实际进度收集到的数据，经加工整理后直接用横道线平行绘于原计划的横道线处，进行实际进度与计划进度比较的方法。用横道图编制施工进度计划，指导施工的实施已是人们常用的、很熟悉的方法。其具有简明、形象直观、编制方法简单、使用方便的优点，如图 3-46 所示。

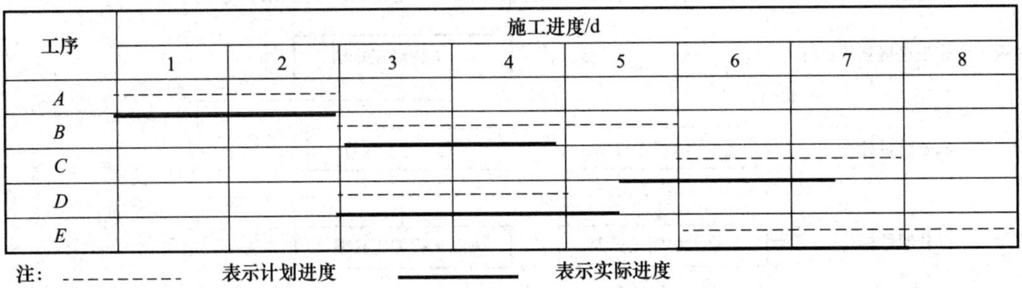

图 3-46 横道图记录施工进度

由图 3-46 可知，由于 E 工序的实际进度提前 1 d 完成，该流水施工提前 1 d 完成。

（2）S 形曲线比较法。S 形曲线比较法是以横坐标表示进度时间，纵坐标表示累计完成任务量，而绘制出一条按计划时间累计完成任务量的 S 形曲线，将施工项目的各检查时间实际完成的任务量与 S 形曲线进行实际进度与计划进度相比较的一种方法，如图 3-47 所示。

S 形曲线比较法同横道图比较法一样，是在图上直观地进行施工项目实际进度与计划进度相比较。在一般情况下，计划进度控制人员在计划实施前绘制出 S 形曲线。在项目施工过程中，按规定时间将检查的实际完成情况，绘制在与计划 S 形曲线同一张图上，可得出实际进度 S 形曲线，比较两条 S 形曲线可以得到如下信息：

项目实际进度与计划进度比较：当实际工程进展点落在计划 S 形曲线左侧则表示此时实际进度比计划进度超前；若落在其右侧，则表示拖后；若刚好落在曲线上，则表示两者一致。

如图 3-47 所示，a 点状态为进度超前；b 点状态为进度滞后。

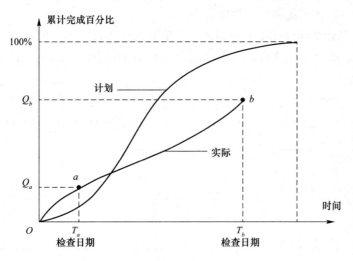

图 3-47　利用 S 形曲线记录施工进度

（3）"香蕉"形曲线比较法。在一般情况下，任何一个施工项目的网络计划，都可以绘制出两条曲线。其一是计划以各项工作的最早开始时间安排进度而绘制的 S 形曲线，称为 ES 曲线；其二是计划以各项工作的最迟开始时间安排进度，而绘制的 S 形曲线，称为 LS 曲线。两条 S 形曲线都是从计划的开始时刻至开始完成时刻结束，因此，两条曲线是闭合的。在一般情况下，其余时刻 ES 曲线上的各点均落在 LS 曲线相应点的左侧，形成一个形如"香蕉"的曲线，故称为"香蕉"形曲线，如图 3-48 所示。

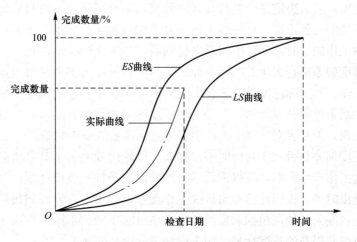

图 3-48　利用"香蕉"形曲线记录施工进度

在项目的实施中，进度控制的理想状况是任一时刻按实际进度描绘的点，应落在该"香蕉"形曲线的区域内。

（4）前锋线比较法。当绘制时标网络计划时，可采用前锋线比较法对进度的执行情况进行检查记录。前锋线是从计划检查时间的坐标点出发，用点划线依次连接各项工作的实际进度点，最后到计划检查时间的坐标点为止所形成的折线。

按前锋线与工作箭线交点的位置判定施工实际进度与计划进度偏差。在检查日期左侧的点，表示计划进度拖后；在检查日期上的点，表示实际进度和计划进度一致；在检查日期右侧的点，表示提前完成进度计划。

在图 3-49 所示的前锋线中，分别划出了第 6 d 和第 12 d 两个检查日的前锋线。当第 6 d 检查时，D、E、C 工作均滞后于计划值；当第 12 d 检查时，F、G、H 工作均滞后于计划值。

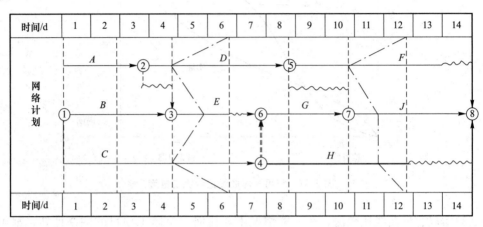

图 3-49　利用前锋线记录施工进度

2. 建筑工程项目进度计划调整

(1)分析进度偏差产生的影响。根据实际进度与计划进度的对比结果，即可以判断实际进度是否与计划进度相偏离。当出现进度偏差时，必须分析此偏差对后续工作和总工期的影响程度，然后决定是否进行计划的调整，以及调整的方法和措施。由于偏差的大小及偏差所处的位置不同，对后续工作及总工期的影响程度也是不同的，因此，可利用网络计划中工作的总时差和自由时差进行判断。具体分析步骤如下：

1)判断进度偏差是否大于总时差。如果工作进度偏差大于其总时差，则无论该工作是否为关键工作，其实际进度偏差必将影响后续工作和项目总工期，应根据项目工期及后续工作的限制条件调整原计划；如果工作进度偏差未超出其总时差，说明此偏差不会影响项目总工期，但是否对后续工作产生影响，还需要进一步判断。

2)判断进度偏差是否大于自由时差。如果工作进度偏差大于其自由时差，说明此偏差必将对后续工作产生影响，应根据后续工作的限制条件调整原计划；如果工作进度偏差未超出其自由时差，说明此偏差对后续工作无影响，可不对原计划进行调整。经过以上分析，进度控制人员便可根据对后续工作及项目总工期的不同影响而采取相应的进度调整措施，以便获得新的进度计划，用于指导工程项目的施工。

(2)进度计划在实施中的调整方法。为了实现进度目标，当进度控制人员发现问题时，必须对后续工作的进度计划进行调整，但由于可行的调整方案可能有多种，究竟采取什么调整方案和调整方式，就必须对具体的实施进度进行分析才能确定。进度调整的方法有以下几种：

1)改变工作之间的逻辑关系。这种方法是通过改变关键线路和超过计划工期的非关键线路上的有关工作之间的逻辑关系，达到缩短工期的目的。只有在工作之间的逻辑关系允许改变的情况下，才能采用这种方法。这种调整方法可将顺序施工的某些工作改变成平行施工或搭接施工，或划分为若干个施工段组织流水施工。但由于增加了各工作之间的相互搭接时间，因而进度控制工作显得更加重要，实施中必须做好协调工作。另外，若原始计划是按搭接施工或流水施工方式编制的，而且安排较紧凑，其可调范围(即总工期缩短的时间)会受到限制。

2)缩短某些工作的持续时间。这种方法可以不改变工作之间的逻辑关系，只缩短某些工作的持续时间，从而加快施工进度以保证实现计划工期。这些被压缩持续时间的工作是位于因实际施工进度的拖延而引起总工期延长的关键线路和某些非关键线路上的工作，而且这些工作的持续时间还必须允许压缩。具体的压缩方法就是采用网络计划工期优化的方法。一般考虑以下两种情况：

①网络计划中某项工作进度拖延的时间已超过自由时差，但未超过总时差。这种拖延不会对总工期产生影响，只对后续工作产生影响，因此，只对有影响的后续工作进行调整即可。

a. 通过跟踪检查，确定受影响的后续工作。

b. 确定受影响的后续工作允许拖延的时间限制，以此作为进度调整的限制条件。

c. 按检查时的实际进度重新计算网络参数，确定受影响的后续工作的允许开始时间。

d. 判断各允许开始时间是否满足进度调整的限制条件。若满足，可不必调整计划；若不满足，则可利用工期优化的方法来确定压缩的工作对象及其压缩的时间来满足限制条件。

②网络计划中某项工作进度拖延的时间已超过总时差。这将会对后续工作及总工期产生影响，其进度计划的调整方法视限制条件不同可分为以下几种情况：

a. 项目总工期不允许拖延。这时需要采用工期—费用优化方法，以原计划总工期为目标，在关键线路上寻找缩短持续时间付出代价最小的工作，压缩其持续时间，以满足原计划总工期要求。

b. 项目总工期允许拖延。这时只需用实际数据取代原始数据，重新计算网络计划时间参数，确定出最后完成的总工期。

c. 项目总工期允许拖延的时间有限。此时可以将总工期的限制时间作为规定工期，用实际数据对还未实施的网络部分进行工期—费用优化，压缩网络计划中某些工作的持续时间，以满足工期要求。

以上三种进度调整方法，均是以总工期为限制条件来进行的。除此之外，还应考虑网络计划中某些后续工作在时间上的限制条件。

(3)改变施工方案。当上述两种方法均无法达到进度目标时，只能选择更为先进快速的施工机具、施工方法来加快施工进度。

自我测评

1. 简述建筑工程施工组织的三种方式的特点。
2. 流水施工的主要参数有哪些？
3. 什么是网络图？什么是双代号网络计划和单代号网络计划？
4. 简述网络图的绘制原则。
5. 网络图的时间参数有哪些？怎样计算？

6. 时标网络计划的特点是什么？

7. 简述建筑工程项目进度控制的程序。

8. 简述施工项目进度计划的编制方法与步骤。

9. 利用 S 形曲线比较法可以获得哪些信息？

10. 什么是"香蕉"形曲线？其作用有哪些？

11. 某工程有三个分项工程 A、B、C，分为三个施工段进行流水施工，设 $t_A = 2$ d，$t_B = 4$ d，$t_C = 3$ d，确定该工程流水步距和工期，并绘制施工进度计划表。

12. 某工程由四个施工过程组成，表 3-10 中的数据是每个专业工作队各个施工过程在施工段上的持续时间。试确定各相邻工作队之间的流水步距，计算工期，并绘制施工进度计划表。

表 3-10　各个施工段上流水节拍表　　　　　　　　　　　d

施工过程　施工段	一	二	三	四
A	4	3	1	2
B	2	3	4	2
C	3	4	2	1
D	2	4	3	2

13. 试根据表 3-11 所列的逻辑关系绘制双代号网络图。

表 3-11　工作的逻辑关系

工作	A	B	C	D	E	G	H
紧前工作	D、C	E、H	—	—	—	H、D	—
持续天数	5	4	3	4	2	1	6

14. 试用工作计算法计算图 3-50 所示网络计划的各项时间参数，确定并标注关键线路。

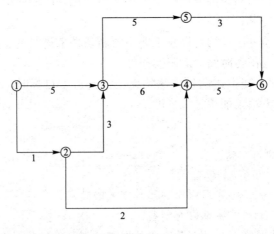

图 3-50　工作计算法计算图

15. 某分部工程由支模板、绑钢筋、浇混凝土三个施工过程组成，该工程在平面上划分为四个施工段组织流水施工。各个施工过程在各个施工段上的持续时间均为 5 d。问题：

(1)根据该工程持续时间的特点，可按哪种流水施工方式组织施工？简述该种流水施工方式的组织过程。

(2)该工程项目流水施工的工期应为多少天？

(3)若工作面允许，每一段绑钢筋均提前 1 d 进入施工，该流水施工的工期应为多少天？绘制进度计划表。

项目4 建筑工程项目质量管理

内容提要 >>>

　　本项目主要介绍两大方面的内容：一是建筑工程项目施工质量控制；二是建筑工程质量验收。建筑工程施工阶段的质量问题直接影响工程项目的质量问题，因此，编制施工质量计划，结合质量控制的统计方法，做好施工生产要素、施工准备、施工过程的作业质量控制至关重要。同时，正确地进行工程项目质量的检查评定与验收，是施工质量控制的重要环节。

教学要求 >>>

知识要点	能力要求	相关知识
质量与质量管理	(1)能够理解质量的概念、特性； (2)能够理解建筑工程项目质量的概念、特性； (3)能够理解质量管理与工程项目质量管理的概念	(1)质量的概念、特性； (2)建筑工程项目质量的概念、特性； (3)质量管理与工程项目质量管理的概念
建筑工程项目施工质量控制	(1)能够了解施工质量控制的要求、依据和环节； (2)能够理解施工质量计划的内容与编制方法； (3)能够理解施工生产要素的质量控制； (4)能够理解施工准备的质量控制； (5)能够理解工序施工的质量控制； (6)能够掌握施工过程的作业质量控制； (7)能够掌握隐蔽工程验收与成品质量保护	(1)质量控制的基本环节； (2)质量控制点的设置与管理； (3)人、机械、材料、技术、环境质量控制； (4)工序施工质量控制、施工作业质量的自控与监控手段； (5)隐蔽工程验收与成品质量保护

知识要点	能力要求	相关知识
质量控制的统计方法	(1)能够掌握分层法的基本原理和应用； (2)能够掌握因果分析法的基本原理和应用； (3)能够掌握排列图法的适用范围和应用； (4)能够掌握直方图法的主要用途和应用	(1)分层法； (2)因果分析图法； (3)排列图法； (4)直方图法
建筑工程质量验收	(1)能够掌握施工过程质量验收的内容； (2)能够理解施工过程质量验收不合格的处理方式； (3)能够熟悉装配式混凝土建筑的施工质量验收内容； (4)能够理解竣工质量验收的依据、条件、标准和程序	(1)检验批、分项工程、分部工程、单位工程质量验收内容； (2)施工过程质量验收不合格的处理； (3)装配式混凝土建筑的施工质量验收； (4)竣工质量验收

》》》 4.1 质量与质量管理

4.1.1 质量

根据我国国家标准《质量管理体系　基础和术语》(GB/T 19000—2016)的定义，一个关注质量的组织倡导一种通过满足顾客和其他有关相关方的需求和期望来实现其价值的文化，这种文化将反映在其行为、态度、活动和过程中。组织的产品和服务质量取决于满足顾客的能力，以及对有关相关方的有意和无意的影响。产品和服务的质量不仅包括其预期的功能和性能，而且还涉及顾客对其价值和受益的感知。质量是指客体的一组固有特性满足要求的程度。

客体是指可感知或可想象到的任何事物，可能是物质的、非物质的或想象的，包括产品、服务、过程、人员、组织、体系、资源等。固有特性是指本来就存在的，尤其是那种永久的特性。质量由与要求相关的、客体的固有特性，即质量特性来表征；而要求是指明示的、通常隐含的或必须履行的要求或期望。质量差、好或优秀，以其质量特性满足质量要求的程度来衡量。

建筑工程项目质量是指通过项目实施形成的工程实体的质量，是反映建筑工程满足法律、法规的强制性要求和合同约定的要求，包括在安全、使用功能及在耐久性能、环境保护等方面满足要求的明显和隐含能力的特性总和。其质量特性主要体现在适用性、安全性、耐久性、可靠性、经济性及环境的协调性六个方面。

4.1.2 质量管理

质量管理就是关于质量的管理，是在质量方面指挥和控制组织的协调活动，包括建立和确定质量方针与质量目标，并在质量管理体系中通过质量策划、质量保证、质量控制和质量改进等手段来实施全部质量管理职能，从而实现质量目标的所有活动。

工程项目质量管理是指在工程项目实施过程中，指挥和控制项目参与各方关于质量的相互协调的活动，是围绕着使工程项目满足质量要求，而开展的策划、组织、计划、实施、检查、监督和审核等所有管理活动的总和。工程项目管理是工程项目建设、勘察、设计、施工、监理等单位的共同职责。

4.2 建筑工程项目施工质量控制

4.2.1 施工质量控制的目标和基本环节

质量控制是质量管理的一部分，致力于满足质量要求，也就是为了保证工程质量满足工程合同规范标准所采取的一系列措施、方法和手段。

(1)施工质量控制的目标。建筑工程项目施工质量控制的目标就是实现由项目决策所决定的项目质量目标，使项目的适用性、安全性、耐久性、可靠性、经济性与环境的协调性等方面满足业主需要并应符合国家法律、行政法规和技术标准、规范的要求。项目的质量涵盖设计质量、材料质量、设备质量、施工质量和影响项目运行或运营的环境质量等，各项质量均应符合相关的技术规范和标准的规定，满足业主方的质量要求。

由于项目的质量目标最终是由项目工程实体的质量来体现，而项目工程实体的质量最终是通过施工作业过程直接形成的，设计质量、材料质量、设备质量往往也要在施工过程中进行检验，因此，施工质量控制是项目质量控制的重点。

建筑工程项目的施工质量控制有两个方面的含义：一是指项目施工单位的施工质量控制，包括施工总承包、分包单位，综合和专业的施工质量控制；二是指广义的施工阶段项目质量控制，即除施工单位的施工质量控制外，还包括建设单位、设计单位、监理单位及政府质量监督机构，在施工阶段对项目施工质量所实施的监督管理和控制职能。因此，施工质量控制的目标是通过施工形成的项目工程实体质量经检查验收合格。

(2)施工质量控制的基本环节。施工质量控制应贯彻全面、全员、全过程质量管理的思想，运用动态控制原理，进行质量的事前控制、事中控制和事后控制。

1)事前控制。事前控制即在正式施工前进行的事前主动质量控制，通过编制施工质量计划，明确质量目标，制订施工方案，设置质量管理点，落实质量责任，分析可能导致质量目标偏离的各种影响因素，针对这些影响因素制订有效的预防措施，防患于未然。

事前质量控制要求针对质量控制对象的控制目标、活动条件、影响因素进行周密分析，找出薄弱环节，制订有效的控制措施和对策。

2)事中控制。事中控制是指在施工质量形成过程中，对影响施工质量的各种因素进行全面的动态控制。事中质量控制也称为作业活动过程质量控制，包括质量活动主体的自我控制和他人监控的控制方式。自我控制是第一位的，即作业者在作业过程中对自己质量活动行为的约束和技术能力的发挥，以完成符合预定质量目标的作业任务；他人监控是对作业者的质量活动过程和结果，由来自企业内部管理者和企业外部有关方面进行监督检查，如工程监理机构、政府质量监督部门的监控。

施工质量的自控和监控是相辅相成的系统过程。自控主体的质量意识和能力是关键，是施工质量的决定因素；各监控主体所进行的施工质量监控是对自控行为的推动和约束。因此，自控主体必须正确处理自控与监控的关系，在致力于施工质量自控的同时，还必须接受来自业主、监理等方面对其质量行为和结果所进行的监督管理，包括质量检查、评价和验收。自控主体不能因为监控主体的存在和监控职能的实施而减轻或推脱其质量责任。

事中质量控制的目标是确保工序质量合格，杜绝质量事故发生。控制的关键是坚持质量标准；其控制的重点是对工序质量、工作质量和质量控制点的控制。

3)事后控制。事后控制也称为事后质量把关，以使不合格的工序或最终产品(包括单位工程或整个工程项目)不流入下一道工序、不进入市场。事后控制包括对质量活动结果的评价、认定；对工序质量偏差的纠正；对不合格产品进行整改和处理。事后控制的重点是发现施工质量方面的缺陷，并通过分析提出施工质量改进的措施，保证质量处于受控状态。

以上三大环节不是互相孤立和截然分开的，它们共同构成有机的系统过程，实质上也就是质量管理 PDCA 循环(P——计划、D——实施、C——检查、A——处置)的具体化，在每一次滚动循环中不断提高，以达到质量管理和质量控制的持续改进。

4.2.2 施工质量计划的内容与编制方法

按照我国质量管理体系标准，质量计划是质量管理体系文件的组成内容。在合同环境下，质量计划是企业向顾客表明质量管理方针、目标及其具体实现的方法、手段和措施的文件，体现企业对质量责任的承诺和实施的具体步骤。

(1)施工质量计划的形式和内容。

1)施工质量计划的形式。目前，我国除已经建立质量管理体系的施工企业采用将施工质量计划作为一个独立文件的形式外，通常，还采用在工程项目施工组织设计或施工项目管理实施规划中包含质量计划内容的形式。

施工组织设计或施工项目管理实施规划之所以能发挥施工质量计划的作用，是因为根据建筑生产的技术经济特点，每个工程项目都需要进行施工生产过程的组织与计划，包括对施工质量、进度、成本、安全等目标的设定，实现目标的步骤和技术措施的安排等。因此，施工质量计划所要求的内容，理所当然地被包含于施工组织设计或项目管理实施规划中，而且能够充分体现施工项目管理目标(质量、工期、成本、安全)的关联性、制约性和整体性，这也与全面质量管理的思想方法相一致。

2)施工质量计划的基本内容。施工质量计划的基本内容一般应包括以下几项：

①工程特点及施工条件(合同条件、法规条件和现场条件等)分析。

②质量总目标及其分解目标。

③质量管理组织机构和职责，人员及资源配置计划。

④确定施工工艺与操作方法的技术方案和施工组织方案。

⑤施工材料、设备等物资的质量管理及控制措施。

⑥施工质量检验、检测、试验工作的计划安排及其实施方法与检测标准。

⑦施工质量控制点及其跟踪控制的方式与要求。

⑧质量记录的要求等。

（2）施工质量控制点的设置与管理。施工质量控制点的设置是施工质量计划的重要组成内容。施工质量控制点是施工质量控制的重点对象。

1）施工质量控制点的设置。施工质量控制点应选择技术要求高、施工难度大、对工程质量影响大或是发生质量问题时危害大的对象进行设置。一般选择下列部位或环节作为质量控制点：

①对工程质量形成过程产生直接影响的关键部位、工序、环节及隐蔽工程。

②施工过程中的薄弱环节，或者质量不稳定的工序、部位或对象。

③对下一道工序有较大影响的上一道工序。

④采用新技术、新工艺、新材料的部位或环节。

⑤对施工质量无把握的、施工条件困难的或技术难度大的工序或环节。

⑥用户反馈指出的和过去有过返工的不良工序。

一般建筑工程控制点的设置见表 4-1。

表 4-1　质量控制点的设置

分项工程	质量控制点
工程测量定位	标准轴线桩、水平桩、龙门板、定位轴线、标高
地基、基础(含设备基础)	基坑(槽)尺寸、标高、土质、地基承载力，基础垫层标高，基础位置、尺寸、标高，预埋件、预留孔洞的位置、标高、规格、数量，基础杯口弹线
模板	位置、标高、尺寸，预留洞孔位置、尺寸，预埋件的位置，模板的承载力、刚度和稳定性，模板内部清理及隔离剂情况
钢筋混凝土	水泥品种、强度等级，砂石质量，混凝土配合比，外加剂掺量，混凝土振捣，钢筋品种、规格、尺寸、搭接长度，钢筋焊接、机械连接，预留洞、孔及预埋件规格、位置、尺寸、数量，预制构件吊装或出厂(脱模)强度，吊装位置、标高、支承长度、焊缝长度
吊装	吊装设备的起重能力、吊具、索具、地锚
钢结构	翻样图、放大样
焊接	焊接条件、焊接工艺

2）施工质量控制点的管理。对施工质量控制点的管理，首先，要做好质量控制点的事前质量预控工作，包括：明确质量控制的目标与控制参数；编制作业指导书和质量控制措施；确定质量检查检验方式及抽样的数量与方法；明确检查结果的判断标准及质量记录与信息反馈要求等。其次，要向施工作业班组进行认真交底，使每一个控制点上的作业人员明白施工作业规程及质量检验评定标准，掌握施工操作要领；在施工过程中，相关技术管理和质量控制人员要在现场进行重点指导和检查验收。同时，还要做好施工质量控制点的动态设置与动态跟踪管理。所谓动态设置，是指在工程开工前、设计交底和图纸会审时，可确定项目的一批质量控制点，随着工程的展开、施工条件的变化，随时或定期进行控制点的调整和更新。动态跟踪是应用动态控制原理，落实专人负责跟踪

和记录控制点质量控制的状态和效果，并及时向项目管理组织的高层管理者反馈质量控制信息，保持施工质量控制点的受控状态。

4.2.3 施工生产要素的质量控制

施工生产要素是施工质量形成的物质基础，其质量的含义包括：作为劳动主体的施工人员，即直接参与施工的管理者、作业者的素质及其组织效果；作为劳动对象的建筑材料、构件、半成品、工程设备等的质量；作为劳动方法的施工工艺及技术措施的水平；作为劳动手段的施工机械、设备、工具、模具等的技术性能；施工环境——现场水文、地质、气象等自然条件，通风、照明、安全等作业环境设置，协调配合的管理水平。

（1）施工人员的质量控制。施工人员的质量包括参与工程施工各类人员的施工技能、文化素养、生理体能、心理行为等方面的个体素质，以及经过合理组织和激励发挥个体潜能综合形成的群体素质。因此，企业应通过择优录用、加强思想教育及技能方面的教育培训，合理组织、严格考核，并辅以必要的激励机制，使企业员工的潜在能力得到充分的发挥和最好的组合，使施工人员在质量控制系统中发挥自控主体作用。

施工企业必须坚持职业资格注册制度和作业人员持证上岗制度；对所选派的施工项目领导者、组织者进行教育和培训，使其质量意识和组织管理能力能满足施工质量控制的要求；对所属施工队伍进行全员培训，加强质量意识的教育和技术训练，提高每个作业者的质量活动能力和自控能力；对分包单位进行严格的资质考核和施工人员的资格考核，其资质、资格必须符合相关法规的规定，与其分包的工程相适应。

（2）施工机械的质量控制。施工机械设备是所有施工方案和工法得以实施的重要物质基础，合理选择和正确使用施工机械设备是保证施工质量的重要措施。

1）对施工所用的机械设备，应根据工程需要从设备选型、主要性能参数及使用操作要求等方面加以控制，符合安全、适用、经济、可靠和节能、环保等方面的要求。

2）对施工中使用的模具、脚手架等施工设备，除可按适用的标准定型选用外，一般需要按设计及施工要求进行专项设计，对其设计方案及制作质量的控制与验收应作为重点进行控制。

3）混凝土预制构件吊运应根据构件的形状、尺寸、质量和作业半径等要求选择吊具和起重设备，预制柱的吊点数量、位置应经计算确定，吊索的水平夹角不宜小于60°，不应小于45°。

4）按现行施工管理制度要求，工程所用的施工机械、模板、脚手架，特别是危险性较大的现场安装的起重机械设备，在安装前要编制专项安装方案并经过审批后实施，安装完毕不仅必须经过自检和专业检测机构检测，而且要经过相关管理部门验收合格后方可使用。同时，在使用过程中还需要落实相应的管理制度，以确保其安全正常使用。

（3）材料设备的质量控制。对原材料、半成品及工程设备进行质量控制的主要内容：控制材料设备的性能、标准、技术参数与设计文件的相符性；控制材料、设备各项技术性能指标、检验测试指标与标准规范要求的相符性；控制材料、设备进场验收程序的正确性及质量文件资料的完备性；优先采用节能低碳的新型建筑材料和设备，禁止使用国家明令禁用或淘汰的建筑材料和设备等。

施工单位应按照现行的《建筑工程检测试验技术管理规范》(JGJ 190—2010)，在施工过程中贯彻执行企业质量程序文件中关于材料和设备封样、采购、进场检验、抽样检测及质保资料提交等明确规定的一系列控制程序和标准。

装配式建筑的混凝土预制构件的原材料质量、钢筋加工和连接的力学性能、混凝土强度、构件结构性能、装饰材料、保温材料及拉结杆的质量等均应根据现行国家有关标准进行检查和检验，并应具有生产操作规程和质量检验记录。混凝土预制构件出厂时的混凝土强度不宜低于设计混凝土强度等级值的75%。

(4)工艺技术方案的质量控制。对施工工艺技术方案的质量控制主要包括以下内容：

1)深入正确地分析工程特性、技术关键及环境条件等资料，明确质量目标、验收标准、控制的重点和难点。

2)制订合理有效的有针对性的施工技术方案和组织方案，前者包括施工工艺、施工方法；后者包括施工区段划分、施工流向及劳动组织等。

3)合理选用施工机械设备和设置施工临时设施，合理布置施工总平面图和各阶段施工平面图。

4)根据施工工艺技术方案选用和设计保证质量和安全的模具、脚手架等施工设备；成批生产的混凝土预制构件模具应具有足够的强度、刚度和整体稳定性。

5)编制工程所采用的新材料、新技术、新工艺的专项技术方案和质量管理方案。

6)针对工程具体情况，分析气象、地质等环境因素对施工的影响，制订应对措施。

(5)施工环境因素的控制。环境因素对工程质量的影响，具有复杂多变、不确定性和明显的风险特性。要减少其对施工质量的不利影响，主要是采取预测预防的风险控制方法。

1)对施工现场自然环境因素的控制。对地质、水文等方面影响因素，应根据设计要求，分析工程岩土地质资料，预测不利因素，并会同设计等方面制订相应的措施，采取如基坑降水、排水、加固围护等技术控制方案。

对气象方面的影响因素，应在施工方案中制订专项紧急预案，明确在不利条件下的施工措施，落实人员、器材等方面的准备，加强施工过程中的预警与监控。

2)对施工质量管理环境因素的控制。要根据工程承发包合同的结构，理顺管理关系，建立统一的现场施工组织系统和质量管理的综合运行机制，确保质量保证体系处于良好的状态，创造良好的质量管理环境和氛围，使施工顺利进行，保证施工质量。

3)对施工作业环境因素的控制。要认真实施经过审批的施工组织设计和施工方案，落实相关管理制度，严格执行施工平面规划和施工纪律，保证各种施工条件良好，制订应对停水、停电、火灾、食物中毒等方面的应急预案。

4.2.4 施工准备工作的质量控制

1. 施工技术准备工作的质量控制

施工技术准备是指在正式开展施工作业活动前进行的技术准备工作。这类工作内容繁多，主要在室内进行，如熟悉施工图纸，组织设计交底和图纸审查；进行工程项目检查验收的项目划分和编号；审核相关质量文件，细化施工技术方案和施工人员、机具的配置方案，编制施工作业技术指导书，绘制各种施工详图（如测量放线图、大样图及配筋、配板、配线图表等），进行必要的技术交底和技术培训。施工准备工作若是出错，必然影响施工进度和作业质量，甚至直接导致质量事故的发生。

技术准备工作的质量控制包括对上述技术准备工作成果的复核审查，检查这些成果是否符合设计图纸和施工技术标准的要求；依据经过审批的质量计划审查、完善施工质量控制措施；针对质量控制点，明确质量控制的重点对象和控制方法；尽可能地提高上述工作成果对施工质量的保证程度等。

2. 现场施工准备工作的质量控制

（1）计量控制。计量控制是施工质量控制的一项重要基础工作。施工过程中的计量包括施工生产时的投料计量、施工测量、监测计量，以及对项目、产品或过程的测试、检验、分析计量等。开工前，要建立和完善施工现场计量管理的规章制度；明确计量控制责任者和配置必要的计量人员；严格按规定对计量器具进行维修和校验；统一计量单位，组织量值传递，保证量值统一，从而保证施工过程中计量的准确。

（2）测量控制。工程测量放线是建设工程产品由设计转化为实物的第一步。施工测量质量的好坏，直接决定工程的定位和标高是否正确，并且制约施工过程有关工序的质量。因此，施工单位在开工前应编制测量控制方案，经项目技术负责人批准后实施。要对建设单位提供的原始坐标点、基准线和水准点等测量控制点、线进行复核，并将复测结果上报监理工程师审核批准后施工单位才能建立施工测量控制网，进行工程定位和标高基准的控制。

（3）施工平面图控制。建设单位应按照合同约定并充分考虑施工的实际需要，事先划定并提供施工用地和现场临时设施用地的范围，协调平衡和审查批准各施工单位的施工平面设计。施工单位要严格按照批准的施工平面布置图，科学合理地使用施工场地，正确安装设置施工机械设备和其他临时设施，维护现场施工道路畅通无阻和通信设施完好，合理控制材料的进场与堆放，保持良好的防洪排水能力，保证充分的给水和供电。建设（监理）单位应会同施工单位制订严格的施工场地管理制度、施工纪律和相应的奖惩措施，严禁乱占场地和擅自断水、断电、断路，及时制止和处理各种违纪行为，并做好施工现场的质量检查记录。

4.2.5　施工过程作业的质量控制

施工过程的作业质量控制是在工程项目质量实际形成过程中的事中质量控制，一般可称为过程控制。

建筑工程项目施工是由一系列相互关联、相互制约的作业过程（工序）构成，因此，施工质量控制必须对全部作业过程，即各道工序的作业质量持续进行控制。从项目管理的立场看，工序作业质量的控制，首先是质量生产者即作业者的自控，在施工生产要素合格的条件下，作业者的能力及其发挥状况是决定作业质量的关键；其次是来自作业者外部的各种作业质量检查、验收和对质量行为的监督，也是不可缺少的设防和把关的管理措施。

1. 工序施工质量控制

工序是人、机械、材料设备、施工方法和环境因素对工程质量综合起作用的过程，所以，对施工过程的质量控制，必须以工序作业质量控制为基础和核心。因此，工序的质量控制是施工阶段质量控制的重点。只有严格控制工序质量，才能确保施工项目的实体质量。工序施工质量控制主要包括工序施工条件质量控制和工序施工效果质量控制。

（1）工序施工条件质量控制。工序施工条件是指从事工序活动的各生产要素质量及生产环境条件。工序施工条件质量控制就是控制工序活动的各种投入要素质量和环境条件质量。控制的手段主要有检查、测试、试验、跟踪监督等。控制的依据主要是设计质量标准、材料质量标准、机械设备技术性能标准、施工工艺标准及操作规程等。

（2）工序施工效果质量控制。工序施工效果是工序产品的质量特征和特性指标的反映。对工序施工效果质量的控制就是控制工序产品的质量特征和特性指标能否达到设计质量标准，以及施工质量验收标准的要求。工序施工效果质量控制属于事后质量控制，其控制的主要途径是实测获取数据、统计分析所获取的数据、判断认定质量等级和纠正质量偏差。

施工过程质量检测试验的内容应依据现行国家相关标准、设计文件、合同要求和施工质量控制的需要确定，主要内容见表4-2。

表 4-2　施工过程质量检测试验的主要内容

序号	类别	检测试验项目	主要检测试验参数	备注
1	土方回填	土工夯实	最大干密度	
			最优含水量	
		压实程度	压实系数	
2	地基与基础	换填地基	压实系数/承载力	
		加固地基、复合地基	承载力	
		桩基	承载力	
			桩身完整性	钢桩除外
3	基坑支护	土钉墙	土钉抗拔力	
		水泥土墙	墙身完整性	
			墙体强度	设计有要求时
		锚杆、锚索	锁定力	
4	钢筋连接	机械连接现场检验	抗拉强度	
		钢筋焊接工艺检验、闪光对焊、气压焊	抗拉强度	
			弯曲	适用于闪光对焊、气压焊接头，适用于气压焊水平连接筋
		电弧焊、电渣压力焊、预埋件钢筋T形接头	抗拉强度	
		网片焊接	抗剪力	热轧带肋钢筋
			抗拉强度	冷轧带肋钢筋
			抗剪力	

序号	类别	检测试验项目	主要检测试验参数	备注
5	混凝土	配合比设计	工作性、强度等级	工作度、坍落度等
		混凝土性能	标准养护试件强度	冬期施工或根据施工需要留置
			同条件养护试件强度	
			同条件养护转标准养护28 d试件强度	
			抗渗性能	有抗渗要求时
6	砌筑砂浆	配合比设计	强度等级、稠度	
		砂浆力学性能	标准养护试件强度	
			同条件养护试件强度	冬期施工时增设
7	钢结构	网架结构焊接球节点、螺栓球节点	承载力	安全等级一级、L≥40 m且设计有要求时
		焊缝质量	焊缝探伤	
		后锚固(植筋、锚栓)	抗拔承载力	
8	装饰装修	饰面砖粘贴	黏结强度	

2. 施工作业质量的自控

(1)施工作业质量自控的意义。施工作业质量的自控,从经营的层面来说,强调的是作为建筑产品生产者和经营者的施工企业,应全面履行企业的质量责任,向顾客提供质量合格的工程产品;从生产的过程来说,强调的是施工作业者的岗位质量责任,向后一道工序提供合格的作业成果(中间产品)。因此,施工方是施工阶段质量自控主体。《中华人民共和国建筑法》和《建设工程质量管理条例》规定:施工单位对建设工程的施工质量负责;施工单位必须按照工程设计要求、施工技术标准和合同的约定,对建筑材料、建筑构配件和设备进行检验,不合格的不得使用。

(2)施工作业质量自控的程序。施工作业质量的自控过程是由施工作业组织的成员进行的,其基本的控制程序包括施工作业技术的交底、施工作业活动的实施和施工作业质量的自检自查、互检互查及专职管理人员的质量检查等。

1)施工作业技术的交底。技术交底是施工组织设计和施工方案的具体化,施工作业技术交底的内容必须具有可行性和可操作性。

从项目的施工组织设计到分部分项工程的作业计划,在实施之前都必须逐级进行交底,其目的是使管理者的计划和决策意图为实施人员所理解。施工作业交底是最基层的技术和管理交底活动,施工总承包方和工程监理机构都要对施工作业交底进行监督。作业交底的内容包括作业范围、施工依据、作业程序、技术标准和要领、质量目标及其他与安全、进度、成本、环境等目标管理有关的要求和注意事项。

2)施工作业活动的实施。施工作业活动是由一系列工序所组成的。为了保证工序质量的受控,首先要对作业条件进行再确认,即按照作业计划检查作业准备状态是否落实到位,其中包括对施工程序和作业工序顺序的检查确认,在此基础上,严格按作业计划的程序、步骤和质量要求展开工序作业活动。

3)施工作业质量的检验。施工作业的质量检验是贯穿整个施工过程的最基本的质量控制活动，包括施工单位内部的工序作业质量自检、互检、专检和交接检查，以及现场监理机构的旁站检查、平行检验等。施工作业质量检验是施工质量验收的基础，已完检验批及分部分项工程的施工质量，必须在施工单位完成质量自检并确认合格之后，才能报请现场监理机构进行检查验收。

前一道工序作业质量经验收合格后，才可进入下一道工序施工。未经验收合格的工序，不得进入下一道工序施工。

(3)施工作业质量自控的要求。施工作业质量是指直接形成工程质量的基础，为达到对施工作业质量控制的效果，在加强工序管理和质量目标控制方面应坚持以下要求：

1)预防为主。严格按照施工质量计划的要求，进行各分部分项施工作业的部署。同时，根据施工作业的内容、范围和特点，制订施工作业计划，明确作业质量目标和作业技术要领，认真进行作业技术交底，落实各项作业技术组织措施。

2)重点控制。在施工作业计划中，一方面要认真贯彻实施施工质量计划中的质量控制点的控制措施；另一方面要根据作业活动的实际需要，进一步建立工序作业控制点，深化工序作业的重点控制。

3)坚持标准。工序作业人员对工序作业过程应严格进行质量自检，通过自检不断改善作业，并创造条件开展作业质量互检，通过互检加强技术与经验的交流。对已完成工序作业产品，即检验批或分部分项工程，应严格坚持质量标准。对不合格的施工作业质量，不得进行验收签证，必须按照规定的程序进行处理。

《建筑工程施工质量验收统一标准》(GB 50300—2013)及配套使用的专业质量验收规范，是施工作业质量自控的合格标准。有条件的施工企业或项目经理部应结合自己的条件编制高于国家标准的企业内控标准或工程项目内控标准，或采用施工承包合同明确规定的更高标准，列入质量计划中，努力提升工程质量水平。

4)记录完整。施工图纸、质量计划、作业指导书、材料保证书、检验试验及检测报告、质量验收记录等，是形成可追溯性质量保证的依据，也是工程竣工验收所不可缺少的质量控制资料。因此，对工序作业质量，应有计划、有步骤地按照施工管理规范的要求进行填写记载，做到及时、准确、完整、有效，并具有可追溯性。

(4)施工作业质量自控的制度。根据实践经验的总结，施工作业质量自控的有效制度包括以下几项：

1)质量自检制度；

2)质量例会制度；

3)质量会诊制度；

4)质量样板制度；

5)质量挂牌制度；

6)每月质量讲评制度等。

3. 施工作业质量的监控

(1)施工作业质量的监控主体。为了保证项目质量，建设单位、监理单位、设计单位及政府的工程质量监督部门，在施工阶段依据法律法规和工程施工承包合同，对施工单位的质量行为和项目实体质量实施监督控制。

设计单位应当就审查合格的施工图纸设计文件向施工单位作出详细说明；应当参与建设工程质量事故分析，并对因设计造成的质量事故，提出相应的技术处理方案。

建设单位在领取施工许可证或者开工报告前，应当按照国家有关规定办理工程质量监督手续。

作为监控主体之一的项目监理机构，在施工作业实施过程中，根据其监理规划与实施细则，采取现场旁站、巡视、平行检验等形式，对施工作业质量进行监督检查，如发现工程施工有不符合工程设计要求、施工技术标准和合同约定之处，有权要求施工单位改正。监理机构应进行检查而没有检查或没有按规定进行检查的，给建设单位造成损失时应由监理机构承担赔偿责任。

(2)现场质量检查。现场质量检查是施工作业质量监控的主要手段。

1)现场质量检查的内容。

①开工前的检查。主要检查是否具备开工条件，开工后是否能够保持连续正常施工，能否保证工程质量。

②工序交接检查。对于重要的工序或对工程质量有重大影响的工序，应严格执行"三检"制度(即自检、互检、专检)，未经监理工程师(或建设单位本项目技术负责人)检查认可，不得进行下一道工序施工。

③隐蔽工程检查。施工中凡是隐蔽工程必须检查认证后方可进行隐蔽掩盖。

④停工后复工检查。因客观因素停工或处理质量事故等停工复工时，经检查认可后方能复工。

⑤分项、分部工程完工后检查。分项、分部工程完工后应经检查认可，并签署验收记录后，才能进行下一工程的施工。

⑥成品保护检查。检查成品有无保护措施及保护措施是否有效可靠。

2)现场质量检查的方法。

①目测法。即凭借感官进行检查，也称为观感质量检验，其主要手段为"看、摸、敲、照"。

a. 看：根据质量标准要求进行外观检查。例如，清水墙面是否洁净，喷涂的密实度和颜色是否良好、均匀，工人的操作是否正常，内墙抹灰的大面及口角是否平直，混凝土外观是否符合要求等。

b. 摸：通过触摸手感进行检查、鉴别。例如，油漆的光滑度，浆活是否牢固、不掉粉等。

c. 敲：运用敲击工具进行音感检查。例如，对地面工程、装饰工程中的水磨石、面砖、石材饰面等，均应进行敲击检查。

d. 照：通过人工光源或反射光照射，检查难以看到或光线较暗的部位。例如，管道井、电梯井等内部管线、设备安装质量，装饰吊顶内连接及设备安装质量等。

②实测法。通过实测数据与施工规范、质量标准的要求及允许偏差值进行对照，以此判断质量是否符合要求，其主要手段为"靠、量、吊、套"。

a. 靠：用直尺、塞尺检查，如墙面、地面、路面等的平整度。

b. 量：用测量工具和计量仪表等检查断面尺寸、轴线、标高、湿度、温度等的偏差。例如，大理石板拼缝尺寸、摊铺沥青拌合料的温度、混凝土坍落度的检测等。

c. 吊：利用托线板及线坠吊线检查垂直度。例如，砌体垂直度检查、门窗的安装等。

d. 套：以方尺套方，辅以塞尺检查。例如，对阴阳角的方正、踢脚线的垂直度、预制构件的方正、门窗口及构件的对角线检查等。

③试验法。试验法是指通过必要的试验手段对质量进行判断的检查方法。其主要包括以下内容：

a. 理化实验：包括物理力学性能方面的检验和化学成分及化学性质的测定等。

物理力学性能的检验包括各种力学指标的测定，如抗拉强度、抗压强度、抗弯强度、抗折强度、冲击韧性、硬度、承载力等；以及各种物理性能方面的测定，如密度、含水量、凝结时间、安定性及抗渗、耐磨、耐热性能等。

化学成分及化学性质的测定，如钢筋中的磷、硫含量，混凝土中粗骨料中的活性氧化硅成分，以及耐酸、耐碱、抗腐蚀性等。另外，根据规定有时还需要进行现场试验，如对桩或地基的静载试验、下水管道的通水试验、压力管道的耐压试验、防水层的蓄水或淋水试验等。

b. 无损检测：利用专门的仪器仪表从表面探测结构物、材料、设备的内部组织结构或损伤情况。常用的无损检测方法有超声波探伤、X射线探伤、γ射线探伤等。

4. 技术核定与见证取样送检

(1)技术核定。在建筑工程项目施工过程中，因施工方对施工图纸的某些要求不甚明白，或图纸内部存在某些矛盾，或工程材料调整与代用，改变建筑节点构造、管线位置或走向等，需要通过设计单位明确或确认的，施工方必须以技术核定单的方式向监理工程师提出，报送设计单位核准确认。

(2)见证取样送检。为了保证建筑工程质量，我国规定对工程所使用的材料、半成品、构配件及施工过程留置的试块、试件等应实行现场见证取样送检。见证人员由建设单位及工程监理机构中有相关专业知识的人员担任；送检的试验室应具备经国家或地方工程检验检测主管部门核准的相关资质；见证取样送检必须严格按规定的程序进行，包括取样见证并记录、样本编号、填单、封箱、送试验室、核对、交接、试验检测、报告等。

检测机构应建立档案管理制度。检测合同、委托单、原始记录、检测报告应按年度统一编号，编号应当连续，不得随意抽撤、涂改。

5. 隐蔽工程验收与施工成品质量保护

(1)隐蔽工程验收。凡被后续施工所覆盖的施工内容，如地基基础工程、钢筋工程、预埋管线等均属隐蔽工程。在后续工序施工前必须进行质量验收。装配式混凝土建筑后浇混凝土浇筑前也应进行隐蔽工程验收。加强隐蔽工程质量验收，是施工质量控制的重要环节。

隐蔽工程验收的程序要求：施工方应首先完成自检并合格，然后填写专用的《隐蔽工程验收单》，验收单所列的验收内容应与已完成的隐蔽工程实物相一致；提前通知监理机构及有关方面，按约定时间进行验收，验收合格的隐蔽工程由各方共同签署验收记录；验收不合格的隐蔽工程，应按验收整改意见进行整改后重新验收。严格隐蔽工程验收的程序和记录，对于预防工程质量隐患，提供可追溯质量记录具有重要的作用。

(2)施工成品质量保护。建筑工程项目已完施工的成品保护，目的是避免已完施工成品受到来自后续施工及其他方面的污染或损坏。已完施工的成品保护问题和相应措施，在工程施工组织设计与计划阶段就应该从施工顺序上进行考虑，防止施工顺序不当或交叉作业造成相互干扰、污染和损坏；成品形成后可采取防护、覆盖、封闭、包裹等相应措施进行保护。

在装配式混凝土建筑施工过程中，应采取防止预制构件、部品及预制构件上的建筑附件、预埋件、预埋吊件等损伤或污染的保护措施。

4.3 质量控制的统计方法

4.3.1 排列图法的应用

1. 排列图法的适用范围

在质量管理过程中，通过抽样检查或检验试验所得到的关于质量问题、偏差、缺陷、不合格等方面的统计数据，以及造成质量问题的原因分析统计数据，均可采用排列图法进行状况描述，它具有直观、主次分明的特点。

2. 排列图法的应用示例

表 4-3 表示对某项模板施工精度进行抽样检查，得到 200 个不合格点数的统计数据，然后按照质量特性不合格点数（频数）由大到小的顺序，重新整理为表 4-4，并分析计算出累计频数和累计频率。

表 4-3 某项模板施工精度的抽样检查数据

序号	检查项目	不合格点数	序号	检查项目	不合格点数
1	轴线位置	5	5	平面水平度	20
2	垂直度	25	6	表面平整度	90
3	标高	5	7	预埋设施中心位置	3
4	截面尺寸	50	8	预留孔洞中心位置	2

表 4-4 重新整理后的抽样检查数据

序号	项目	累计频数	频率/%	累计频率/%
1	表面平整度	90	45	45
2	截面尺寸	50	25	70
3	垂直度	25	12.5	82.5
4	平面水平度	20	10	92.5
5	标高	5	2.5	95
6	轴线位置	5	2.5	97.5
7	预埋设施中心位置	3	1.5	99
8	预留孔洞中心位置	2	1.0	100
合计	—	200	100	—

根据表 4-4 的统计数据画出排列图，如图 4-1 所示，并将其中累计频率为 0～80% 的问题定为 A 类问题，即主要问题，进行重点管理；将累计频率为 80%～90% 的问题定为 B 类问题，即次要问题，作为次重点管理；将其余累计频率为 90%～100% 的问题定为 C 类问题，即一般问题，按照常规适当加强管理。以上方法称为 ABC 分类管理法。

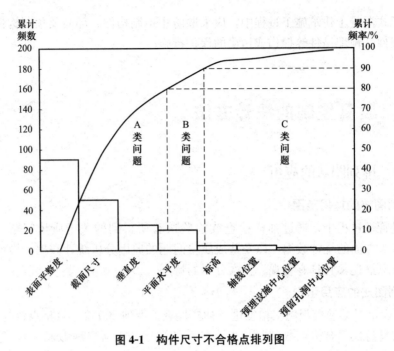

图 4-1　构件尺寸不合格点排列图

4.3.2　因果分析图法的应用

1. 因果分析图法的基本原理

因果分析图法也称为质量特性要因分析法，其基本原理是对每一个质量特性或问题，采用如图 4-2 所示的方法，考虑人、材料、机械、方法、环境等因素，逐层深入排查可能原因，然后确定其中最主要原因，进行有的放矢的处置和管理。

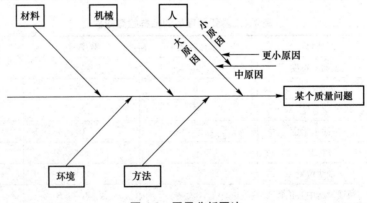

图 4-2　因果分析图法

2. 因果分析图法的应用示例

混凝土强度不合格的因果分析图法，如图 4-3 所示。其中，将混凝土施工的生产要素，即人、机械、材料、施工方法和施工环境作为第一层面的因素进行分析；然后对第一层面的各个因素，再进行第二层面的可能原因的深入分析。以此类推，直至将所有可能的原因分层次地一一罗列出来。

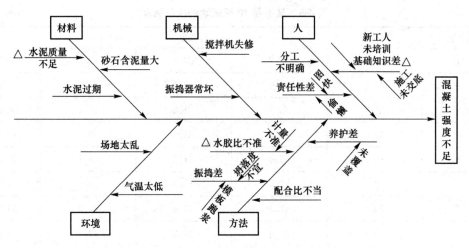

图 4-3　混凝土强度不合格的因果分析图

3. 因果分析图法应用时的注意事项

(1)一个质量特性或一个质量问题使用一张图分析。

(2)通常采用 QC 小组活动的方式进行,集思广益,共同分析。

(3)必要时可以邀请小组以外的有关人员参与,广泛听取意见。

(4)分析时要充分发表意见,层层深入,排出所有可能的原因。

(5)在充分分析的基础上,由各参与人员采用投票或其他方式,从中选择 1~5 项多数人达成共识的最主要原因。

4.3.3　直方图法的应用

1. 直方图法的主要用途

(1)整理统计数据,了解统计数据的分布特征,即数据分布的集中或离散状况,从中掌握质量能力状态。

(2)观察分析生产过程质量是否处于正常、稳定和受控状态,以及质量水平是否保持在公差允许的范围内。

2. 直方图法的应用示例

首先收集当前生产过程质量特性抽检的数据,然后制作直方图进行观察分析,判断生产过程的质量状况和能力。表 4-5 所示为某工程 10 组试块的抗压强度数据,共 50 个,从这些数据很难直接判断其质量状况是否正常、稳定程度和受控情况,如将其数据整理后绘制成直方图,就可以根据正态分布的特点进行分析判断,如图 4-4 所示。

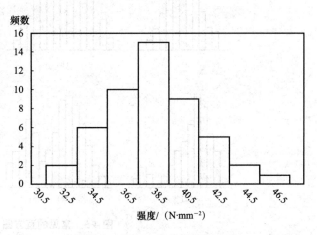

图 4-4　混凝土强度分布直方图

表 4-5　某工程 10 组试块的抗压强度　　　　　　　N/mm²

序号	抗压强度				
1	39.8	37.7	33.8	31.5	36.1
2	37.2	38.0	33.1	39.0	36.0
3	35.8	35.2	31.8	37.1	34.0
4	39.9	34.3	33.2	40.4	41.2
5	39.2	35.4	34.4	38.1	40.3
6	42.3	37.5	35.5	39.3	37.3
7	35.9	42.4	41.8	36.3	36.2
8	46.2	37.6	38.3	39.7	38.0
9	36.4	38.3	43.4	38.2	38.0
10	44.6	42.0	37.9	38.4	39.5

3. 直方图的观察分析

直方图可以通过分布形状观察分析，所谓形状观察分析是指将绘制好的直方图形状与正态分布图的形状进行比较分析，一要看形状是否相似，二要看分布区间的宽窄。直方图的分布形状及分布区间宽窄是由质量特性统计数据的平均值和标准偏差所决定的。

正常直方图呈正态分布，其形状特征是中间高、两边低、成对称，如图 4-5(a)所示。正常直方图反映生产过程质量处于正常、稳定状态。数理统计研究证明，当随机抽样方案合理且样本数理足够大时，在生产能力处于正常、稳定状态，质量特性检测数据趋于正态分布。

异常直方图呈偏态分布，常见的异常直方图有折齿型、缓坡型、孤岛型、双峰型、峭壁型，如图 4-5(b)~(f)所示。出现异常的原因可能是生产过程存在影响质量的系统因素，或收集整理数据制作直方图的方法不当所致，须进行具体分析。

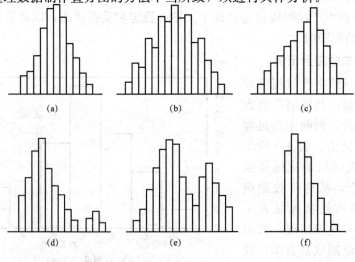

图 4-5　常见的直方图

(a)正常型；(b)折齿型；(c)缓坡型；(d)孤岛型；(e)双峰型；(f)峭壁型

4.3.4 分层法的应用

1. 分层法的基本原理

由于项目质量的影响因素众多,对工程质量状况的调查和质量问题的分析,必须分门别类地进行,以便准确有效地找出问题及其原因所在,这就是分层法的基本原理。

例如,一个焊工班组有 A、B、C 三位工人实施焊接作业,共抽检 60 个焊接点,发现有 18 点不合格,占 30%。究竟问题出在谁身上?根据分层调查的统计数据表 4-6 可知,主要是作业工人 C 的焊接质量影响了总体的质量水平。

表 4-6 分层调查的统计数据表

作业工人	抽检点数	不合格点数	个体不合格率/%	占不合格点总数百分率/%
A	20	2	10	11
B	20	4	20	22
C	20	12	60	67
合计	60	18	—	100

2. 分层法的实际应用

应用分层法的关键是调查分析的类别和层次划分,根据管理需要和统计目的,通常可按照以下分层方法取得原始数据:

(1)按施工时间分,如月、日、上午、下午、白天、晚间、季节;

(2)按地区部位分,如区域、城市、乡村、楼层、外墙、内墙;

(3)按产品材料分,如产地、厂商、规格、品种;

(4)按检测方法分,如方法、仪器、测定人、取样方式;

(5)按作业组织分,如工法、班组、工长、工人、分包商;

(6)按工程类型分,如住宅、办公楼、道路、桥梁、隧道;

(7)按合同结构分,如总承包、专业分包、劳务分包。

经过第一次分层调查和分析,找出主要问题的所在以后,还可以针对这个问题再次分层进行调查分析,一直到分析结果满足管理需要为止。层次类别划分越明确、越细致,就越能够准确有效地找出问题及其原因所在。

4.4 建筑工程质量验收

4.4.1 建筑工程质量验收的划分

《建筑工程施工质量验收统一标准》(GB 50300—2013)规定,建筑工程质量验收应划分为单位工程、分部工程、分项工程和检验批。

1. 单位工程

单位工程应按下列原则划分:

(1)具备独立施工条件并能形成独立使用功能的建筑物或构筑物为一个单位工程。

(2)对于规模较大的单位工程，可将其能形成独立使用功能的部分划分为一个子单位工程。

2. 分部工程

分部工程应按下列原则划分：

(1)可按专业性质、工程部位确定。

(2)当分部工程较大或较复杂时，可按材料种类、施工特点、施工程序、专业系统及类别将分部工程划分为若干子分部工程。

3. 分项工程

分项工程可按主要工种、材料、施工工艺、设备类别进行划分。

4. 检验批

检验批可根据施工、质量控制和专业验收的需要，按工程量、楼层、施工段、变形缝进行划分。

4.4.2 建筑工程质量验收的内容

建筑工程项目的质量验收主要是指工程施工质量的验收。所谓验收，是指建筑工程在施工单位自行质量检查评定的基础上，参与建设活动的有关单位共同对检验批、分项、分部、单位工程的质量进行抽样复验，根据相关标准以书面形式对工程质量达到合格与否作出确认。

正确地进行工程项目质量的检查评定和验收，是施工质量控制的重要环节。施工质量验收包括施工过程质量验收及工程项目竣工质量验收两个部分。建筑工程的施工质量验收应按照现行的《建筑工程施工质量验收统一标准》(GB 50300—2013)进行。

1. 施工过程质量验收

工程项目质量验收应将项目划分为单位工程、分部工程、分项工程和检验批进行验收。施工过程质量验收主要是指检验批和分项、分部工程的质量验收。

(1)施工过程质量验收的内容。《建筑工程施工质量验收统一标准》(GB 50300—2013)与各个专业工程施工质量验收规范，明确规定了各分项工程施工质量的基本要求、分项工程检验批量的抽查办法和抽查数量、检验批主控项目和一般项目的检验方法、检查内容和允许偏差，以及各分部工程验收的方法和需要的技术资料等，同时，对涉及人民生命财产安全、人身健康、环境保护和公共利益的内容以强制性条文作出规定，要求坚决、严格遵照执行。

检验批和分项工程是质量验收的基本单元；分部工程是在所含全部分项工程验收的基础上进行验收的，在施工过程中随完工随验收，并留下完整的质量验收记录和资料；单位工程作为具有独立使用功能的完整的建筑产品，进行竣工质量验收。

施工过程的质量验收包括以下验收环节，通过验收后留下完整的质量验收记录和资料，为工程项目竣工质量验收提供依据：

1)检验批质量验收。所谓检验批是指按同一生产条件或按规定的方式汇总起来供检验用的，由一定数量样本组成的检验体。检验批是工程验收的最小单位，是分项工程乃至整个建筑工程质量验收的基础。

检验批质量验收合格应符合下列规定：

①主控项目的质量经抽样检验均应合格。

②一般项目的质量经抽样检验合格。当采用计数抽样时，合格点率应符合有关专业验收规范的规定，且不得存在严重缺陷。对于计数抽样的一般项目，正常检验一次、二次抽样可按《建筑工程施工质量验收统一标准》(GB 50300—2013)附录D判定。

③具有完整的施工操作依据、质量验收记录。

主控项目是指建筑工程中的对安全、节能、环境保护和主要使用功能起决定性作用的检验项目。主控项目的验收必须从严要求，不允许有不符合要求的检验结果，主控项目的检查具有否决权。除主控项目外的检验项目称为一般项目。

检验批质量验收记录可根据现场检查原始记录按表4-7的要求填写，现场检查原始记录应在单位工程竣工验收前保留，并可追溯。

2)分项工程质量验收。分项工程的质量验收在检验批验收的基础上进行。一般情况下，两者具有相同或相近的性质，只是批量的大小不同而已。分项工程可由一个或若干检验批组成。

分项工程质量验收合格应符合下列规定：

①所含检验批的质量均应验收合格。

②所含检验批的质量验收记录应完整。

分项工程质量验收记录可按表4-8的要求填写。

3)分部工程质量验收。分部工程的质量验收在其所含各分项工程验收的基础上进行。

分部工程质量验收合格应符合下列规定：

①所含分项工程的质量均应验收合格。

②质量控制资料应完整。

③有关安全、节能、环境保护和主要使用功能的抽样检验结果应符合相应规定。

④观感质量应符合要求。

分部工程质量验收记录可按表4-9的要求填写。

4)单位工程质量验收。单位工程质量验收合格应符合下列规定：

①所含分部工程的质量均应验收合格。

②质量控制资料应完整。

③所含分部工程中有关安全、节能、环境保护和主要使用功能的检验资料应完整。

④主要使用功能的抽查结果应符合相关专业验收规范的规定。

⑤观感质量应符合要求。

单位工程质量竣工验收记录、质量控制资料核查记录、安全和功能检验资料核查及主要功能抽查记录、观感质量检查记录可按表4-10～表4-13的要求填写。

说明：表4-10中的验收记录由施工单位填写，验收结论由监理单位填写。综合验收结论经参加验收各方共同商定，由建设单位填写，应对工程质量是否符合设计文件和相关标准的规定及总体质量水平作出评价。

表 4-7 　　　　检验批质量验收记录　　　　编号：_____

单位(子单位)工程名称			分部(子分部)工程名称			分项工程名称	
施工单位			项目负责人			检验批容量	
分包单位			分包单位项目负责人			检验批部位	
施工依据				验收依据			

		验收项目	设计要求及规范规定	最小/实际抽样数量	检查记录	检查结果
主控项目	1					
	2					
	3					
	4					
	5					
	6					
	7					
	8					
	9					
	10					
一般项目	1					
	2					
	3					
	4					
	5					

施工单位检查结果	专业工长： 项目专业质量检查员： 年 月 日
监理单位验收结论	专业监理工程师： 年 月 日

表 4-8 _____分项工程质量验收记录 编号：_____

单位（子单位）工程名称			分部（子分部）工程名称		
分项工程数量			检验批数量		
施工单位			项目负责人		项目技术负责人
分包单位			分包单位项目负责人		分包内容

序号	检验批名称	检验批容量	部位/区段	施工单位检查结果	监理单位验收结论
1					
2					
3					
4					
5					
6					
7					
8					
9					
10					
11					
12					

说明：

施工单位检查结果	项目专业技术负责人： 年 月 日
监理单位验收结论	专业监理工程师： 年 月 日

表 4-9 _____分部工程质量验收记录 编号：_____

单位(子单位)工程名称		子分部工程数量		分项工程数量	
施工单位		项目负责人		技术(质量)负责人	
分包单位		分包单位负责人		分包内容	

序号	子分部工程名称	分项工程名称	检验批数量	施工单位检查结果	监理单位验收结论
1					
2					
3					
4					
5					
质量控制资料					
安全和功能检验结果					
观感质量检验结果					
综合验收结论					

施工单位 项目负责人： 年 月 日	勘察单位 项目负责人： 年 月 日	设计单位 项目负责人： 年 月 日	监理单位 总监理工程师： 年 月 日

注：1. 地基与基础分部工程的验收应由施工、勘察、设计单位项目负责人和总监理工程师参加并签字。

2. 主体结构、节能分部工程的验收应由施工、设计单位项目负责人和总监理工程师参加并签字。

表 4-10 单位工程质量竣工验收记录

工程名称		结构类型		层数/建筑面积	
施工单位		技术负责人		开工日期	
项目负责人		项目技术负责人		完工日期	

序号	项目	验收记录	验收结论
1	分部工程验收	共　分部，经查符合设计及标准 规定　　分部	
2	质量控制资料核查	共　项，经核查符合规定　　项， 经核查不符合规定　　项	
3	安全和使用功能 核查及抽查结果	共核查　项，符合规定　　项， 共抽查　项，符合规定　　项， 经返工处理符合规定　　项	
4	观感质量验收	共抽查　项，达到"好"和"一般" 的　项，经返修处理符合要求　项	
	综合验收结论		

参加验收单位	建设单位	监理单位	施工单位	设计单位	勘察单位
	（公章）	（公章）	（公章）	（公章）	（公章）
	项目负责人： 　年　月　日	总监理工程师： 　年　月　日	项目负责人： 　年　月　日	项目负责人： 　年　月　日	项目负责人： 　年　月　日

注：单位工程验收时，验收签字人员应由相应单位的法人代表书面授权。

表 4-11　单位工程质量控制资料核查记录

工程名称				施工单位			
序号	项目	资料名称	份数	施工单位		监理单位	
				核查意见	核查人	核查意见	核查人
1	建筑与结构	图纸会审记录、设计变更通知单、工程洽商记录					
2		工程定位测量、放线记录					
3		原材料出厂合格证书及进场检验、试验报告					
4		施工试验报告及见证检测报告					
5		隐蔽工程验收记录					
6		施工记录					
7		地基、基础、主体结构检验及抽样检测资料					
8		分项、分部工程质量验收记录					
9		工程质量事故调查处理资料					
10		新技术论证、备案及施工记录					
1	给水排水与供暖	图纸会审记录、设计变更通知单、工程洽商记录					
2		原材料出厂合格证书及进场检验、试验报告					
3		管道、设备强度试验、严密性试验记录					
4		隐蔽工程验收记录					
5		系统清洗、灌水、通水、通球试验记录					
6		施工记录					
7		分项、分部工程质量验收记录					
8		新技术论证、备案及施工记录					
1	通风与空调	图纸会审记录、设计变更通知单、工程洽商记录					
2		原材料出厂合格证书及进场检验、试验报告					
3		制冷、空调、水管道强度试验、严密性试验记录					
4		隐蔽工程验收记录					
5		制冷设备运行调试记录					
6		通风、空调系统调试记录					
7		施工记录					
8		分项、分部工程质量验收记录					
9		新技术论证、备案及施工记录					

工程名称			施工单位				
1	建筑电气	图纸会审记录、设计变更通知单、工程洽商记录、竣工图					
2		原材料出厂合格证书及进场检验、试验报告					
3		设备调试记录					
4		接地、绝缘电阻测试记录					
5		隐蔽工程验收记录					
6		施工记录					
7		分项、分部工程质量验收记录					
8		新技术论证、备案及施工记录					
1	智能建筑	图纸会审记录、设计变更通知单、工程洽商记录					
2		原材料出厂合格证书及进场检验、试验报告					
3		隐蔽工程验收记录					
4		施工记录					
5		系统功能测定及设备调试记录					
6		系统技术、操作和维护手册					
7		系统管理、操作人员培训记录					
8		系统检测报告					
9		分项、分部工程质量验收记录					
10		新技术论证、备案及施工记录					
1	建筑节能	图纸会审记录、设计变更通知单、工程洽商记录					
2		原材料出厂合格证书及进场检验、试验报告					
3		隐蔽工程验收记录					
4		施工记录					
5		外墙、外窗节能检验报告					
6		设备系统节能检测报告					
7		分项、分部工程质量验收记录					
8		新技术论证、备案及施工记录					

工程名称			施工单位				
1	电梯	图纸会审记录、设计变更通知单、工程治商记录					
2		设备出厂合格证书及开箱检验记录					
3		隐蔽工程验收记录					
4		施工记录					
5		接地、绝缘电阻试验记录					
6		负荷试验、安全装置检查记录					
7		分项、分部工程质量验收记录					
8		新技术论证、备案及施工记录					

结论：

施工单位项目负责人：　　　　　　　　　　　　　　　总监理工程师：

　　　　　　年　月　日　　　　　　　　　　　　　　　　　　　年　月　日

表 4-12　单位工程安全和功能检验资料核查及主要功能抽查记录

工程名称				施工单位			
序号	项目	安全和功能检查项目	份数	核查意见	抽查结果	核查(抽查)人	
1	建筑与结构	地基承载力检验报告					
2		桩基承载力检验报告					
3		混凝土强度试验报告					
4		砂浆强度试验报告					
5		主体结构尺寸、位置抽查记录					
6		建筑物垂直度、标高、全高测量记录					
7		屋面淋水或蓄水试验记录					
8		地下室渗漏水检测记录					
9		有防水要求的地面蓄水试验记录					
10		抽气(风)道检查记录					
11		外窗气密性、水密性、耐风压检测报告					
12		幕墙气密性、水密性、耐风压检测报告					
13		建筑物沉降观测测量记录					
14		节能、保温测试记录					
15		室内环境检测报告					
16		土壤氡气浓度检测报告					

工程名称				施工单位			
序号	项目	安全和功能检查项目	份数	核查意见	抽查结果	核查(抽查)人	
1	给水排水与供暖	给水管道通水试验记录					
2		暖气管道、散热器压力试验记录					
3		卫生器具满水试验记录					
4		消防管道、燃气管道压力试验记录					
5		排水干管通球试验记录					
6		锅炉试运行、安全阀及报警联动测试纪录					
1	通风与空调	通风、空调系统试运行记录					
2		风量、温度测试记录					
3		空气能量回收装置测试记录					
4		洁净室洁净度测试记录					
5		制冷机组试运行调试记录					
1	建筑电气	建筑照明通电试运行记录					
2		灯具固定装置及悬吊装置的载荷强度试验记录					
3		绝缘电阻测试记录					
4		剩余电流动作保护器测试记录					
5		应急电源装置应急持续供电记录					
6		接地电阻测试记录					
7		接地故障回路阻抗测试记录					
1	智能建筑	系统试运行记录					
2		系统电源及接地检测报告					
3		系统接地检测报告					
1	建筑节能	外墙节能构造检查记录或热工性能检验报告					
2		设备系统节能性能检查记录					
1	电梯	运行记录					
2		安全装置检测报告					

结论：

施工单位项目负责人：　　　　　　　　　　　　　　总监理工程师：

　　　　　　年 月 日　　　　　　　　　　　　　　　　　年 月 日

注：抽查项目由验收组协商确定。

表 4-13 单位工程观感质量检查记录

工程名称				施工单位		
序号		项目		抽查质量状况		质量评价
1	建筑与结构	主体结构外观		共检查　点，好　点，一般　点，差　点		
2		室外墙面		共检查　点，好　点，一般　点，差　点		
3		变形缝、雨水管		共检查　点，好　点，一般　点，差　点		
4		屋面		共检查　点，好　点，一般　点，差　点		
5		室内墙面		共检查　点，好　点，一般　点，差　点		
6		室内顶棚		共检查　点，好　点，一般　点，差　点		
7		室内地面		共检查　点，好　点，一般　点，差　点		
8		楼梯、踏步、护栏		共检查　点，好　点，一般　点，差　点		
9		门窗		共检查　点，好　点，一般　点，差　点		
10		雨罩、台阶、坡道、散水		共检查　点，好　点，一般　点，差　点		
1	给水排水与供暖	管道接口、坡度、支架		共检查　点，好　点，一般　点，差　点		
2		卫生器具、支架、阀门		共检查　点，好　点，一般　点，差　点		
3		检查口、扫除口、地漏		共检查　点，好　点，一般　点，差　点		
4		散热器、支架		共检查　点，好　点，一般　点，差　点		
1	通风与空调	风管、支架		共检查　点，好　点，一般　点，差　点		
2		风口、风阀		共检查　点，好　点，一般　点，差　点		
3		风机、空调设备		共检查　点，好　点，一般　点，差　点		
4		管道、阀门、支架		共检查　点，好　点，一般　点，差　点		
5		水泵、冷却塔		共检查　点，好　点，一般　点，差　点		
6		绝热		共检查　点，好　点，一般　点，差　点		
1	建筑电气	配电箱、盘、板、接线盒		共检查　点，好　点，一般　点，差　点		
2		设备器具、开关、插座		共检查　点，好　点，一般　点，差　点		
3		防雷、接地、防火		共检查　点，好　点，一般　点，差　点		
1	智能建筑	机房设备安装及布局		共检查　点，好　点，一般　点，差　点		
2		现场设备安装		共检查　点，好　点，一般　点，差　点		
1	电梯	运行、平层、开关门		共检查　点，好　点，一般　点，差　点		
2		层门、信号系统		共检查　点，好　点，一般　点，差　点		
3		机房		共检查　点，好　点，一般　点，差　点		
		观感质量综合评价				
结论： 施工单位项目负责人： 　　　　　　年　月　日				总监理工程师： 　　　　年　月　日		
注：1. 对质量评价为差的项目应进行返修； 　　2. 观感质量现场检查原始记录应作为本表附件。						

（2）施工过程质量验收不合格的处理。当建筑工程施工质量不符合要求时，应按下列规定进行处理：

1）经返工或返修的检验批，应重新进行验收。

2）经有资质的检测机构检测鉴定能够达到要求的检验批，应予以验收。

3）经有资质的检测机构检测鉴定达不到设计要求、但经原设计单位核算认可能够满足安全和使用功能的检验批，可予以验收。

4）经返修或加固处理的分项、分部工程，满足安全及使用功能要求时，可按技术处理方案和协商文件的要求予以验收。

5）经返修或加固处理后仍不能满足安全或重要使用要求的分部工程及单位工程，严禁验收。

（3）装配式混凝土建筑施工质量验收。装配式混凝土建筑的施工质量验收，除要符合一般建筑工程施工质量验收的规定外，还要满足一些专门的要求。

1）预制构件的质量验收。

①预制构件进场时应检查质量证明文件或质量验收记录。

②梁板类剪支受弯预制构件进场时应进行结构性能检验，结构性能检验应符合现行国家有关标准的有关规定及设计的要求。

③钢筋混凝土构件和允许出现裂缝的预应力混凝土构件应进行承载力、挠度和裂缝宽度检验；不允许出现裂缝的预应力混凝土构件应进行承载力、挠度和抗裂检验。

④对于不可单独使用的叠合板预制底板，可不进行结构性能检验。对叠合梁构件，是否进行结构性能检验、结构性能检验的方式应根据设计要求确定。

⑤不做结构性能检验的预制构件，施工单位或监理单位代表应驻厂监督生产过程。当无驻厂监督时，预制构件进场时应对其主要受力钢筋数量、规格、间距、保护层厚度及混凝土强度等进行实体检验。检验数量：同一类型预制构件不超过 1 000 个为一批，每批随机抽取 1 个构件进行结构性能检验。

⑥预制构件的混凝土外观质量不应有严重缺陷，且不应有影响结构性能和安装、使用功能的尺寸偏差。对出现的一般缺陷应要求构件生产单位按技术处理方案进行处理，并重新检查验收。

⑦预制构件粗糙面的外观质量、键槽的外观质量和数量、预制构件上的预埋件、预留插筋、预留孔洞、预埋管线等规格型号、数量应符合设计要求。

⑧预制板类、墙板类、梁柱类构件、装饰构件的装饰外观外形尺寸偏差和检验方法应符合现行《装配式混凝土建筑技术标准》（GB/T 51231—2016）的规定。

2）安装连接的质量验收。

①装配式结构采用后浇混凝土连接时，构件连接处后浇混凝土的强度应符合设计要求，并应符合《混凝土强度检验评定标准》（GB/T 50107—2010）的有关规定。

②钢筋采用套筒灌浆连接、浆锚搭接连接时，灌浆应饱满、密实，所有出口均应出浆，灌浆料强度应符合现行国家有关标准的规定及设计要求。

③预制构件底部接缝坐浆强度应满足设计要求。

④钢筋采用机械连接、焊接连接时，其接头质量应符合现行行业标准的有关规定。

⑤预制构件型钢焊接连接的型钢焊缝的接头质量，螺栓连接的螺栓材质、规格、拧紧力矩均应满足设计要求，并应符合现行国家标准的有关规定。

⑥装配式结构分项工程的外观质量不应有严重缺陷，且不得有影响结构性能和使用功能的尺寸偏差。施工尺寸偏差及检验方法应符合设计要求；当设计无要求时，应符合现行《装配式混凝土建筑技术标准》（GB/T 51231—2016）的规定。

⑦装配式混凝土建筑的饰面外观质量应符合设计要求，并应符合现行国家标准的有关规定。

2. 工程项目竣工质量验收

(1)工程项目竣工质量验收的依据。工程项目竣工质量验收的依据有以下几项：

1)国家相关法律法规和建设主管部门颁布的管理条例和办法。

2)建筑工程施工质量验收统一标准。

3)专业工程施工质量验收规范。

4)经批准的设计文件、施工图纸及说明书。

5)工程施工承包合同。

6)其他相关文件。

(2)工程项目竣工质量验收的条件。工程符合下列条件方可进行竣工验收：

1)完成工程设计和合同约定的各项内容。

2)施工单位在工程完工后对工程质量进行了检查，确认工程质量符合有关法律、法规和工程建设强制性标准，符合设计文件及合同要求，并提出工程竣工报告。工程竣工报告应经项目经理和施工单位有关负责人审核签字。

3)对于委托监理的工程项目，监理单位对工程进行了质量评估，具有完整的监理资料，并提出工程质量评估报告。工程质量评估报告应经总监理工程师和监理单位有关负责人审核签字。

4)勘察、设计单位对勘察、设计文件及施工过程中由设计单位签署的设计变更通知书进行了检查，并提出了质量检查报告。质量检查报告应经该项目勘察、设计负责人和勘察、设计单位有关负责人审核签字。

5)有完整的技术档案和施工管理资料。

6)有工程使用的主要建筑材料、建筑构配件和设备的进场试验报告，以及工程质量检测和功能性试验资料。

7)建设单位已按合同约定支付工程款。

8)有施工单位签署的工程质量保修书。

9)对于住宅工程，进行分户验收并验收合格，建设单位按户出具《住宅工程质量分户验收表》。

10)建设主管部门及工程质量监督机构责令整改的问题全部整改完毕。

11)法律、法规规定的其他条件。

(3)工程项目竣工质量验收的标准。单位工程是工程项目竣工质量验收的基本对象。单位工程质量验收合格应符合下列规定：

1)所含分部工程的质量均应验收合格。

2)质量控制资料应完整。

3)所含分部工程有关安全、节能、环境保护和主要使用功能的检验资料应完整。

4)主要使用功能的抽查结果应符合相关专业质量验收规范的规定。

5)观感质量应符合要求。

住宅工程要分户验收。在住宅工程各检验批、分项、分部工程验收合格的基础上，在住宅工程竣工验收前，建设单位应组织施工、监理等单位，依据国家有关工程质量验收标准，对每户住宅及相关公共部位的观感质量和使用功能等进行检查验收。

住宅工程质量分户验收的内容主要包括以下几项：

1)地面、墙面和顶棚质量；

2)门窗质量；

3)栏杆、护栏质量；

4)防水工程质量；

5)室内主要空间尺寸；

6)给水排水系统安装质量；

7)室内电气工程安装质量；

8)建筑节能和供暖工程质量；

9)有关合同中规定的其他内容。

每户住宅和规定的公共部位验收完毕，应填写《住宅工程质量分户验收表》，建设单位和施工单位项目负责人、监理单位项目总监理工程师要分别签字。

分户验收不合格，不能进行住宅工程整体竣工验收。

4.4.3 建筑工程质量验收的程序与组织

《建筑工程施工质量验收统一标准》(GB 50300—2013)中对建筑工程质量验收的程序与组织规定如下：

(1)检验批应由专业监理工程师组织施工单位项目专业质量检查员、专业工长等进行验收。

(2)分项工程应由专业监理工程师组织施工单位项目专业技术负责人等进行验收。

(3)分部工程应由总监理工程师组织施工单位项目负责人和项目技术负责人等进行验收。

勘察、设计单位项目负责人和施工单位技术、质量部门负责人应参加地基与基础分部工程验收。

设计单位项目负责人和施工单位技术、质量部门负责人应参加主体结构、节能分部工程的验收。

(4)单位工程中的分包工程完工后，分包单位应对所承包的工程项目进行自检，并应按规定的程序进行验收。验收时，总包单位应派人参加。分包单位应将所分包工程的质量控制资料整理完整，并移交给总包单位。

(5)单位工程完工后，施工单位应组织有关人员进行自检。总监理工程师应组织各专业监理工程师对工程质量进行竣工预验收。存在施工质量问题时，应由施工单位及时整改。整改完毕后，由施工单位向建设单位提交工程竣工报告，申请工程竣工验收。

(6)建设单位收到工程竣工报告后，应由建设单位项目负责人组织监理、施工、设计、勘察等单位项目负责人进行单位工程验收。

一、单项选择题

1. 总包单位依法将建设工程分包时，分包工程发生的质量问题，应（　　）。
   A. 由总包单位负责
   B. 由总包单位与分包单位承担连带责任
   C. 由分包单位负责
   D. 由总包单位、分包单位、监理单位共同负责

2. 正常的直方图的分布特征是（　　）。
   A. 中间低、两边高、呈对称　　　　B. 中间高、两边低、呈对称
   C. 中间高、两边低、不对称　　　　D. 中间低、两边高、呈对称

3. （　　）是分层法的基本原理。
   A. 工程质量形成的影响因素多，必须分门别类地进行
   B. 了解工程质量问题形成的统计规律就行了
   C. 寻求解决工程质量问题最有效的方法
   D. 所有质量问题都是相关的

4. （　　）是在明确的质量目标条件下通过行动方案和资源配置的计划、实施、检查和监督来实现预期目标的过程。
   A. 质量控制　　　　　　　　　B. 质量计划
   C. 质量管理　　　　　　　　　D. 质量保证

5. 对事中控制理解错误的是（　　）。
   A. 事中控制包含自控和监控两大环节
   B. 要做到较好的事中控制必须建立和实施质量体系
   C. 事中控制强调监控，以自控为辅
   D. 事中控制强调自控，以监控为辅

6. 使用因果分析图法，首先画出因果分析图，逐层深入排查可能原因，然后确定其中（　　），进行有的放矢的处置和管理。
   A. 直接原因　　B. 次要原因　　　C. 所有原因　　　D. 最主要原因

7. 贯彻执行建设工程质量法规和强制性标准，正确配置施工生产要素和采用科学管理的方法，实现工程项目预期的使用功能和质量标准是（　　）的质量控制目标。
   A. 参与各方　　B. 监理单位　　　C. 设计单位　　　D. 建设单位

8. 设置质量控制点的目的是（　　）。
   A. 检验质量　　　　　　　　　B. 预控质量
   C. 评定质量　　　　　　　　　D. 确保质量和分析影响质量的原因

9. 因果分析图的基本原理是对每一个质量特性或问题逐层深入排查可能出现的原因，每一张分析图都应对（　　）进行分析。
   A. 多个质量特性　　　　　　　B. 几个主要质量特性
   C. 一个质量特性　　　　　　　D. 所有质量特性

10. 在质量管理过程，通过抽样检查或检验试验所得到的质量问题、偏差、缺陷、不合格等统计数据，以及造成质量问题的原因分析统计数据，均可采用(   )进行状况描述。
   A. 鱼刺图　　　　　　　　　　B. 分层法
   C. 因果分析图法　　　　　　　D. 排列图法

11. 施工现场对墙面平整度进行检查时，适合采用的检查手段是(   )。
   A. 量　　　　B. 靠　　　　C. 吊　　　　D. 套

12. 某基础工程混凝土试块强度值不满足设计要求，但经法定检测单位对混凝土实体强度进行法定检测后，其实际强度达到规范允许和设计要求值，正确的处理方式是(   )。
   A. 修补处理　B. 不作处理　　C. 返工　　　　D. 加固

13. 关于单位工程竣工验收的说法，下列错误的是(   )。
   A. 工程竣工验收合格后，施工单位应当及时提出工程竣工验收报告
   B. 工程完工后，总监理工程师应组织监理工程师进行竣工预验收
   C. 对存在的质量问题整改完毕后，施工单位应提交工程竣工报告，申请验收
   D. 竣工验收应由建设单位组织，并书面通知质量监督机构

14. 在工程项目施工质量管理中，起决定性作用的影响因素是(   )。
   A. 人　　　B. 材料　　　C. 机械　　　　D. 方法

15. 影响施工质量的环境因素中，施工作业环境因素包括(   )。
   A. 地下障碍物的影响　　　　　B. 施工现场交通运输条件
   C. 质量管理制度　　　　　　　D. 施工工艺与工法

16. 某钢结构厂房在结构安装过程中，发现构件焊接出现不合格，施工项目部采用逐层深入排查的方法分析确定构件焊接不合格的主次原因，这种工程质量统计方法是(   )。
   A. 排列图法　　　　　　　　　B. 因果分析图法
   C. 控制图法　　　　　　　　　D. 直方图法

17. 某钢结构工程在施工过程中，发现构件焊接出现不合格，施工项目部将钢结构焊接施工的生产因素作为第一层面的因素进行分析，然后对第一层面的各个因素，再进行第二层面的可能原因的深入分析，直至找出主要原因，这种工程质量统计方法是(   )。
   A. 直方图法　　　　　　　　　B. 因果分析图法
   C. 排列图法　　　　　　　　　D. 控制图法

18. 当采用排列图法分析工程质量问题时，将质量特性不合格累计频率为(   )的定为 A 类问题，实施重点管理。
   A. 0～50%　B. 0～70%　　C. 0～80%　　　D. 0～90%

19. 施工单位必须认真进行施工测量复核工作，并应将复核结果报送(   )复验确认。
   A. 项目经理　　　　　　　　　B. 监理工程师
   C. 建设单位项目负责人　　　　D. 项目技术负责人

20. 观感质量验收的检查结果可以用（　　）结论来描述。

    A. 合格　　　　　　　　　　B. 不合格

    C. 综合给出质量评价　　　　D. 优良

二、多项选择题

1. 如果应用因果分析法分析混凝土强度不合格的原因，应该将（　　）作为第一层面的因素进行分析。

    A. 施工机械　　　　　　　　B. 施工材料

    C. 施工人员　　　　　　　　D. 施工生产要素

    E. 施工方法

2. 全面质量管理工作程序PDCA的基本形式是（　　）。

    A. 计划　　　　　　　　　　B. 实施

    C. 检查　　　　　　　　　　D. 控制

    E. 处理

3. 下列施工现场质量检查中，属于实测法检查的有（　　）。

    A. 肉眼观察墙面喷涂的密实度

    B. 用敲击工具检查地面砖铺贴的密实度

    C. 用直尺检查地面的平整度

    D. 用线锤吊线检查墙面的垂直度

    E. 现场检测混凝土试件的抗压强度

4. 施工单位向建设单位申请工程验收的条件包括（　　）。

    A. 完成设计和合同约定的各项内容

    B. 有完整的技术档案和施工管理资料

    C. 有施工单位签署的工程保修书

    D. 有工程质量监督机构的审核意见

    E. 住宅工程，施工单位应按户出具的《住宅工程质量分户验收表》

三、简答题

1. 简述项目质量管理的基本概念、特点和管理的过程。

2. 简述施工过程质量控制的工作内容。

项目5 建筑工程施工成本管理

内容提要 >>>

本项目主要介绍四个方面的内容：一是建筑工程施工成本的概念、构成，施工成本管理的内容及措施；二是施工成本计划的编制要求、编制依据，施工成本计划的内容、类型，施工成本计划的编制方法；三是施工成本控制的依据和程序，赢得值法控制施工成本，横道图法、曲线法等偏差分析法控制施工成本；四是施工成本分析的依据、内容和步骤，施工成本分析的基本方法，包括：比较法、因素分析法、差额计算法、比率法等，综合成本的分析方法。

教学要求 >>>

知识要点	能力要求	相关知识
建筑工程施工成本管理概述	(1)能够理解施工成本的概念； (2)能够根据背景资料计算项目的施工成本； (3)能够熟悉施工成本管理的内容； (4)能够描述施工成本管理的措施	(1)施工成本的概念； (2)施工成本的构成； (3)施工成本管理的内容； (4)施工成本管理的措施
建筑工程施工成本计划	(1)能够熟悉成本计划的编制要求和编制依据； (2)能够掌握施工成本计划的指标； (3)能够依据条件判别成本计划的类型； (4)能够熟悉成本计划的编制方法，能绘制项目时间-成本累积曲线图	(1)成本计划的编制要求和编制依据； (2)成本计划的内容； (3)成本计划的类型； (4)成本计划的编制方法

知识要点	能力要求	相关知识
建筑工程施工成本控制	(1)能够熟悉施工成本控制的依据和程序； (2)能够计算赢得值法的三个参数和四个指标，并能判断施工成本、进度管理的状况； (3)能够用横道图法等偏差分析法进行成本控制	(1)施工成本控制的依据和程序； (2)赢得值法控制施工成本； (3)偏差分析法控制施工成本
建筑工程施工成本分析	(1)能够了解施工成本分析的依据、内容和步骤； (2)能够掌握施工成本分析的基本方法； (3)会用比较法、因素分析法、差额计算法进行成本分析； (4)能够熟悉综合成本的分析方法	(1)施工成本分析的依据； (2)施工成本分析的内容和步骤； (3)施工成本分析的基本方法； (4)综合成本的分析方法

》》》 5.1 建筑工程施工成本管理概述

5.1.1 建筑工程施工成本的概念及构成

建筑工程施工成本是指在建设工程项目的施工过程中所发生的全部生产费用的总和。建筑工程施工成本包括直接成本和间接成本。直接成本是指施工过程中耗费的构成工程实体或有助于工程实体形成的各项费用支出，包括人工费、材料费、施工机具使用费和措施项目费；间接成本是指准备施工、组织和管理施工生产的全部费用支出，是非直接用于也无法直接计入工程对象，但为施工过程中必须发生的费用或企业必须缴纳的费用。其包括企业管理费和规费。

1. 人工费

人工费是指按工资总额构成规定，支付给从事建筑安装工程施工的生产工人和附属生产单位工人的各项费用。人工费的内容包括以下几项：

(1)计时工资或计件工资：是指按计时工资标准和工作时间或对已做工作按计件单价支付给个人的劳动报酬。

(2)奖金：是指对超额劳动和增收节支支付给个人的劳动报酬，如节约奖、劳动竞赛奖等。

(3)津贴补贴：是指为了补偿职工特殊或额外的劳动消耗和因其他特殊原因支付给个人的津贴，以及为了保证职工工资水平不受物价影响支付给个人的物价补贴，如流动施工津贴、特殊地区施工津贴、高温(寒)作业临时津贴、高空津贴等。

(4)加班加点工资：是指按规定支付的在法定节假日工作的加班工资和在法定日工

作时间外延时工作的加点工资。

(5)特殊情况下支付的工资：是指根据国家法律、法规和政策规定，因病、工伤、产假、婚丧假、事假、探亲假、定期休假、停工学习、执行国家或社会义务等原因按计时工资标准或计时工资标准的一定比例支付的工资。

人工费的基本计算公式为

$$人工费 = \sum(工日消耗量 \times 日工资单价)$$

2. 材料费

材料费是指施工过程中耗费的原材料、辅助材料、构配件、零件、半成品或成品、工程设备的费用。其中，工程设备是指构成或计划构成永久工程一部分的机电设备、金属结构设备、仪器装置及其他类似的设备和装置。材料费具体内容包括以下几项：

(1)材料原价：是指材料、工程设备的出厂价格或商家供应价格。

(2)运杂费：是指材料、工程设备自来源地运至工地仓库或指定堆放地点所发生的全部费用。

(3)运输损耗费：是指材料在运输装卸过程中不可避免的损耗。

(4)采购及保管费：是指为组织采购、供应和保管材料、工程设备的过程中所需要的各项费用。其包括采购费、仓储费、工地保管费、仓储损耗。

材料费的基本计算公式为

$$材料费 = \sum(材料消耗量 \times 材料单价)$$

$$材料单价 = [(材料原价 + 运杂费) \times [1 + 运输损耗率(\%)]] \times [1 + 采购保管费费率(\%)]$$

$$工程设备费 = \sum(工程设备量 \times 工程设备单价)$$

$$工程设备单价 = (设备原价 + 运杂费) \times [1 + 采购保管费费率(\%)]$$

3. 施工机具使用费

施工机具使用费是指施工作业所发生的施工机械、仪器仪表使用费或其租赁费。

(1)施工机械使用费：是指施工机械作业发生的使用费或租赁费。施工机械使用费的基本计算公式为

$$施工机械使用费 = \sum(施工机械台班消耗量 \times 机械台班单价)$$

其中，施工机械台班单价应由下列七项费用组成：

1)折旧费：是指施工机械在规定的使用年限内，陆续收回其原值的费用。

2)大修理费：是指施工机械按规定的大修理间隔台班进行必要的大修理，以恢复其正常功能所需的费用。

3)经常修理费：是指施工机械除大修理外的各级保养和临时故障排除所需的费用。其包括为保障机械正常运转所需替换设备与随机配备工具附具的摊销和维护费用，机械运转中日常保养所需润滑与擦拭的材料费用及机械停滞期间的维护和保养费用等。

4)安拆费及场外运费：安拆费是指施工机械(大型机械除外)在现场进行安装与拆卸所需要的人工、材料、机械和试运转费用及机械辅助设施的折旧、搭设、拆除等费用；场外运费是指施工机械整体或分体自停放地点运至施工现场或由一施工地点运至另一施工地点的运输、装卸、辅助材料及架线等费用。

5)人工费：是指机上司机(司炉)和其他操作人员的人工费。

6)燃料动力费：是指施工机械在运转作业中所消耗的各种燃料及水、电等。

7)税费：是指施工机械按照国家规定应缴纳的车船使用税、保险费及年检费等。

(2)仪器仪表使用费：是指工程施工所需使用的仪器仪表的摊销及维修费用。

仪器仪表使用费的基本计算公式为

$$仪器仪表使用费＝工程使用的仪器仪表摊销费＋维修费$$

4. 企业管理费

企业管理费是指建筑安装企业组织施工生产和经营管理所需的费用。企业管理费包括以下几项：

(1)管理人员工资：是指按规定支付给管理人员的计时工资、奖金、津贴补贴、加班加点工资及特殊情况下支付的工资等。

(2)办公费：是指企业管理办公用的文具、纸张、账表、印刷、邮电、书报、办公软件、现场监控、会议、水电、烧水和集体取暖降温(包括现场临时宿舍取暖降温)等费用。

(3)差旅交通费：是指职工因公出差、调动工作的差旅费、住勤补助费，市内交通费和误餐补助费，职工探亲路费，劳动力招募费，职工退休、退职一次性路费，工伤人员就医路费，工地转移费，以及管理部门使用的交通工具的油料、燃料等费用。

(4)固定资产使用费：是指企业及其附属单位使用的属于固定资产的房屋、设备、仪器等的折旧、大修、维修或租赁费。

(5)工具用具使用费：是指企业施工生产和管理使用的不属于固定资产的工具、器具、家具、交通工具和检验、试验、测绘、消防用具等的购置、维修和摊销费。

(6)劳动保险和职工福利费：是指由企业支付的职工退职金、按规定支付给离休干部的经费，集体福利费、夏季防暑降温、冬季取暖补贴、上下班交通补贴等。

(7)劳动保护费：是指企业按规定发放的劳动保护用品的支出，如工作服、手套、防暑降温饮料及在有碍身体健康的环境中施工的保健费用等。

(8)检验试验费：是指施工企业按照有关标准规定，对建筑及材料、构件和建筑安装物进行一般鉴定、检查所发生的费用，包括自设试验室进行试验所耗用的材料等费用。不包括新结构、新材料的试验费，对构件做破坏性试验及其他特殊要求检验试验的费用和建设单位委托检测机构进行检测的费用，对此类检测发生的费用，由建设单位在工程建设其他费用中列支。但对施工企业提供的具有合格证明的材料进行检测不合格的，该检测费用由施工企业支付。

(9)工会经费：是指企业按《中华人民共和国工会法》规定的全部职工工资总额比例计提的工会经费。

(10)职工教育经费：是指按职工工资总额的规定比例计提，企业为职工进行专业技术和职业技能培训，专业技术人员继续教育、职工职业技能鉴定、职业资格认定，以及根据需要对职工进行各类文化教育所发生的费用。

(11)财产保险费：是指企业管理用财产、车辆等的保险费用。

(12)财务费：是指企业为施工生产筹集资金或提供预付款担保、履约担保、职工工资支付担保等所发生的各种费用。

(13)税金：是指企业按规定缴纳的房产税、车船使用税、土地使用税、印花税等。

(14)城市维护建设税：是指为了加强城市的维护建设，扩大和稳定城市维护建设资金的来源，规定凡缴纳消费税、增值税的单位和个人，都应当依照规定缴纳城市维护建设税。

城市维护建设税税率采用差别税率：纳税人所在地在市区的，税率为7%；纳税人所在地在县城、镇的，税率为5%；纳税人所在地不在市区、县城或镇的，税率为1%。

(15)教育费附加：是对缴纳增值税、消费税的单位和个人征收的附加费。其目的是发展地方性教育事业，扩大地方教育经费的资金来源。以纳税人实际缴纳的增值税、消费税的税额乘以征收率3%。

(16)地方教育附加：各地应统一征收地方教育附加，征收标准为纳税人实际缴纳的增值税、消费税税额的2%。

(17)其他：包括技术转让费、技术开发费、投标费、业务招待费、绿化费、广告费、公证费、法律顾问费、审计费、咨询费、保险费等。

在进行施工成本管理时，企业管理费可分为施工现场发生的管理费用和企业对施工项目进行管理所发生的费用。

5. 措施项目费

措施项目费是指为完成建设工程施工，发生于该工程施工前和施工过程中的技术、生活、安全、环境保护等方面的费用。措施项目费的内容包括以下几项：

(1)安全文明施工费：是指在合同履行过程中，承包人按照国家法律、法规、标准等规定，为保证安全施工、文明施工，保护现场内外环境和搭拆临时设施等所采用的措施而发生的费用。其包括以下几项：

1)环境保护费：是指施工现场为达到环保部门要求所需要的各项费用。

2)文明施工费：是指施工现场文明施工所需要的各项费用。

3)安全施工费：是指施工现场安全施工所需要的各项费用。

4)临时设施费：是指施工企业为进行建设工程施工所必须搭设的生活和生产用的临时建筑物、构筑物和其他临时设施费用。临时设施费包括临时设施的搭设、维修、拆除、清理费或摊销费等。

5)扬尘污染防治增加费：是指用于采取移动式降尘喷头、喷淋降尘系统、雾炮机、围墙绿植、环境监测智能化系统等环境保护措施所发生的费用。

(2)夜间施工增加费：是指因夜间施工所发生的夜班补助费、夜间施工降效、夜间施工照明设备摊销及照明用电等费用。

(3)二次搬运费：是指因施工场地条件限制而发生的材料、构配件、半成品等一次运输不能到达堆放地点，必须进行二次或多次搬运所发生的费用。

(4)冬、雨期施工增加费：是指在冬期或雨期施工需要增加的临时设施、防滑、排除雨雪，人工及施工机械效率降低等费用。

(5)已完工程及设备保护费：是指竣工验收前，对已完工程及设备采取的必要保护措施所发生的费用。

(6)工程定位复测费：是指工程施工过程中进行全部施工测量放线和复测工作的费用。

(7)特殊地区施工增加费：是指工程在沙漠或其边缘地区、高海拔、高寒、原始森林等特殊地区施工增加的费用。

(8)大型机械设备进出场及安拆费：是指机械整体或分体自停放场地运至施工现场或由一个施工地点运至另一个施工地点，所发生的机械进出场运输、转移费用及现场安装、拆卸所需的人工费、材料费、机械费、试运转费和安装所需要的辅助设施的费用。

(9)脚手架工程费：是指施工需要的各种脚手架搭、拆、运输费用，以及脚手架购置费的摊销(或租赁)费用。

6. 规费

规费是指按国家法律、法规规定，由省级政府和省级有关权力部门规定必须缴纳或计取的费用。规费包括以下几项：

(1)社会保险费：包括养老保险费、失业保险费、医疗保险费、生育保险费和工伤保险费。养老保险费是指企业按照规定标准为职工缴纳的基本养老保险费；失业保险费是指企业按照规定标准为职工缴纳的失业保险费；医疗保险费是指企业按照规定标准为职工缴纳的基本医疗保险费；生育保险费是指企业按照规定标准为职工缴纳的生育保险费；工伤保险费是指企业按照规定标准为职工缴纳的工伤保险费。

(2)住房公积金：是指企业按规定标准为职工缴纳的住房公积金。

(3)环境保护税：是指按规费计列的现场环境保护所需费用，其征收方法和征收标准由各设区市建设行政主管部门根据本行政区域内环保和税务部门的规定执行。

建筑工程项目的施工成本实质就是除去利润和税金后的建筑安装工程费。

7. 建筑安装工程费

按照费用构成要素划分，建筑安装工程费包括人工费、材料费、施工机具使用费、企业管理费、利润、规费和税金。

按照工程造价形成划分，建筑安装工程费包括分部分项工程费、措施项目费、其他项目费、规费和税金。即

建筑安装工程费＝分部分项工程费＋措施项目费＋其他项目费＋规费＋税金

(1)分部分项工程费。其计算公式为

分部分项工程费＝综合单价×工程量

其中：综合单价＝人工费＋材料和工程设备费＋施工机具使用费＋企业管理费＋利润＋风险费用；工程量是工程量清单编制人按照施工图纸和清单工程量计算规则计算的工程净量。

(2)措施项目费。根据现行《建设工程工程量清单计价规范》(GB 50500—2013)，措施项目费分为单价措施项目费和总价措施项目费。

1)单价措施项目费＝单价措施项目综合单价×工程量。

2)总价措施项目费＝(分部分项工程费＋单价措施项目费－工程设备费)×相应措施费费率。

(3)其他项目费。其他项目费应根据工程特点，按照发承包双方在合同中的约定进行计算。其他项目费包括以下几项：

1)暂列金额：是指招标人在工程量清单中暂定并包括在合同价款中的一笔款项。它用于工程合同签订时尚未确定或者不可预见的所需材料、工程设备、服务的采购，施工中可能发生的工程变更、合同约定调整因素出现时的合同价款调整，以及发生的索赔、现场签证确认等的费用。

2)暂估价：是指招标人在工程量清单中提供的用于支付必然发生但暂时不能确定价格的材料、工程设备的单价，以及专业工程的金额。

3)计日工：是指在施工过程中，承包人完成发包人提出的工程合同范围以外的零星项目或工作，按合同中约定的单价计价的一种方式。

4)总承包服务费：是指总承包人为配合协调发包人进行的专业工程发包，对发包人自行采

购的材料、工程设备等进行保管，以及施工现场管理、竣工资料汇总整理等服务所需的费用。

（4）规费。其计算公式为

规费＝（分部分项工程费＋措施项目费＋其他项目费－工程设备费）×相应规费费率

（5）税金。其计算公式为

税金＝（分部分项工程费＋措施项目费＋其他项目费＋规费－工程设备费）×增值税税率

建筑安装工程费无论按费用构成要素划分还是按工程造价形成划分，两者包含的内容实质上是一致的。按工程造价形成划分是建筑安装工程在工程交易和工程实施阶段工程造价的组价要求。

8. 合同价款

合同价是指在工程发承包阶段，通过投标竞争确定中标单位，签订承包合同所约定的工程造价。实行招标的工程合同价款应在中标通知书发出之日起 30 日内，由发承包双方依据招标文件和中标人的投标文件在书面合同中约定。合同约定不得违背招标、投标文件中关于工期、造价、质量等方面的实质性内容。招标文件与中标人投标文件不一致的地方，以投标文件为准。

一般情况下，合同价即中标人的投标价。投标价是指投标人投标时响应招标文件要求并依据计价规范的规定所报出的对已标价工程量清单标明的总价，是承包人控制工程施工成本及进行工程结算的重要依据。

工程项目施工企业成本还可分解为施工成本（也称为制造成本、现场成本、项目的直接成本）和施工企业总部管理费。即工程项目施工成本＝施工成本＋企业管理费（总部管理费）＝直接成本（人工费＋材料费＋施工机具使用费＋措施费）＋间接成本（现场管理费＋规费）＋间接成本（总部管理费），如图 5-1 所示。

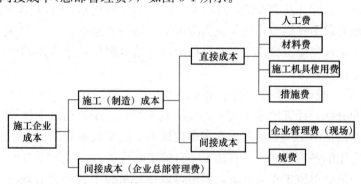

图 5-1　工程项目施工成本构成

【例 5-1】　某办公楼工程经公开招标投标后，施工单位中标的清单部分费用分别是：分部分项工程费为 3 793 万元，措施项目费为 547 万元，脚手架费为 336 万元，暂列金额为 100 万元，其他项目费为 200 万元，规费及税金为 264 万元。工程施工承包合同签约合同价为多少？

【解】　签约合同价＝施工单位中标价＝分部分项工程费＋措施项目费＋其他项目费
　　　　　　　　　＋规费＋税金
　　　　　　　　　＝3 793＋547＋200＋264＝4 804（万元）

【例 5-2】　某工程项目的中标造价费用组成为：人工费 3 000 万元，材料费 17 505万元，机械费 995 万元，管理费 450 万元，措施费用 760 万元，利润 940 万元，规费

525 万元，税金 850 万元。施工总承包单位据此进行了项目施工成本核算等工作。该工程项目的直接成本和间接成本各是多少万元？

【解】 直接成本＝人工费＋材料费＋机械费＋措施费用
$$＝3\ 000＋17\ 505＋995＋760＝22\ 260.00（万元）$$

间接成本＝管理费＋规费
$$＝450＋525＝975.00（万元）$$

5.1.2　建筑工程施工成本管理的内容与措施

建筑工程施工成本管理就是要在保证工期和质量满足合同要求的情况下，采取相应的管理措施。其包括组织措施、经济措施、技术措施、合同措施，将成本控制在计划范围内，并进一步寻求最大限度的成本节约。

1. 建筑工程施工成本管理的内容

建筑工程施工成本管理的内容主要包括成本计划、成本控制、成本核算、成本分析和成本考核。

(1)成本计划。成本计划是以货币形式编制施工项目在计划期内的生产费用、成本水平、成本降低率，以及为降低成本所采取的主要措施和规划的书面方案。它是建立施工项目成本管理责任制、开展成本控制和核算的基础，也是该施工项目降低成本的指导文件，是设立目标成本的依据。可以说，成本计划是目标成本的一种形式。

(2)成本控制。成本控制是指在施工过程中，对影响施工项目成本的各种因素加强管理，并采用各种有效措施，将施工中实际发生的各种消耗和支出严格控制在成本计划范围内，通过动态监控并及时反馈，计算实际成本和计划成本(目标成本)之间的差异并进行分析，进而采取多种措施，减少或消除施工中的损失浪费。

项目施工成本控制应贯穿于项目从投标阶段开始直到保证金返还的全过程，是企业全面成本管理的重要环节。

(3)成本核算。成本核算包括两个基本环节：一是按照规定的成本开支范围对施工成本进行归集和分配，计算出施工成本的实际发生额；二是根据成本核算对象，采用适当的方法，计算出该施工项目的总成本和单位成本。施工成本管理需要正确、及时地核算施工过程中发生的各项费用，计算施工项目的实际成本。

成本核算一般以单位工程为对象，但也可以按照承包工程项目的规模、工期、结构类型、施工组织和施工现场等情况，结合成本管理要求，灵活划分成本核算对象。

项目管理机构应按规定的会计周期进行项目成本核算。坚持形象进度、产值统计、成本归集三同步原则，即三者的取值范围是一致的。形象进度表达的工程量、统计施工产值的工程量和实际成本归集所依据的工程量，均应是相同的数值。项目管理机构应编制项目成本报告。对竣工工程的成本核算，应区分为竣工工程现场成本和竣工工程完全成本，并分别由项目管理机构和企业财务部门进行核算分析，其目的是分别考核项目管理绩效和企业经营绩效。

(4)成本分析。成本分析是在成本核算的基础上，对成本的形成过程和影响成本升降的因素进行分析，以寻求进一步降低成本的途径，包括有利偏差的挖掘和不利偏差的纠正。成本分析贯穿于施工成本管理的全过程，是在成本的形成过程中，主要利用施工项目的成本核算资料，与目标成本、预算成本及类似项目的实际成本等进行比较，了解成本的变动情况的同时，也要分析主要技术经济指标对成本的影响，系统地研究成本变动因素，检查成本计划的合理性，并通过成本分析，深入揭示成本变动的规律，寻找降低项目施工成本的途径，以便有效地控制成本。

（5）成本考核。成本考核是指施工项目完成后，对施工项目成本形成中的各责任者，按施工项目成本目标责任制的有关规定，将成本的实际指标与计划、定额、预算进行对比和考核，评定施工项目成本计划完成情况和各责任者的业绩，并以此给予相应的奖励和处罚。通过成本考核，做到有奖有惩、赏罚分明，才能有效地调动企业的每一个职工在各自的岗位上努力完成目标成本的积极性，从而降低施工项目成本，提高企业管理效益。

以施工成本降低额和施工成本降低率作为成本考核的主要指标。施工成本考核是衡量成本降低的实际成果，也是对成本指标完成情况的总结和评价。成本考核可以分别考核组织管理层和项目经理部。

建筑工程施工成本管理的每一个环节都是相互联系和相互作用的。成本计划是成本决策所确定目标的具体化。成本计划控制则是对成本计划的实施进行控制和监督，保证决策的成本目标的实现，而成本核算又是对成本计划是否实现的最后检验，它所提供的成本信息又为下一个施工项目成本预测和决策提供了基础资料。成本考核是实现成本目标责任制的保证和实现决策目标的重要手段。

2. 建筑工程施工成本管理的措施

为了取得施工成本管理的理想成效，应当从多方面采取措施实施管理，通常可以将这些措施归纳为组织措施、技术措施、经济措施和合同措施。

（1）组织措施。组织措施是从施工成本管理的组织方面采取的措施，如实行项目经理责任制，落实施工成本管理的组织机构和人员，明确各级施工成本管理人员的任务和职能分工、权力与责任，编制施工成本控制工作计划，确定合理、详细的工作流程图等，通过生产要素的优化配置、合理使用、动态管理，有效控制施工成本。同时，加强施工调度，避免因施工计划不周和盲目调度造成窝工损失、机械利用率降低、物料积压等而使施工成本增加。组织措施是其他各类措施的前提和保障。

（2）技术措施。施工过程中降低成本的技术措施包括：进行技术经济分析，确定最佳的施工方案；结合施工方法，进行材料比选，降低材料消耗的费用；确定最合适的施工机械、设备使用方案；结合项目的施工组织设计及自然地理条件，降低材料的库存成本和运输成本；先进的施工技术的应用，新材料的运用，新开发机械设备的使用等。在实践中，也要避免仅从技术角度选定方案而忽视对其经济效果的分析论证。

技术措施不仅对解决施工成本管理过程中的技术问题是不可缺少的，而且对纠正施工成本管理目标偏差也有相当重要的作用。运用技术纠偏措施的关键在于：一是要能提出多个不同的技术方案；二是要对不同的技术方案进行技术经济分析，比选最佳方案。

（3）经济措施。经济措施是最易为人们所接受和采用的措施。通过编制资金使用计划，确定、分解施工成本管理目标。对施工成本管理目标进行风险分析，并制定防范性对策。在施工中严格控制各项开支，及时准确地记录、收集、整理、核算实际发生的成本。对各种变更，应及时做好增减账，落实业主签证并结算工程款。通过偏差分析和未完工程施工成本预测，发现潜在的将引起未完工程施工成本增加的问题，主动、及时采取预防措施。

（4）合同措施。采用合同措施控制施工成本，应贯穿整个合同周期，包括从合同谈判开始到合同终结的全过程。在合同谈判时，对各种合同结构模式进行分析、比较，选用适合于工程规模、性质和特点的合同结构模式。在合同的条款中，应仔细考虑一切影响成本和效益的因素，特别是潜在的风险因素。通过对引起成本变动的风险因素的识别和分析，采取必要的风险对策。在合同执行期间，合同管理的措施既要密切注视对方合同执行的情况，以寻求合同索赔的机会，也要密切关注自己履行合同的情况，以防止被对方索赔。

随堂练习1：

1. 施工成本核算中的"三同步"是指(　　　)同步。
   A. 计划成本、目标成本和实际成本
   B. 形象进度、产值统计、实际成本归集
   C. 成本核算资料(成本信息)与目标成本、预算成本
   D. 形象进度、施工产值和计划成本归集

2. 项目经理部对竣工工程成本核算的目的是(　　　)。
   A. 考核项目管理绩效　　　　　B. 寻求进一步降低成本的途径
   C. 考核企业经营效益　　　　　D. 分析成本偏差的原因

3. 在施工成本管理的各类措施中，(　　　)是其他各类措施的前提和保障。
   A. 过程控制措施　　　　　　　B. 经济措施
   C. 技术措施　　　　　　　　　D. 组织措施

4. 为了取得成本管理的理想效果，项目经理可采取的组织措施是(　　　)。
   A. 加强施工调度，避免窝工损失
   B. 进行技术经济分析，确定最佳施工方案
   C. 对各种变更及时落实业主签证
   D. 研究合同条款，寻找索赔机会

5. 下列施工成本管理的措施中，属于组织措施的有(　　　)。
   A. 编制施工成本控制工作计划
   B. 进行技术经济分析，确定最佳的施工方案
   C. 对成本目标进行风险分析，并制定防范性对策
   D. 做好资金使用计划，严格控制各项开支
   E. 确定合理详细的工作流程

6. 下列某大跨度体育场项目钢结构施工的成本管理措施中，属于技术措施的有(　　　)。
   A. 确定项目管理班子的任务和职能分工
   B. 分析钢结构吊装作业的成本目标
   C. 修订钢结构吊装施工合同条款
   D. 提出多个钢结构吊装方案
   E. 改变吊装用的施工机械

7. 施工成本管理的措施中最易为人们接受和采用的措施是(　　　)。
   A. 组织措施　　　B. 经济措施　　　C. 技术措施　　　D. 合同措施

8. 下列施工成本管理的措施中，属于经济措施的有(　　　)。
   A. 明确成本管理人员的工作任务和责、权、利
   B. 对不同的技术方案进行技术经济分析

C. 编制资金使用计划，确定施工成本管理目标

D. 通过偏差原因分析，预测未完工程施工成本

E. 防止分包商的索赔

5.2 建筑工程施工成本计划

5.2.1 建筑工程施工成本计划的编制要求和编制依据

1. 建筑工程施工成本计划的编制要求

(1)合同规定的项目质量和工期要求。

(2)组织对施工成本管理目标的要求。

(3)以经济、合理的项目实施方案为基础的要求。

(4)有关定额及市场价格的要求。

2. 建筑工程施工成本计划的编制依据

(1)合同文件。

(2)项目管理实施规划，包括施工组织设计或施工方案。

(3)相关设计文件。

(4)人工、材料、机械市场价格信息。

(5)相关定额、计量计价规范。

(6)类似项目的施工成本资料。

5.2.2 建筑工程施工成本计划的内容

1. 编制说明

编制说明是指对工程的范围、投标竞争过程及合同条件、承包人对项目经理提出的责任成本目标、施工成本计划编制的指导思想和依据等的具体说明。

2. 施工成本计划的指标

施工成本计划一般包含以下三类指标：

(1)成本计划的数量指标。例如，按子项汇总的工程项目计划总成本指标，按分部汇总的各单位工程(或子项目)计划成本指标，按人工、材料、机械等各主要生产要素计划成本指标等。

(2)成本计划的质量指标。例如，施工项目总成本降低率可采用：

设计预算成本计划降低率＝设计预算总成本计划降低额/设计预算总成本

责任目标成本计划降低率＝责任目标总成本计划降低额/责任目标总成本

(3)成本计划的效益指标。例如，工程项目成本降低额可采用：

设计预算成本计划降低额＝设计预算总成本－计划总成本

责任目标成本计划降低额＝责任目标总成本－计划总成本

3. 按工程量清单列出的单位工程计划成本汇总表(见表 5-1)

表 5-1   单位工程计划成本汇总表

序号	清单项目编码	清单项目名称	合同价格	计划成本
1				
2				
……				

4. 按成本性质划分的单位工程成本汇总表

根据清单项目的造价分析,分别对人工费、材料费、机械费、措施费、企业管理费等进行汇总,形成单位工程成本计划表。

成本计划的编制是施工成本预控的重要手段,应在工程开工前编制完成。而不同的实施方案将导致人工费、材料费、施工机具使用费、措施费和企业管理费的差异,项目计划成本还应在项目实施方案确定和不断优化的前提下进行编制,并将计划成本目标分解落实,为各项成本的执行提供明确的目标、控制手段和管理措施。

5.2.3   建筑工程施工成本计划的类型

施工项目成本计划的编制是一个不断深化的过程。在这一过程的不同阶段形成深度和作用不同的成本计划,按成本计划的作用可分为竞争性成本计划、指导性成本计划和实施性成本计划。

1. 竞争性成本计划

竞争性成本计划是指工程项目施工投标及签订合同阶段估算的成本计划。这类成本计划是以招标文件中的合同条件、投标者须知、技术规范、设计图纸和工程量清单等为依据,以招标文件中有关价格条件说明为基础,结合调研和答疑获得的信息,根据企业的工料消耗标准、水平、价格资料和费用指标,对企业拟完成招标工程所需要支出的全部费用的估算,是对投标报价中成本的预算,虽也着力考虑降低成本的途径和措施,但总体上还不够细化和深入。

2. 指导性成本计划

指导性成本计划是施工准备阶段的预算成本计划,是项目部、项目经理的责任成本目标。指导性成本计划是以投标文件、施工承包合同为依据,按照企业的预算定额标准制订的设计预算成本计划,一般情况下只确定责任总成本指标。

3. 实施性成本计划

实施性成本计划是以项目施工组织设计、施工方案为依据,以实施落实项目经理责任目标为出发点,采用企业的施工定额通过施工预算的编制而形成的实施性施工成本计划。

以上三类成本计划互相衔接、不断深化,构成了整个工程施工成本的计划过程。其中,竞争性成本计划带有成本战略的性质,是施工项目投标阶段商务标书(投标报价)的基础。指导性成本计划和实施性成本计划,都是战略性成本计划的进一步展开和深化,是对战略性成本计划的战术安排。

随堂练习 2:

1. 编制施工成本计划时,施工成本包括(   )。

A. 分部分项工程费   B. 措施费

C. 利润   D. 企业管理费

E. 税金

2. 若按项目组成编制施工成本计划，项目应按（   ）的顺序依次进行分解。

   A. 单项工程→单位工程→分部工程→分项工程

   B. 单项工程→分部工程→单位工程→分项工程

   C. 单位工程→单项工程→分部工程→分项工程

   D. 单位工程→单项工程→分项工程→分部工程

3. 编制大、中型建设工程项目施工成本支出计划时，要考虑项目总的预备费，也要在（   ）中考虑不可预见费。

   A. 前期工作   B. 主要分项工程

   C. 企业管理费   D. 主要分部工程

4. 施工成本计划通常有三类指标，即（   ）。

   A. 拟定工作预算成本指标，已完成工作预算成本指标和成本降低率指标

   B. 成本计划的数量指标、质量指标和效益指标

   C. 预算成本指标、计划成本指标和实际成本指标

   D. 人、财、物成本指标

5. 以项目实施方案为依据，落实项目经理责任目标为出发点，采用企业的施工定额，通过编制施工预算而形成的施工成本计划是一种（   ）成本计划。

   A. 竞争性   B. 参考性   C. 实施性   D. 战略性

5.2.4 建筑工程施工成本计划的编制方法

施工总成本目标确定后，需要通过编制详细的实施性成本计划将目标成本层层分解，落实到施工过程的每一个环节，有效地控制成本。施工成本计划的编制方法通常有按施工成本组成编制施工成本计划、按项目组成编制施工成本计划和按工程进度编制施工成本计划。

1. 按施工成本组成编制施工成本计划

施工成本可以按成本组成划分为人工费、材料费、施工机械使用费、措施费、企业管理费等，如图 5-2 所示。

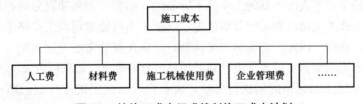

图 5-2　按施工成本组成编制施工成本计划

2. 按项目组成编制施工成本计划

大、中型工程项目通常是由若干个单项工程构成的，而每个单项工程包括了多个单位工程，每个单位工程又是由若干个分部分项工程所构成。因此，编制施工成本计划时，先将项目总施工成本分解到单项工程和单位工程中，再进一步分解到分部工程和分

项工程中，如图 5-3 所示。

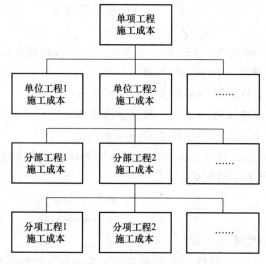

图 5-3　按项目组成编制施工成本计划

在对施工项目成本目标分解后，具体编制分项工程的成本支出计划，列出详细的成本计划表，见表 5-2。

表 5-2　分项工程成本计划表

分项工程编码	工程内容	计量单位	工程数量	计划成本	分项小计
(1)	(2)	(3)	(4)	(5)	(6)

在编制成本计划时，既要考虑总的预备费，也要在主要的分项工程中安排适当的不可预见费，避免在具体编制成本计划时，如发现个别单位工程某项内容的工程量计算有较大出入、偏离成本计划，能够尽可能地采取一些措施。

3. 按工程进度编制施工成本计划

按工程进度编制施工成本计划，通常可利用控制项目施工进度的网络图进一步扩充得到，即在建立网络图时，一方面确定完成各项工作所需花费的时间；另一方面确定完成这一工作合适的施工成本支出计划。在实践中，将工程项目分解为既能方便地表示时间，又能方便地表示施工成本支出计划的工作是不容易的。通常，如果项目分解程度对时间控制合适，则对施工成本支出计划可能分解过细，以至于不可能对每项工作确定其施工成本支出计划；反之，亦然。因此，在编制网络计划时，应在充分考虑进度控制对项目划分要求的同时，还要考虑确定施工成本支出计划对项目划分的要求，做到两者兼顾。

通过对施工成本目标按时间进行分解，可获得项目施工进度计划的横道图，并在此基础上编制成本计划。其表示方式有两种：一种是在时标网络图上按月编制的成本计划直方图（图 5-4）；另一种是用时间—成本累积曲线（S 形曲线）表示（图 5-5）。

时间—成本累积曲线按以下步骤绘制：

（1）确定工程项目施工进度计划，编制进度计划横道图。

（2）根据每单位时间内完成的实物工程量或投入的人力、材料、机械设备和资金等，计算单位时间（月或旬）的成本，在时标网络图上按时间编制成本支出计划，用直方图表示。

(3)计算一定时间 t 内累计支出成本额。

(4)按计算所得的累计支出成本额，绘制 S 形曲线(图 5-5)。

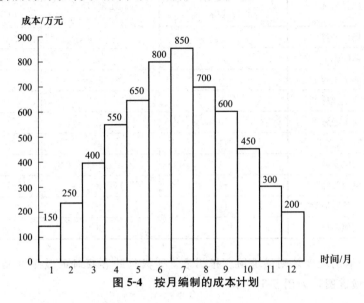

图 5-4　按月编制的成本计划

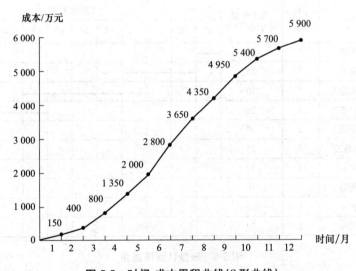

图 5-5　时间-成本累积曲线(S 形曲线)

每一条 S 形曲线对应的都是某一特定的施工进度计划。项目经理可根据成本支出计划合理安排和调配资金，同时，项目经理也可以根据筹措的资金来调整 S 形曲线，即通过调整非关键线路上的工序最早或最迟开始时间，将实际的成本支出控制在计划范围内。

以上三种编制施工成本计划的方法并不是相互独立的，在实践中往往是将这三种方法结合起来使用，从而达到更好的成本控制效果。

【例 5-3】 已知某施工项目的数据资料见表 5-3，绘制该项目的时间—成本累积曲线。

表 5-3 某施工项目的数据资料

编码	项目名称	最早开始时间/月份	工期/月	成本强度/(万元·月$^{-1}$)
11	场地平整	1	1	20
12	基础施工	2	3	15
13	主体工程施工	4	5	30
14	砌筑工程施工	8	3	20
15	屋面工程施工	10	2	30
16	楼地面施工	11	2	20
17	水电安装	11	1	30
18	室内装饰	12	1	10
19	室外装饰	12	1	10
20	其他工程		1	10

【解】 (1)编制进度计划横道图。根据表 5-3 提供的各项目的最早开始时间和工期，绘制进度计划横道图，如图 5-6 所示。

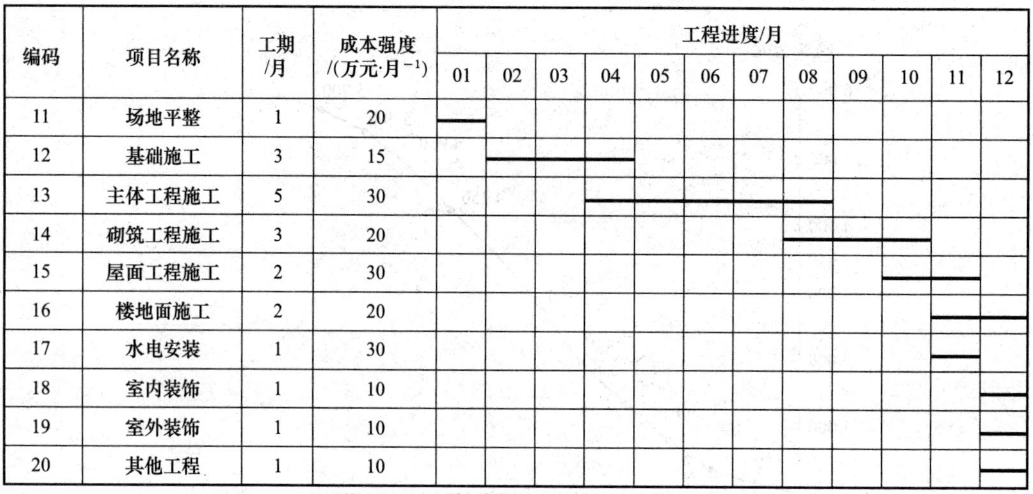

编码	项目名称	工期/月	成本强度/(万元·月$^{-1}$)	工程进度/月											
				01	02	03	04	05	06	07	08	09	10	11	12
11	场地平整	1	20	▬											
12	基础施工	3	15		▬▬▬										
13	主体工程施工	5	30				▬▬▬▬▬								
14	砌筑工程施工	3	20								▬▬▬				
15	屋面工程施工	2	30										▬▬		
16	楼地面施工	2	20											▬▬	
17	水电安装	1	30											▬	
18	室内装饰	1	10												▬
19	室外装饰	1	10												▬
20	其他工程	1	10												▬

图 5-6 进度计划横道图

(2)按时间编制成本支出计划。根据图 5-6，计算单位时间内的成本计划。

1 月份施工内容：场地平整，成本支出计划 20 万元；

2、3 月份施工内容：基础施工，成本支出计划 15 万元；

4 月份施工内容：基础施工、主体工程施工，成本支出计划＝15＋30＝45(万元)；

5、6、7 月份施工内容：主体工程施工，成本支出计划 30 万元；

8 月份施工内容：主体工程施工、砌筑工程施工，成本支出计划＝30＋20＝50(万元)；

9 月份施工内容：砌筑工程施工，成本支出计划 20 万元；

10 月份施工内容：砌筑工程施工、屋面工程施工，成本支出计划＝20＋30＝50(万元)；

11 月份施工内容：屋面工程施工、楼地面施工、水电安装，成本支出计划＝30＋20＋30＝80(万元)；

12月份施工内容：楼地面施工、室内装饰，室外装饰、其他工程，成本支出计划＝20＋10＋10＋10＝50（万元）。

根据以上计算结果，绘制出成本支出计划直方图，如图5-7所示。

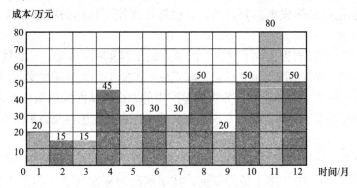

图5-7　成本支出计划直方图

（3）绘制S形曲线。根据成本支出计划直方图，计算每月累计支出成本额，并绘制S形曲线，如图5-8所示。

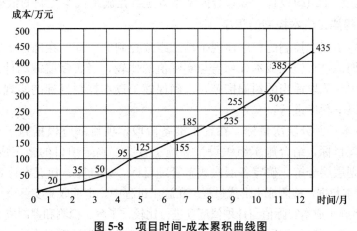

图5-8　项目时间-成本累积曲线图

5.3　建筑工程施工成本控制

施工成本控制是指在项目施工成本形成过程中，对生产经营所消耗的人力资源、物质资源和费用开支进行指导、监督、检查和调整，及时纠正偏差，将各项生产费用控制在成本计划范围内，确保成本管理目标的实现。

5.3.1　建筑工程施工成本控制的依据和程序

1. 建筑工程施工成本控制的依据

项目管理机构应依据以下内容进行施工成本控制：

（1）工程承包合同。工程承包合同是施工成本控制的主要依据。项目管理机构应以施工承包合同为抓手，围绕施工成本管理目标，从预算收入和实际成本两条线，研究分析节约成本、增加收益的最佳途径，提高项目的经济效益。

（2）施工成本计划。施工成本计划是根据施工项目的具体情况制订的施工成本控制方案，既包括预定的具体成本控制目标，又包括实现控制目标的措施和规划，是施工成本控制的指导文件。

（3）进度报告。进度报告提供了对应时间节点的工程实际完成量、工程施工成本实际支付情况及实际收到工程款情况等重要信息。施工成本控制工作正是通过实际情况与施工成本计划相比较，找出两者之间的差别，分析偏差产生的原因，从而采取措施改进以后的工作。另外，进度报告还有助于管理者及时发现工程实施中存在的隐患，及时采取有效措施，防患于未然。

（4）工程变更。项目的实施过程中会因各种原因引起工程变更。工程变更一般包括设计变更、进度计划变更、施工条件变更、技术规范与标准变更、施工工艺和施工方法变更、工程量变更等。工程变更往往又会使工程量、工期、成本发生相应的变化，从而增加了施工成本控制工作的难度。因此，施工成本管理人员应当及时掌握变更信息及其对施工成本产生的影响，计算、分析和判断变更及变更可能带来的索赔额度等。

另外，有关施工组织设计、分包合同文本等也都是施工成本控制的依据。

2. 建筑工程施工成本控制的程序

建筑工程施工成本控制的程序体现了动态跟踪控制的原理。在确定了施工成本计划之后，必须定期地进行施工成本计划值与实际值的比较，当实际值偏离计划值时，分析产生偏差的原因，采取适当的纠偏措施，以确保施工成本控制目标的实现。建筑工程施工成本控制按以下程序进行：

（1）确定成本控制分层次目标。在施工准备阶段，项目部应根据施工合同、与企业签订的项目管理目标，结合施工组织设计和施工方案，确定项目的施工成本管理目标，并依据进度计划层层分解，确定各层次成本管理目标，如月度、旬成本计划目标。

（2）采集成本数据，检测成本形成过程。在施工过程中，定期收集实际发生的成本数据，按照施工进度将施工成本实际值与计划值逐项进行比较，了解、检测和控制成本的形成过程。

（3）发现偏差，分析原因。对施工成本实际值与计划值逐项比较的结果进行分析，以确定偏差的严重性及偏差产生的原因。这一步是施工成本控制工作的核心，其主要目的是找出产生偏差的原因，从而采取有针对性的措施，减少或避免相同原因的再次发生或减少由此造成的损失。

（4）采取措施，纠正偏差。根据工程的具体情况、偏差及其原因分析的结果，采取适当的措施，减小或消除偏差。纠偏是施工成本控制中最具实质性的一步，只有通过纠偏，才能最终达到有效控制施工成本的目的。

（5）调整改进成本控制方法。如有必要（即原定的项目施工成本目标不合理，或原定的项目施工承包目标无法实现，或采取的方法和措施不能有效地控制成本），进行项目施工成本目标的调整或改进成本控制方法。

随堂练习3：

1. 施工成本控制需要进行实际成本情况与施工成本计划的比较，其中，实际成本情况是通过（　　）反映的。

    A. 工程变更文件　　B. 进度报告　　　　C. 施工组织设计　　D. 分包合同

2. 施工成本控制的依据包括(　　)。
   A. 监理规划　　　　B. 监理细则　　　　C. 项目计划　　　　D. 工程承包合同
   E. 施工组织设计
3. 施工成本控制过程中，为了及时发现施工成本是否超支，应该定期进行(　　)的比较。
   A. 施工成本计划值与实际值　　　　　　B. 施工成本计划值与投标报价
   C. 成本实际值与投标报价　　　　　　　D. 实际工程款支付与合同价
4. 在施工成本控制的程序中，控制工作的核心是(　　)。
   A. 预测估计完成项目所需的总费用
   B. 分析比较结果以确定偏差的严重性和原因
   C. 采取适当措施纠偏
   D. 检查纠偏措施的执行情况
5. 施工成本控制的步骤中，最具实质性的一步是(　　)。
   A. 收集　　　　　　B. 比较　　　　　　C. 分析　　　　　　D. 纠偏

5.3.2　赢得值法控制施工成本

赢得值法(Earned Value Management，EVM)是目前国际上先进的工程公司普遍用于工程项目的费用、进度综合分析和控制的方法。

1. 赢得值法的三个基本参数

(1)已完工作预算费用。已完工作预算费用(Budgeted Cost for Work Performed，BCWP)，是指在某一时间已经完成的工作(或部分工作)，经工程师批准认可的预算资金总额，也是业主支付承包人已完工作量相应费用的依据，即承包人按预算应获得(挣得)的金额，故称为赢得值或挣值。已完工作预算费用的计算公式为

已完工作预算费用(BCWP)＝已完成工作量×预算单价

(2)计划工作预算费用。计划工作预算费用(Budgeted Cost for Work Scheduled，BCWS)，是指根据进度计划，在某一时刻计划应当完成的工作(或部分工作)，以预算为标准所需要的资金总额。计划工作预算费用的计算公式为

计划工作预算费用(BCWS)＝计划工作量×预算单价

(3)已完工作实际费用。已完工作实际费用(Actual Cost for Work Performed，ACWP)，是指在某一时间已经完成的工作(或部分工作)所实际花费的总金额。已完工作实际费用的计算公式为

已完工作实际费用(ACWP)＝已完成工作量×实际单价

2. 赢得值法的四个评价指标

在计算赢得值三个基本参数的基础上，可以确定赢得值法的四个评价指标。

(1)费用偏差(Cost Variance，CV)。费用偏差的计算公式为

费用偏差(CV)＝已完工作预算费用－已完工作实际费用

＝已完成工作量×预算单价－已完成工作量×实际单价

费用偏差反映的是价差。当费用偏差为负值时，即表示项目运行超出预算费用；当费用偏差为正值时，表示项目实际费用没有超出预算费用，运行节支。

(2)进度偏差(Schedule Variance,SV)。进度偏差的计算公式为

进度偏差(SV)=已完工作预算费用-计划工作预算费用

=已完成工作量×预算单价-计划工作量×预算单价

进度偏差反映的是量差。当进度偏差为负值时,表示进度延误,即实际进度落后于计划进度;当进度偏差为正值时,表示进度提前,即实际进度快于计划进度。

(3)费用绩效指数(CPI)。费用绩效指数的计算公式为

费用绩效指数(CPI)=已完工作预算费用/已完工作实际费用

=(已完成工作量×预算单价)/(已完成工作量×实际单价)

费用绩效指数反映的是价格绩效。当CPI<1时,表示超支,即实际费用高于预算费用;当CPI>1时,表示节支,即实际费用低于预算费用。

(4)进度绩效指数(SPI)。进度绩效指数的计算公式为

进度绩效指数(SPI)=已完工作预算费用/计划工作预算费用

=(已完成工作量×预算单价)/(计划工作量×预算单价)

进度绩效指数反映的是进度绩效。当SPI<1时,表示进度延误,即实际进度比计划进度拖后;当SPI>1时,表示进度提前,即实际进度比计划进度快。

以上四个评价指标中,费用偏差和进度偏差反映的是绝对偏差,直观、明了,有助于费用管理人员了解项目费用出现偏差的绝对数额,并采取一定的纠偏措施,制订或调整费用支出计划和资金筹措计划。而用"费用"表示进度偏差在实际应用时,还需将用施工成本差额表示的进度偏差转换为所需要的时间,以便合理地调整工期。费用绩效指数和进度绩效指数反映的是相对偏差,其既不受项目层次的限制,也不受项目实施时间的限制,因此,在同一项目和不同项目比较中均可采用。

随堂练习4:

2. 某土方工程,月计划工程量为2 800 m³,预算单价为25 元/m³;到月末时已完工程量3 000 m³,实际单价26 元/m³。下列对该项工作采用赢得值法进行偏差分析的说法,正确的是(   )。

A. 已完成工作实际费用为75 000 元

B. 费用绩效指标>1,表明项目运行超出预算费用

C. 进度绩效指标<1,表明实际进度比计划进度拖后

D. 费用偏差为-3 000 元,表明项目运行超出预算费用

【分析】 (1)已完成工作实际费用=已完成工作量×实际单价=3 000×26=78 000(元)

(2)费用绩效指标=已完工作预算费用/已完工作实际费用

=(已完成工作量×预算单价)/(已完成工作量×实际单价)

=(3 000×25)/(3 000×26)<1,表明项目运行超出预算费用。

(3)进度绩效指数=已完工作预算费用/计划工作预算费用

=(已完成工作量×预算单价)/(计划工作量×预算单价)

=(3 000×25)/(2 800×25)>1,表明实际进度比计划进度提前。

(4)费用偏差=已完工作预算费用-已完工作实际费用

=已完成工作量×预算单价-已完成工作量×实际单价

=3 000×25-3 000×26=-3 000(元),表明项目运行超出预算费用。

因此,D项正确,选择D。

【例 5-4】 某工程主体结构混凝土工程量为 3 200 m³，预算单价为 550 元/m³，计划 4 个月内均衡完成。开工后，混凝土实际采购价格为 560 元/m³。施工至第二个月月底，实际累计完成混凝土工程量为 1 800 m³，则此时的进度偏差、费用偏差分别为多少万元？

【解】 计划 4 个月内均衡完成，每月计划工程量＝3 200/4＝800(m³)

施工至第二个月月底已完工作预算费用＝550×1 800＝990 000(元)＝99(万元)

施工至第二个月月底计划工作预算费用＝550×1 600＝880 000(元)＝88(万元)

施工至第二个月月底已完工作实际费用＝560×1 800＝1 008 000(元)＝100.8(万元)

进度偏差＝已完工作预算费用－计划工作预算费用＝99－88＝11(万元)＞0，说明进度超前。

费用偏差＝已完工作预算费用－已完工作实际费用＝99－100.8＝－1.8(万元)＜0，说明费用超支。

【例 5-5】 某项目进展到 21 周后，对前 20 周的工作进行了统计检查，有关数据列于表 5-4 中。

问题：(1)求前 20 周每项已完工作的预算费用(BCWP)及第 20 周周末的赢得值(BCWP)；

(2)计算第 20 周周末的合计已完工作实际费用(ACWP)及计划工作预算费用(BCWS)；

(3)计算第 20 周周末的费用偏差(CV)与进度偏差(SV)，并分析成本和进度状况；

(4)计算第 20 周周末的费用绩效指数(CPI)与进度绩效指数(SPI)，并分析成本和进度状况。

表 5-4 项目进展相关数据统计

工作代号	计划工作预算费用/万元	已完工作量/%	实际发生成本/万元	赢得值/万元
A	200	100	210	
B	220	100	220	
C	400	100	430	
D	250	100	250	
E	300	100	310	
F	540	50	400	
G	840	100	800	
H	600	100	600	
I	240	0	0	
J	150	0	0	
K	1 600	40	800	
L	0	30	1 000	1 200
M	0	100	800	900
N	0	60	420	550
合计				

【解】 (1)计算前20周每项已完工作的预算费用(BCWP)及第20周周末的赢得值(BCWP)。

每项已完工作的预算费用(BCWP)＝计划工作预算费用×已完工作量

例如:A项工作赢得值(BCWP)＝200×100％＝200(万元),以此类推,将计算结果填入表5-5中。

(2)计算第20周周末的合计已完工作实际费用(ACWP)及计划工作预算费用(BCWS)。

第20周周末的实际发生成本(ACWP)合计＝各项工作实际发生成本之和＝6 240万元

第20周周末的赢得值(BCWS)合计＝各项工作赢得值之和＝6 370万元

(3)计算第20周周末的费用偏差(CV)与进度偏差(SV),并分析成本和进度状况。

第20周周末的费用偏差(CV)＝已完工作预算费用－已完工作实际费用

$$＝6 370－6 240＝130(万元)$$

CV>0,说明成本节约130万元。

第20周周末的进度偏差(SV)＝已完工作预算费用－计划工作预算费用

$$＝6 370－5 340＝1 030(万元)$$

SV>0,说明进度提前1 030万元。

表5-5　已完工作的预算费用(BCWP)计算

工作代号	计划工作预算费用/万元	已完工作量/%	实际发生成本/万元	赢得值/万元
A	200	100	210	200
B	220	100	220	220
C	400	100	430	400
D	250	100	250	250
E	300	100	310	300
F	540	50	400	270
G	840	100	800	840
H	600	100	600	600
I	240	0	0	0
J	150	0	0	0
K	1 600	40	800	640
L	0	30	1 000	1 200
M	0	100	800	900
N	0	60	420	550
合计	5 340		6 240	6 370

(4)计算第20周周末的费用绩效指数(CPI)与进度绩效指数(SPI),并分析成本和进度状况。

第20周周末的费用绩效指数(CPI)＝已完工作预算费用/已完工作实际费用

$$＝6 370/6 240＝1.02$$

CPI>1,说明成本节约2％。

第 20 用周末的进度绩效指数(SPI)＝已完工作预算费用/计划工作预算费用

$$=6\ 370/5\ 340=1.19$$

CPI＞1，说明进度提前 19％。

5.3.3 偏差分析法控制施工成本

常用的偏差分析方法有横道图法和曲线法。

1. 横道图法

采用横道图法进行施工成本偏差分析，是用不同的横道标识已完工程计划施工成本、拟完工程计划施工成本和已完工程实际施工成本，横道的长度与其金额的大小成正比例，如图 5-9 所示。

横道图法具有形象、直观、一目了然等优点。它能够准确表达出费用的绝对偏差，并据此判断偏差的严重性。但横道图法反映的信息量较少，一般在项目的较高管理层应用。

2. 曲线法

曲线法是用施工成本累计曲线(S 形曲线)来进行施工成本偏差分析的一种方法。在项目实施过程中，已完工程实际施工成本曲线、已完工程计划施工成本、拟完工程计划施工成本可以形成三条施工成本参数曲线。

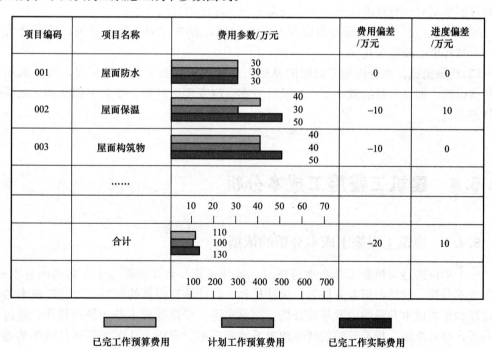

图 5-9 偏差分析横道图法

曲线法是赢得值法的进一步延伸，实际施工成本曲线与计划施工成本曲线之间的竖向距离表示施工成本偏差，已完计划施工成本曲线与拟完计划施工成本曲线的水平距离表示进度偏差，如图 5-10 所示。用曲线法进行偏差分析同样具有形象、直观的特点，但这种方法很难直接用于定量分析，只能对定量分析起一定的辅助作用。

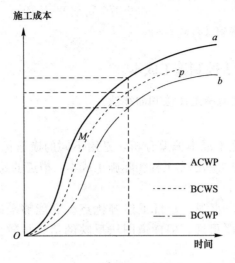

图 5-10　偏差分析曲线法

3. 偏差原因分析与纠偏措施

(1)偏差原因分析。偏差原因分析的一个重要目的就是要找出引起偏差的原因，从而有可能采取有针对性的措施，减少或避免相同原因的再次发生。

一般来说，产生费用偏差的原因有设计原因、业主原因、施工原因，还有物价上涨、自然环境、政策变化等。

(2)纠偏措施。在分析偏差原因的基础上，针对项目施工的实际情况，可采取不同的纠偏措施，如寻找新的效率更高的设计方案、改变实施过程、变更工程范围、加强索赔管理等。

5.4　建筑工程施工成本分析

5.4.1　建筑工程施工成本分析的依据

一个单位的经济核算工作由业务核算、统计核算、会计核算三个方面的内容组成。施工成本分析，就是根据业务核算、统计核算、会计核算提供的资料，对施工成本的形成过程和影响成本升降的因素进行分析，以寻求进一步降低成本的途径；另外，通过成本分析，可从账簿、报表反映的成本现象看清楚成本的实质，从而增强项目成本的透明度和可控性，为加强成本控制，实现项目成本目标创造条件。施工成本分析的主要依据有业务核算、会计核算和统计核算。

1. 业务核算

业务核算是指单位在开展自身业务活动时应当履行的各种手续，以及由此而产生的各种原始记录，包括产品验收记录、生产调度表、任务分派单、班组考勤记录表等。业务核算是反映监督单位内部经济活动的一种方法。

业务核算的范围比会计核算、统计核算要广，会计核算和统计核算一般是对已经发生的经济活动进行核算，而业务核算不但可以对已经发生的经济活动进行核算，而且还可以对尚未发生或正在发生的经济活动进行核算，看是否可以做，是否有经济效果。其特点是对个别的经济业务进行单项核算。例如，各种技术措施、新工艺等项目，可以核算已经完成的项目是否达到原定的目的，取得预期的效果，也可以对准备采取措施的项目进行核算和审查，看是否有效果，值不值得采纳，随时都可以进行。业务核算的目的是迅速取得资料，在经济活动中及时采取措施进行调整。

业务核算既是会计核算和统计核算的基础，又是两者的必要补充。

2. 会计核算

会计核算也称为会计反映，以货币为主要计量尺度，对会计主体的资金运动进行的反映。其主要是指对会计主体已经发生或已经完成的经济活动进行的事后核算，也就是会计工作中记账、算账、报账的总称。会计核算主要是价值核算。资产、负债、所有者权益、营业收入、成本、利润会计六要素指标主要是通过会计来核算。由于会计记录具有连续性、系统性、综合性等特点，所以，它是施工成本分析的重要依据。

3. 统计核算

统计核算是指对事物的数量进行计量来研究监督大量的或者个别典型经济现象的一种方法。单位中的统计工作，就是对单位在开展各种业务活动时所产生的大量数据进行搜集、整理和分析，按统计方法加以系统整理，表明其规律性，形成各种有用的统计资料。比如，产品产量、耗用总工时、单位职工工资水平、员工的年龄构成等。它的计量尺度比会计核算宽，可以用货币计算，也可以用实物或劳动量计量。通过全面调查和抽样调查等特有的方法，不仅能提供绝对数指标，还能提供相对数和平均数指标，既可以计算当前的实际水平，确定变动速度，也可以预测发展的趋势。

5.4.2 建筑工程施工成本分析的内容和步骤

1. 建筑工程施工成本分析的内容

建筑工程施工成本分析的内容包括时间节点成本分析、工作任务分解单元成本分析、组织单元成本分析、单项指标成本分析和综合项目成本分析。

2. 建筑工程施工成本分析的步骤

(1)选择成本分析方法。

(2)收集成本信息。

(3)进行成本数据处理。

(4)分析成本形成原因。

(5)确定成本结果。

随堂练习5：

1. 关于成本分析依据的说法，下列正确的是(　　　)。

A. 统计核算可以用货币计算

B. 业务核算主要是价值核算

C. 统计核算的计量尺度比会计核算窄

D. 会计核算可以对尚未发生的经济活动进核算

2. 在施工成本分析的各种核算方法中，业务核算的范围比(　　)。

A. 会计核算和统计核算窄　　　　　B. 会计核算和统计核算广

C. 会计核算广，比统计核算窄　　　D. 会计核算窄，比统计核算广

5.4.3　建筑工程施工成本分析的基本方法

建筑工程施工成本分析的基本方法包括比较法、因素分析法、差额计算法、比率法等。

1. 比较法

比较法又称为指标对比分析法，就是通过技术经济指标的对比，检查目标的完成情况，分析产生差异的原因，进而挖掘内部潜力的方法。这种方法通俗易懂、简单易行、便于掌握，因而得到广泛应用。在应用比较法分析施工成本时，必须注意各技术经济指标的可比性。

(1)将实际指标与目标指标对比。通过实际指标与目标指标对比，可以检查目标完成情况，分析影响目标完成的积极因素和消极因素，以便及时采取措施，保证成本目标的实现。在进行实际指标与目标指标对比时，还应注意目标本身有无问题。如果目标本身确实出现问题，则应调整目标。

(2)将本期实际指标与上期实际指标对比。通过本期实际指标与上期实际指标对比，可以观察各项技术经济指标的变动情况，反映施工管理水平的提高程度。

(3)将实际指标与本行业平均水平、先进水平对比。通过实际指标与本行业平均水平、先进水平对比，可以反映本项目的技术管理和经济管理与行业的平均水平和先进水平的差距，进而采取措施赶超先进水平。

在实际工作中，可以将三种比较法的结果在同一表中反映。如某施工项目主材，计划节约 10 万元，实际节约 11 万元，上年度节约 9 万元，本行业先进水平节约 12 万元，则可编制分析表见表 5-6。

表 5-6　实际指标与上期指标、行业先进水平比较分析表

指标	年计划数	本期实际数	上期实际数	先进水平数	差异数		
					与计划比	与上期比	与先进比
主材节约额 /万元	10	11	9	12	1	1	−1

2. 因素分析法

因素分析法又称为连环置换法，可用这种方法来分析各种因素对成本的影响程度。在进行分析时，首先要假定众多因素中的一个因素发生了变化，而其他因素不变，然后逐个替换，分别比较其计算结果，以确定各个因素的变化对成本的影响程度。因素分析法的计算步骤如下：

(1)确定分析对象，并计算出实际与目标数的差异。

(2)确定该指标的组成因素，并按其相互关系进行排序(排序规则是：先实物量，后价值量；先绝对值，后相对值)。

(3)以目标数为基础，将各因素的目标数相乘，作为分析替代的基数。

(4)将各个因素的实际数按照上面的排列顺序进行替换计算，并将替换后的实际数保留下来。

(5)将每次替换计算所得的结果，与前一次的计算结果相比较，两者的差异即该因素对成本的影响程度。

(6)各个因素的影响程度之和，应与分析对象的总差异相等。

3. 差额计算法

差额计算法是因素分析法的一种简化形式，其利用各个因素的目标值与实际值的差额来计算其对成本的影响程度。

随堂练习6：

1. 某施工项目经理对商品混凝土的施工成本进行分析，发现其目标成本是44万元，实际成本是48万元，因此，要分析产量、单价、损耗率等因素对混凝土成本的影响程度，最适宜采用的分析方法是（ ）。

A. 比较法
B. 构成比率法
C. 因素分析法
D. 动态比率法

2. 某分项工程的混凝土成本数据见表5-7。应用因素分析法分析各因素对成本的影响程度，可得到的正确结论是（ ）。

A. 由于产量增加50 m³，成本增加21 300元
B. 实际成本与目标成本的差额为56 320元
C. 由于单价提高40元，成本增加35 020元
D. 由于损耗下降2%，成本减少9 600元

表5-7 混凝土成本数据表

影响因素	单位	目标	实际
产量	m³	800	850
单价	元	600	640
损耗率	%	5	3

【分析】

(1)目标成本＝800×600×1.05＝504 000(元)

实际成本＝850×640×1.03＝560 320(元)

两者差额＝560 320－504 000＝56 320(元)

受产量、单价和损耗率三因素影响。

(2)以目标数504 000元为分析替代基础。

第一次替代产量因素，以850替代800：850×600×1.05＝535 500(元)

第二次替代单价因素，以640替代600：850×640×1.05＝571 200(元)

第三次替代损耗率因素，以1.03替代1.05：850×640×1.03＝560 320(元)

(3)计算差额。

第一次替代与目标数的差额＝535 500－504 000＝31 500(元)

第二次替代与第一次的差额＝571 200－535 500＝35 700(元)

第三次替代与第二次的差额＝560 320－571 200＝－10 880(元)

(4)说明产量增加使成本增加了31 500元，单价增加使成本增加了35 700元，损耗率

下降使成本降低了 10 880 元。各因素影响程度之和 31 500+35 700-10 880=56 320(元)

3. 某分项工程的砌筑成本数据见表 5-8。应用因素分析法分析各因素对成本的影响程度，可得到的正确结论是( )。

A. 产量增加使成本增加了 28 600 元

B. 实际成本与目标成本的差额为 51 536 元

C. 单价提高使成本增加 26 624 元

D. 该工程的目标成本是 497 696 元

E. 损耗下降使成本减少了 4 832 元

表 5-8　砌筑工程成本数据表

影响因素	单位	目标	实际
产量	m³	600	640
单价	元	715	755
损耗率	%	4	3

【分析】

(1)目标成本=715×600×1.04=446 160(元)，D 选项错误。

(2)产量增加使成本增加额=715×(640-600)×1.04=29 744(元)，A 选项错误。

(3)实际成本=755×640×1.03=497 696(元)

实际成本-目标成本=497 696-446 160=51 536(元)，B 选项正确。

(4)单价提高使成本增加额=755×640×1.04-715×640×1.04=26 624(元)，C 选项正确。

(5)损耗下降使成本减少额=755×640×(1.04-1.03)=4 832(元)，E 选项正确。

【例 5-6】　某施工项目一季度的实际成本降低额比计划提高了 2.6 万元，见表 5-9。用差额计算法分析计划成本和成本降低率对成本降低额的影响程度。

表 5-9　计划成本降低与实际对比

项目	单位	计划	实际	差额
预算成本	万元	200	210	10
成本降低率	%	5	5.5	0.5
成本降低额	万元	10	12.6	2.6

【解】　(1)计划成本增加对成本降低额的影响程度。

$$(210-200)×5\%=0.5(万元)$$

(2)成本降低率提高对成本降低额的影响程度。

$$(5.5\%-5\%)×210=1.05(万元)$$

4. 比率法

比率法是指用两个以上的指标的比例进行分析的方法。先将对比分析的数值变成相对数，再观察其相互之间的关系。常用的比率法有相关比率法、构成比率法和动态比率法。

(1)相关比率法。相关比率法是将两个性质不同而又相关的指标的比率加以对比、求出比率的方法。例如，产值和工资是两个不同的概念，但它们的关系又是投入与产出的关系。一般情况下，都希望以最少的工资支出完成最大的产值。因此，用产值工资率指标来考核和分析人工费的支出成本水平。

(2)构成比率法。构成比率法又称为比重分析法或结构对比分析法，通过计算某项指标的各个组成部分占总体的比重，即部分与总体的比率，进行数量分析的一种方法。同时，也可看出量、本、利的比例关系(即预算成本、实际成本和降低成本的比例关系)，从而寻求降低成本的途径，见表 5-10。

表 5-10   构成比率法成本分析

成本项目	预算成本		实际成本		成本降低额		
	预算数额	比重	实际数额	比重	数额	占本项/%	占总量/%
1. 直接成本	2 527.58	93.2	2 400.62	92.38	126.96	5.02	4.68
1.1 人工费	226.72	8.36	238.56	9.18	−11.84	−5.22	−0.44
1.2 材料费	2 013.12	74.23	1 879.34	72.32	133.78	6.65	4.93
1.3 机械费	175.2	6.46	179.3	6.9	−4.1	−2.34	−0.15
1.4 措施费	112.54	4.15	103.42	3.98	9.12	8.10	0.34
2. 间接成本	184.42	6.8	198.02	7.62	−13.6	−7.37	−0.50
总成本	2 712	100	2 598.64	100	113.36	4.18	4.18
比例/%	100						

表 5-10 中：

$$预算成本比重＝预算成本数额/预算总成本$$
$$实际成本比重＝实际成本数额/实际总成本$$
$$成本降低额＝预算成本数额－实际成本数额$$
$$成本降低额占本项(\%)＝成本降低额/本项预算成本数额$$
$$成本降低额占质量(\%)＝成本降低额/预算总成本$$

(3)动态比率法。动态比率法就是将同类指标不同时期的数值进行对比，求出比率，分析该项指标的发展方向和发展速度。动态比率法的计算通常采用基期指数和环比指数两种方法，见表 5-11。

表 5-11   动态比率法成本分析表

指标	第一季度	第二季度	第三季度	第四季度
降低成本/万元	21.80	23.90	26.25	30.15
基期指数/%(第一季度＝100)		109.63	120.41	138.30
环比指数/%(上一季度＝100)		109.63	109.83	114.86

5.4.4 综合成本的分析方法

综合成本是指涉及多种生产要素，并受多种因素影响的成本费用，如分部分项工程成本、月(季)度成本、年度成本、竣工成本等。

1. 分部分项工程成本分析

分部分项工程成本分析是施工项目成本分析的基础。分部分项工程成本分析的对象为已完成分部分项工程。分部分项工程成本分析的方法是进行预算成本、目标成本和实际成本的"三算"对比，分别计算实际偏差和目标偏差，分析偏差产生的原因，进一步寻求分部分项工程成本节约途径。

预算成本、目标成本和实际成本的"三算"来源(依据)是：预算成本来自投标报价成本，目标成本来自施工预算，实际成本来自施工任务单的实际工程量、实耗人工和限额领料单的实耗材料。

施工预算是施工企业为了加强企业内部经济核算，在施工图预算的控制下，依据企业的内部施工定额，以建筑安装单位工程为对象，根据施工图纸、施工定额、施工及验收规范、标准图集、施工组织设计(施工方案)编制的单位工程施工所需要的人工、材料和施工机械台班用量的技术经济文件。施工预算属于施工企业的内部文件，同时也是施工企业进行劳动调配、物资计划供应、控制成本开支、进行成本分析和班组经济核算的依据。

由于施工项目包括多项分部分项工程，不可能也没有必要对每一项分部分项工程都进行成本分析，特别是一些工程量小、成本费用低的零星工程。而对于主要分部分项工程则必须进行成本分析，且从开工到竣工进行系统的成本分析。通过主要分部分项工程成本的系统分析，了解项目成本形成的全过程，为竣工成本分析和类似项目成本管理提供参考资料。

2. 月(季)度成本分析

月(季)度成本分析是施工项目定期的、经常性的中间成本分析。对于具有一次性特点的施工项目来说，有着特别重要的意义。通过月(季)度成本分析，及时发现问题，以便按照成本目标指定的方向进行监督和控制，保证项目成本目标的实现。

月(季)度成本分析的依据是当月(季)的成本报表，通常有以下几个方面的分析：

(1)将实际成本与计划成本对比，分析当月(季)的成本降低水平；通过累计实际成本与累计预算成本的对比，分析累计的成本降低水平，预测实现项目成本目标的前景。

(2)将实际成本与目标成本对比，分析目标成本的落实情况，发现目标管理中的问题和不足，进而采取措施，加强成本管理，确保成本目标的实现。

(3)对各成本项目的成本分析，了解成本总量的构成比例和成本管理的薄弱环节。

(4)将实际的主要技术经济指标与目标值对比，分析产量、工期、质量、"三材"节约率、机械利用率等对成本的影响。

(5)分析技术组织措施的执行效果，寻求更加有效的节约途径。

(6)分析其他有利条件和不利条件对成本的影响。

3. 年度成本分析

企业成本要求一年结算一次，不得将本年成本转入下一年度。而项目成本则以项目的寿命周期为结算期，要求从开工、竣工到保修期结束连续计算，最后结算出成本总量及其盈亏。由于项目的施工周期一般较长，除进行月(季)度成本核算和分析外，还要进行年度成本的核算和分析。这不仅是企业汇编年度成本报表的需要，还是项目成本管理的需要。通过年度成本的综合分析，总结一年来成本管理的成绩和不足，为今后的成本管理提供经验和教训，从而更有效地进行项目成本的管理。

年度成本分析的依据是年度成本报表。年度成本分析的内容，除月(季)度成本分析的六个方面外，重点是针对下一年度的施工进展情况，提出切实可行的成本管理措施，以保证施工项目成本目标的实现。

4. 竣工成本的综合分析

凡是有几个单位工程而且是单独进行成本核算（即成本核算对象）的施工项目，其竣工成本分析应以各单位工程竣工成本分析资料为基础，再加上项目经理部的经营效益（如资金调度、对外分包等所产生的效益）进行综合分析。如果施工项目只有一个成本核算对象（单位工程），就以该成本核算对象的竣工成本资料作为成本分析的依据。

单位工程竣工成本分析包括竣工成本分析、主要资源节超对比分析和主要技术节约措施及经济效果分析。通过分析，了解单位工程的成本构成和降低成本的来源，对同类工程的成本管理提供参考。

随堂练习7：

1. 关于分部分项工程成本分析的说法，下列正确的是（　　　）。

    A. 施工项目成本分析是分部分项工程成本分析的基础

    B. 分部分项工程成本分析的对象是已完成分部分项工程

    C. 分部分项工程成本分析的资料来源是施工预算

    D. 分部分项工程成本分析的方法是进行预算成本与实际成本的"两算"对比

2. 进行土石方开挖工程预算成本、目标成本和实际成本的对比分析时，目标成本来自（　　　）。

    A. 投标报价成本   B. 施工任务单中填列的工程量与单价

    C. 项目经理部编制的施工预算   D. 设计单位编制的设计概算

3. 关于施工成本分析依据的说法，下列正确的是（　　　）。

    A. 会计核算主要是成本核算

    B. 业务核算是对个别的经济业务进行单项核算

    C. 统计核算必须对企业的全部经济活动做出完整、全面、时序的反映

    D. 业务核算具有连续性、系统性、综合性的特点

自我测评

    1. 简述建筑工程施工成本的概念及构成。

    2. 建筑工程施工成本管理的内容有哪些？可采取哪些管理措施？

    3. 成本计划有哪些类型？它们各自的作用是什么？

    4. 绘制时间-成本累积曲线时按什么步骤进行？

    5. 施工成本控制的依据有哪些？

    6. 列出赢得值法三个参数的计算表达式。

    7. 建筑工程施工成本分析的基本方法有哪些？

项目 6　建筑工程项目职业健康安全管理与环境管理

内容提要 >>>

　　本项目主要介绍三个方面的内容：一是介绍职业健康安全管理与环境管理基本概念和体系结构；二是职业健康安全管理的目的和要求，危险源的识别与风险控制，职业健康安全技术措施的编制与实施，安全隐患的处理以及职业健康安全事故的分类和处理等；三是施工现场环境保护的要求与文明施工知识。

　　通过建设工程职业健康安全与环境管理的学习，明确职业健康安全和环境管理是项目总体目标最终实现的保证这一基本理念。学习建设工程职业健康安全与环境管理的目的、任务和特点、建设工程安全生产管理和职业健康安全事故的分类和处理以及建设工程环境保护的要求和措施、职业健康安全管理体系与环境管理体系等相关内容，为全面的建设工程项目管理职业素质形成打下坚实的基础。

教学要求 >>>

知识要点	能力要求	相关知识
职业健康安全管理与环境管理基本概念	（1）了解职业健康安全管理与环境管理相关基本概念； （2）能够掌握职业健康安全管理与环境管理体系	（1）职业健康安全管理与环境管理概述； （2）职业健康安全管理与环境管理体系

知识要点	能力要求	相关知识
建筑工程项目职业健康安全管理	（1）能够掌握职业健康安全管理的目的和要求； （2）能够识别不同的危险源并进行相应的风险控制； （3）能够进行职业健康安全技术措施的编制； （4）能够掌握职业健康安全技术实施的各种措施； （5）能够进行安全隐患的处理； （6）能够编制生产安全事故应急预案； （7）能够掌握职业健康安全事故的分类和进行相应的处理； （8）能够了解消防保安相关知识	（1）职业健康安全管理的目的和要求； （2）危险源的识别和风险控制方法； （3）职业健康安全技术措施的编制； （4）职业健康安全技术措施的实施； （5）安全隐患和生产安全事故应急预案； （6）职业健康安全事故的分类和处理
建筑工程项目环境控制	（1）能够掌握施工现场环境保护的要求； （2）能够了解施工现场文明施工的要求，掌握施工现场文明施工的各种措施	（1）施工现场环境保护的要求； （2）施工现场文明施工的要求和措施

6.1 建筑工程项目职业健康安全管理与环境管理概述

随着人类社会进步及科技、经济的发展，职业健康安全与环境的问题越来越受到关注。为了保证劳动生产者在劳动过程中的健康安全和保护生态环境，防止和减少生产安全事故发生，促进能源节约和避免资源浪费，使社会的经济发展与人类的生存环境相协调，必须加强职业健康安全和环境管理。

本项目的主要内容包括职业健康安全管理与环境管理概述，建筑工程项目职业健康安全管理及建筑工程项目环境管理等。

6.1.1 职业健康安全管理体系标准

1. 职业健康安全管理体系标准产生的背景

20 世纪 90 年代中期以来，在全球经济一体化潮流的推动下，随着 ISO 9000 和 ISO 14000 系列标准的广泛推广，英、美等工业发达国家率先开展了实施职业健康安全管理体系的活动，自 1996 年英国颁布了《职业健康安全管理体系－指南》BS 8800 国家标准以来，目前已有几十个国家和组织颁布了 30 多个关于职业健康安全管理体系的标准、规范和指南等。我国在翻译吸收国外先进标准基础上，1999 年 10 月，国家经贸委颁布了《职业健康安全管理体系试行标准》。2001 年 11 月 12 日，国家标准《职业健康安全管理体系　规范》(GB/T 28001—2001)正式颁布，从 2002 年 1 月 1 日正式实施，2011 年 12 月 30 日，《职业健康安全管理体系　要求》(GB/T 28001—2011)正式颁布，从 2012 年 2 月 1 日实施，2020 年 3 月 6 日，《职业健康安全管理体系　要求及使用指南》(GB/T 45001—2020)正式实施。

2. 职业健康安全管理体系标准的基本思想

职业健康安全管理体系(OHSMS)是全部管理体系的一个组成部分,包括制定、实施、实现、评审和保持职业健康安全方针所需的机构、规划、活动、职责、制度、程序过程与资源,它的基本思想是实现体系持续改进,通过周而复始地进行"计划、实施、监测、评审"活动,使体系功能不断加强。其要求组织在实施职业健康安全管理体系时始终保持持续改进意识,对体系不断修正完善,最终实现预防和控制工伤事故、职业病及其他损失的目标。

3. 职业健康安全管理体系标准实施的特点

职业健康安全管理体系是各类组织总体管理体系的一部分。目前,《职业健康安全管理体系　要求及使用指南》(GB/T 45001—2020)作为推荐性标准被各类组织普遍采用,其适用于各行各业、任何类型和规模的组织用于建立组织的职业健康安全管理体系,并作为其认证的依据。其建立和运行过程的特点体现在以下几个方面:

(1)标准的结构系统采用 PD-CA 循环管理模式,即标准由"职业健康安全方针－策划－实施与运行－检查和纠正措施－管理评审"五大要素构成,采用了 PDCA 动态循环、不断上升的螺旋式运行模式,体现了持续改进的动态管理思想。职业健康安全管理体系的运行模式如图 6-1 所示。

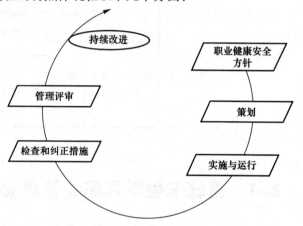

(2)标准强调了职业健康安全法规和制度的贯彻执行,要求组织必须对遵守法律、法规做出承诺,并定期进行评审以判断其遵守的实效。

图 6-1　职业健康安全管理体系运行模式

(3)标准重点强调以人为本,使组织的职业健康安全管理由被动强制行为转变为主动自愿行为,从而要求组织不断提升职业健康安全的管理水平。

(4)标准的内容全面、充实、可操作性强,为组织提供了一套科学、有效的职业健康安全管理手段,不仅要求组织强化安全管理,完善组织安全生产的自我约束机制,而且要求组织提升社会责任感和对社会的关注度,形成组织良好的社会形象。

(5)实施职业健康安全管理体系标准,组织必须对全体员工进行系统的安全培训,强化组织内全体成员的安全意识,可以增强劳动者身心健康,提高职工的劳动效率,从而为组织创造更大的经济效益。

(6)我国《职业健康安全管理体系　要求及使用指南》(GB/T 45001—2020)等同于国际上通行的《职业健康安全管理体系要求》BS—OHSAS 18001：2007 标准,很多国家和国际组织将职业健康安全与贸易挂钩,形成贸易壁垒,贯彻执行职业健康安全管理标准将有助于消除贸易壁垒,从而可以为参与国际市场竞争创造必备的条件。

6.1.2　环境管理体系标准

1. 环境管理体系标准产生的背景

(1)人类在 21 世纪将面临八大挑战:森林面积锐减;土地严重沙化;自然灾害频

发；淡水资源枯竭；"温室效应"严重；臭氧层破坏；酸雨危害频繁；化学废物剧增。

各国纷纷制定环境管理法规、标准面对八大挑战，世界各国相继制定一些法规、标准来规范本国的环境行为。例如，英国在 1992 年颁发了《环境管理体系规则》BS 7750；法国在 1993 年立法规定上市的消费品 50％包装必须回收利用；欧共体在 1995 年正式公布《环境管理审核规则》(EMAS)；德国在 1995 年依据《环境管理审核规则》(EMAS)制定了《环境审核法》三个条例；日本早在 1967 年就颁发了《公害对策基本法》；美国对水、噪声、有毒物制定了 121 种法规。

(2)成立 ISO/TC 207 环境管理技术委员会，制定 ISO 14000 环境管理系列标准。由于各国制定的环境法规标准不统一，审核办法不一致，为一些国家制造新的"保护主义"和"技术壁垒"提供了条件，也必然会对国际贸易产生不良影响。为此，国际标准化组织(ISO)和国际电工委员会(IEC)出版了《展望未来－高新技术对标准化的需求》一书，其中"环境与安全"问题被认为是目前标准化工作最紧迫的四个课题之一。1992 年 ISO 与 IEC 成立了"环境问题特别咨询组"(SAGE)，研究、制定和实施环境管理方面的国际标准，确定 ISO 14000 作为环境管理系列标准代号。同年 12 月，SAGE 向 ISO 技术委员会建议：制定一个与质量管理特别相类似的环境管理标准，帮助企业改善环境行为，并消除贸易壁垒，促进贸易发展。在此基础上于 1993 年 6 月正式成立了其序列编号 ISO/TC 07 的环境管理技术委员会，正式开展环境管理国际通用标准的制定工作。ISO 为 TC 207 分配了从 14001 到 14100 共 100 个标准号，统称为 ISO 14000 系列标准。

2. 环境管理体系标准的基本思想

环境管理体系在实施过程中有三项管理活动贯穿于环境管理体系过程，就是预防、控制、监督与监测。预防是环境管理体系的核心；控制是环境管理体系实施的手段；监督与监测是环境管理体系的关键活动。

3. 环境管理体系标准的特点

(1)作为推荐性标准被各类组织普遍采用，适用于各行各业、任何类型和规模的组织用于建立组织的环境管理体系，并作为其认证的依据。

(2)标准在市场经济驱动的前提下，促进各类组织提高环境管理水平、达到实现环境目标的目的。

(3)环境管理体系的结构系统，采用的是 PDCA 动态循环、不断上升的螺旋式管理运行模式，在"策划－支持和运行－绩效评价－改进"四大要素构成的动态循环过程基础上，结合环境管理特点，考虑组织所处环境、内外部问题、相关方需求及期望等因素，形成完整的持续改进动态管理体系。该模式为环境管理体系提供了一套系统化的方法，指导组织合理有效地推行其环境管理工作。环境管理体系运行模式如图 6-2 所示。

(4)标准着重强调与环境污染预防、环境保护等法律、法规的符合性。

(5)标准注重体系的科学性、完整性和灵活性。

(6)标准具有与其他管理体系的兼容性。标准的制定是为了满足环境管理体系评价和认证的需要。为满足组织整合质量、环境和职业健康安全管理体系的需要，GB/T 24000 系列标准考虑了与《质量管理体系　要求》(GB/T 19001—2016)标准的兼容性。另外，《职业健康安全管理体系　要求及使用指南》(GB/T 45001—2020)还考虑了与国际 ISO 14000 体系标准的兼容性。

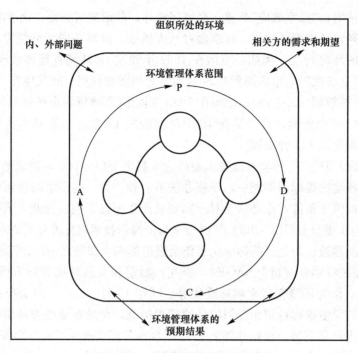

图6-2 环境管理体系运行模式

4. 环境管理体系标准的应用原则

(1)标准的实施强调自愿性原则,并不改变组织的法律责任。

(2)有效的环境管理需建立并实施结构化的管理体系。

(3)标准着眼于采用系统的管理措施。

(4)环境管理体系不必成为独立的管理系统,而应纳入组织整个管理体系中。

(5)实施环境管理体系标准的关键是坚持持续改进和环境污染预防。

(6)有效地实施环境管理体系标准,必须有组织最高管理者的承诺和责任及全员的参与。

总之,GB/T 24000系列标准的实施,可以规范所有组织的环境行为,降低环境风险和法律风险,最大限度地节约能源和资源消耗,从而减少人类活动对环境造成的不利影响,维持和改善人类生存和发展的环境,有利于实现经济可持续发展和环境管理现代化的需要。

6.1.3 职业健康安全、环境、质量三大管理体系的联系和区别

《职业健康安全管理体系 要求及使用指南》(GB/T 45001—2020)与ISO 9000和ISO 14000相类似,也是一种开放体系。它在许多方面借鉴了ISO 9000和ISO 14000的管理思想,所以这三类标准有很强的兼容性,它们共同组成全面的管理体系,都属于推荐采用的管理性质标准,遵循相同的管理系统原理,在结构上和内容上相似。

三种管理体系各自解决生产过程的不同问题,ISO 9000强调供方对需方的质量要求,这种关系经常是一对一的,而职业健康安全管理体系强调相关方与组织间的关系,可能是直接的,也可能是间接的,它的范围更广,强制性要求更多,并要求制定明确的目标,同时分解成有关人员的职责。

6.2 建筑工程项目职业健康安全管理

6.2.1 职业健康安全管理的概念、目的和要求

1. 职业健康安全管理的概念

职业健康安全是指影响工作场所内员工、临时工作人员、合同方人员、访问者和其他人员健康安全的条件和因素。其包括为制定、实施、实现、评审和保持职业健康安全方针所需的组织结构、计划活动、职责、惯例、程序、过程和资源。

2. 职业健康安全管理的目的

建设工程项目的职业健康安全管理的目的是保护产品生产者和使用者的健康与安全。要控制影响工作场所内员工、临时工作人员、合同方人员、访问者和其他人员健康和安全的条件和因素，考虑和避免因使用不当对使用者造成的健康和安全的危害。

3. 职业健康安全管理的基本要求

(1)坚持安全第一、预防为主和防治结合的方针，建立职业健康安全管理体系并持续改进职业健康安全管理工作。

(2)施工企业在其经营生产的活动中必须对本企业的安全生产负全面责任。企业的法定代表人是安全生产的第一负责人，项目经理是施工项目生产的主要负责人。施工企业应当具备安全生产的资质条件，取得安全生产许可证的施工企业应设立安全生产管理机构，配备合格的专职安全生产管理人员，并提供必要的资源。施工企业要建立健全职业健康安全体系，以及有关的安全生产责任制和各项安全生产规章制度。施工企业对项目要编制切合实际的安全生产计划，制订职业健康安全保障措施。实施安全教育培训制度，不断提高员工的安全意识和安全生产素质。项目负责人和专职安全生产管理人员应持证上岗。

(3)在工程设计阶段，设计单位应按照有关建设工程法律法规的规定和强制性标准的要求，进行安全保护设施的设计。对涉及施工安全的重点部分和环节在设计文件中应进行注明，并对防范生产安全事故提出指导意见，防止因设计考虑不周而导致生产安全事故的发生。对于采用新结构、新材料、新工艺的建设工程和特殊结构的建设工程，在设计文件中提出保障施工作业人员安全和预防生产安全事故的措施和建议。

(4)在工程施工阶段，施工企业应根据风险预防要求和项目的特点，制订职业健康安全生产技术措施计划。在进行施工平面图设计和安排施工计划时，应充分考虑安全、防火、防爆和职业健康等因素。施工企业应制订安全生产应急救援预案，建立相关组织，完善应急准备措施。发生事故时，应按国家有关规定向有关部门报告。处理事故时，应防止二次伤害。

(5)建设工程实行总承包的，由总承包单位对施工现场的安全生产负总责并自行完成工程主体结构的施工。分包单位应当接受总承包单位的安全生产管理，分包合同中应当明确各自的安全生产方面的权利、义务。分包单位不服从管理导致生产安全事故的，由分包单位承担主要责任，总承包和分包单位对分包工程的安全生产承担连带责任。

(6)应明确和落实工程安全环保设施费用、安全文明施工和环境保护措施费等各项费用。

(7)施工企业应按有关规定为从事危险作业的人员在现场工作期间办理意外伤害保险。

(8)现场应将生产区与生活、办公区分离，配备医疗设施，使现场的生活设施符合卫生防疫要求，采取防暑、降温、保温、消毒、防毒等措施。

(9)工程施工职业健康安全管理应遵循下列程序：

1)识别并评价危险源及风险；

2)确定职业健康安全目标；

3)编制并实施项目职业健康安全技术措施计划；

4)职业健康安全技术措施计划实施结果验证；

5)持续改进相关措施和绩效。

6.2.2 危险源的识别和风险控制

6.2.2.1 危险源的分类

危险源是安全管理的主要对象，在实际生活和生产过程中的危险源是以多种多样的形式存在的。虽然危险源的表现形式不同，但从本质上说，能够造成危害后果的（如伤亡事故、人身健康受损害、物体受破坏和环境污染等），均可归结为能量的意外释放或约束限制能量和危险物质措施失控的结果。

根据危险源在事故发生发展中的作用，将危险源分为两大类，即第一类危险源和第二类危险源。

1. 第一类危险源

能量和危险物质的存在是危害产生的根本原因，通常将可能发生意外释放的能量（能源或能量载体）或危险物质称作第一类危险源。

第一类危险源是事故发生的物理本质，危险性主要表现为导致事故而造成后果的严重程度方面。第一类危险源危险性的大小主要取决于以下几个方面：

(1)能量或危险物质的量。

(2)能量或危险物质意外释放的强度。

(3)意外释放的能量或危险物质的影响范围。

2. 第二类危险源

造成约束、限制能量和危险物质措施失控的各种不安全因素称作第二类危险源。第二类危险源主要体现在设备故障或缺陷（物的不安全状态）、人为失误（人的不安全行为）和管理缺陷等几个方面。

3. 危险源与事故

事故的发生是两类危险源共同作用的结果，第一类危险源是事故发生的前提，第二类危险源是第一类危险源导致事故的必要条件。在事故的发生和发展过程中，两类危险源相互依存，相辅相成。第一类危险源是事故的主体，决定事故的严重程度，第二类危险源出现的难易，决定事故发生可能性的大小。

6.2.2.2 危险源的识别

危险源识别是安全管理的基础工作。其主要目的是找出与每项工作活动有关的所有危险源，并考虑这些危险源可能会对什么人造成什么样的伤害，或导致什么设备设施损坏等。

1. 危险源的分类

我国在 2009 年发布了国家标准《生产过程危险和有害因素分类与代码》(GB/T 13861—2009)，该标准适用于各个行业在规划、设计和组织生产时对危险源的预测和预防、伤亡事故的统计分析和应用计算机进行管理。在进行危险源识别时，可参照该标准的分类和编码。

按照《生产过程危险和有害因素分类与代码》(GB/T 13861—2009)标准，危险源可分为以下四类：

(1)人的因素。

(2)物的因素。

(3)环境因素

(4)管理因素。

2. 危险源的识别方法

危险源识别的方法有询问交谈、现场观察、查阅有关记录、获取外部信息、工作任务分析、安全检查表、危险与操作性研究、事故树分析、故障树分析等。这些方法各有特点和局限性，往往采用两种或两种以上的方法识别危险源。以下简单介绍常用的两种方法：

(1)专家调查法。专家调查法是通过向有经验的专家咨询、调查，识别、分析和评价危险源的一类方法。其优点是简便、易行；缺点是受专家的知识、经验和占有资料的限制，可能出现遗漏。常用的有头脑风暴法和德尔菲法。

(2)安全检查表法。安全检查表(Safety Checklist Analysis)实际上是实施安全检查和诊断项目的明细表。运用已编制好的安全检查表，进行系统的安全检查，识别工程项目存在的危险源。安全检查表的内容一般包括分类项目、检查内容及要求、检查以后处理意见等。可以用"是""否"作回答或"√""×"符号作标记，同时注明检查日期，并由检查人员和被检查单位同时签字。安全检查表法的优点是简单易懂、容易掌握，可以事先组织专家编制检查内容，使安全、检查做到系统化、完整化；缺点是只能作出定性评价。

6.2.2.3　危险源的评估

根据对危险源的识别，评估危险源造成风险的可能性和损失大小，对风险进行分级。简单的风险等级评估可见表 6-1，结果分为Ⅰ、Ⅱ、Ⅲ、Ⅳ、Ⅴ五个风险等级。通过评估，可对不同等级的风险采取相应的风险控制措施。风险评价是一个持续不断的过程，应持续评审控制措施的充分性。当条件变化时，应对风险重新评估。

表 6-1　风险等级评估

后果(f)　　　可能性(p)　　　风险级别(大小)	轻度损失 (轻微伤害)	中度损失 (伤害)	重大损失 (严重伤害)
很大	Ⅲ	Ⅳ	Ⅴ
中等	Ⅱ	Ⅲ	Ⅳ
极小	Ⅰ	Ⅱ	Ⅲ

注：Ⅰ—可忽略风险；Ⅱ—可容许风险；Ⅲ—中度风险；Ⅳ—重大风险；Ⅴ—不容许风险。

6.2.2.4　风险的控制

1. 风险控制策划

风险评价后，应分别列出所有识别的危险源和重大危险源清单，对已经评价出的不容许的和重大风险(重大危险源)进行优先排序，由工程技术主管部门的相关人员进行风险控制策划，制订风险控制措施计划或管理方案。对于一般危险源，可以通过日常管理程序来实施控制。

2. 风险控制措施计划

不同的组织，不同的工程项目需要根据不同的条件和风险量来选择适合的控制策略和管理方案。表6-2所表示的是针对不同风险水平的风险控制措施计划表。在实际应用中，应该根据风险评价所得出的不同风险源和风险量大小(风险水平)选择不同的控制策略。

表6-2　基于不同风险水平的风险控制措施计划

风险	措施
可忽略的	不采取措施且不必保留文件记录
可容许的	不需要另外的控制措施，应考虑投资效果更佳的解决方案或不增加额外成本的改进措施，需要监视来确保控制措施得以维持
中度的	应努力降低风险，但应仔细测定并限制预防成本，并在规定的时间期限内实施降低风险的措施。在中度风险与严重伤害后果相关的场合，必须进一步的评价，以更准确地确定伤害的可能性，以确定是否需要改进控制措施
重大的	直至风险降低后才能开始工作。为降低风险有时必须配合大量的资源。当风险涉及正在进行中的工作时，就应采取应急措施
不容许的	只有当风险已经降低时，才能开始或继续工作。如果无限的资源投入也不能降低风险，就必须禁止工作

风险控制措施计划在实施前宜进行评审。评审主要包括以下内容：

(1)更改的措施是否使风险降低至可容许水平。

(2)是否产生新的危险源。

(3)是否已选定了成本效益最佳的解决方案。

(4)更改的预防措施是否能得以全面落实。

3. 风险控制方法

(1)第一类危险源控制方法。其可以采取消除危险源、限制能量和隔离危险物质、个体防护、应急救援等方法。建筑工程可能遇到不可预测的各种自然灾害引发的风险，只能采取预测、预防、应急计划和应急救援等措施，以尽量消除或减少人员伤亡和财产损失。

(2)第二类危险源控制方法。提高设施的可靠性以消除或减少故障、增加安全系数、设置安全监控系统、改善作业环境等。最重要的是加强员工的安全意识培训和教育，克服不良的操作习惯，严格按章办事，并在生产过程中保持良好的生理和心理状态。

6.2.3　职业健康安全技术措施的编制

1. 职业健康安全技术措施的编制要求

(1)要有超前性。为保证各种安全设施的落实，开工前应编审安全技术措施。在工程图纸会审时，就应考虑到施工安全问题，使工程的各种安全设施有较充分的准备时间，以保证其落实。当发生工程变更设计情况时，安全技术措施也应及时地补充完善。

(2)要有针对性。施工安全技术措施是针对每项工程特点而制定的，编制安全技术措施的技术人员必须掌握工程概况、施工方法、施工环境、条件等第一手资料，并熟悉安全法规、标准等才能编写有针对性的安全技术措施。其主要应考虑以下几个方面：

1)针对不同工程的特点可能造成施工的危害，从技术上采取措施，保证施工安全。

2)针对不同的施工方法，如井巷作业、水上作业、立体交叉作业、滑模、网架整体提升吊装、大模板施工等可能给施工带来不安全因素，从技术上采取措施，保证安全施工。

3)针对使用的各种机械设备、变配电设施给施工人员可能带来危险因素，从安全保险装置等方面采取技术措施。

4)针对施工中有毒有害、易燃易爆等作业，可能给施工人员造成的危害，从技术上采取措施，防止伤害事故。

5)针对施工现场及周围环境可能给施工人员或周围居民带来危害，以及材料、设备运输带来的不安全因素，从技术上采取措施予以保护。

(3)要有可靠性。安全技术措施均应贯彻于每个施工工序之中，力求细致全面、具体可靠。例如，施工平面布置不当，临时工程多次迁移，建筑材料多次转运，不仅影响施工进度，造成很大浪费，有的还留下安全隐患。再如，易燃易爆临时仓库及明火作业区、工地宿舍等定位及间距不当，可能酿成事故。只有将多种因素和各种不利条件，考虑周全，有对策措施，才能真正做到预防事故。但是，全面具体不等于罗列一般通常的操作工艺、施工方法及日常安全工作制度、安全纪律等。这些制度性规定，安全技术措施中不需要再抄录，但必须严格执行。

(4)要有操作性。对大、中型项目工程，结构复杂的重点工程除必须在施工组织总体设计中编制施工安全技术措施外，还应编制单位工程或分部分项工程安全技术措施，详细制订有关安全方面的防护要求和措施以确保单位工程或分部分项工程的安全事故。对爆破、吊装、水下、井巷、支模、拆除等特殊工种作业，都要编制单项安全技术方案。另外，还应编制季节性施工安全技术措施。

2. 职业健康安全技术措施的编制方法与步骤

通常，工程项目安全技术措施由项目经理部总工程师或主管工程师执笔编制，分部分项工程施工安全技术措施由其主管工程师执笔编制。施工安全技术措施编制的质量好坏，将直接影响到施工现场的安全，为此应掌握编制的方法与步骤。

(1)深入调查研究，掌握第一手资料。编制施工安全技术措施以前，必须要熟悉施工图纸、设计单位提供的工程环境资料，同时还应对施工作业场所进行实地考察和详细调查，收集施工现场的地形、地质、水文等自然条件；施工区域的技术经济条件、社会生活条件等资料，尤其对地下电缆、煤气管道等危险性大而又隐蔽的因素，应认真查清，并清除地标在作业平面图上，以利于安全技术措施切合实际。

(2)借鉴外单位和本单位的历史经验。查阅外单位和本单位过去同类工程项目施工的有关资料，尤其是在施工中曾经发生过的各种事故情况；认真分析，找出原因，引为借鉴并提出相应的防范措施。

(3)群策群力，集思广益。编制安全技术措施时，应吸收有施工安全经验的干部、职工参加，共同揭露不安全因素，摆明施工人员易出现的不安全行为。实践证明，采取领导、技术人员、安全员、施工员和操作人员相结合的方法编制施工安全技术措施，符合工程项目的实际情况，是切实可行的。那种单凭个人闭门造车的编制，往往是纸上谈兵，或根本解决不了安全生产中的难点和重点问题。

(4)系统分析，科学归纳。对所掌握的施工过程中可能存在的各种危险因素进行系统分析，科学归纳，查清各因素之间的相互关系，以利于抓住重点、突出难点制订安全技术措施。对影响施工安全的操作、管理、环境、设备、原材料及其他因素，采用因果分析图进行分析。

（5）制订切实可行的安全技术对策措施。利用因果分析图分析结果，抓住关键性因素制订对策措施。对策措施要有充分的科学依据，体现施工安全经验知识和可操作性。

（6）审批。工程项目经理部所编制的施工组织设计，其中包括安全技术措施，要经企业技术负责人审批。批准后的安全技术措施，在开工前送安全技术部门备案。一些特殊危险作业如特级高处作业、高压带电作业的安全技术措施，需要经企业总工程师审批。爆破作业需要经公安、保卫部门审批。未经批准的安全技术措施视为无效，且不准施工。

3. 工程项目安全计划的内容

（1）项目概况。

（2）安全控制和管理目标。

（3）安全控制和管理程序。

（4）安全组织机构。

（5）职责权限。

（6）规章制度。

（7）资源配置。

（8）安全措施。

（9）检查评价。

（10）奖惩制度。

4. 安全技术措施的主要内容

（1）从建筑或安装工程整体考虑施工期内对周围道路、行人及邻近居民、设施的影响，采取相应的防护措施（全封闭防护或部分封闭防护）；平面布置应考虑施工区与生活区分隔，以及自己的施工排水、安全通道、高处作业对下部和地面人员的影响；临时用电线路的整体布置、架设方法；安装工程中的设备、构配件吊运，起重设备的选择和确定，起重半径以外安全防护范围等，复杂的吊装工程还应考虑视角、信号、步骤等细节。

（2）对深基坑、基槽的土方开挖，应了解土壤种类，选择土方开挖方法、放坡坡度或固壁支撑的具体做法，总的要求是防坍塌。人工挖孔桩基础工程还须有测毒设备和防中毒措施。

（3）30 m以上脚手架或设置的挑架、大型混凝土模板工程，还应进行架体和模板承重强度、荷载计算，以保证施工过程中的安全。安全平网、立网的架设要求，架设层次段落，做好严密的随层安全防护。龙门、井架等垂直运输设备的拉结、固定方法及防护措施。

（4）施工过程中的"四口"（即楼梯口、电梯口、通道口、预留洞口）应有防护措施。如楼梯、通道口应设置1.2 m高的防护栏杆并加装安全立网；预留洞口应加盖；大面积孔洞，如吊装孔、设备安装孔、天井孔等应加周边栏杆并安装立网。交叉作业应采取隔离防护，如上部作业应满铺脚手板，外侧边沿应加设挡板和网等防止物体下落的措施。

（5）"临边"防护措施。施工中未安装栏杆的阳台（走台）周边，无外架防护的屋面（或平台）周边，框架工程楼层周边，跑道（斜道）两侧边，卸料平台外侧边等，均属于临边危险地域，应采取防人员和物料下落的措施。

(6)当外用电线路与在建工程(含脚手架具)的外侧边缘之间达到最小安全操作距离时，必须采取屏障、保护网等措施；如果小于最小安全距离时，还应设置绝缘屏障，并悬挂醒目的警示标志。根据施工总平面的布置和现场临时用电需要量，制订相应的安全用电技术措施和电气防火措施。如果临时用电设备在5台及5台以上或设备总容量在50 kW及50 kW以上者，应编制临时用电组织设计。

(7)施工工程、暂设工程、井架门架等金属构筑物，凡高于周围原有避雷设备，均应有防雷设施；易燃易爆作业场所必须采取防火防爆措施。

(8)季节性施工的安全措施，如夏季防止中暑措施，包括降温、防热辐射、调整作息时间、疏导风源等措施；雨期施工要制订防雷防电、防坍塌措施；冬期施工要防火、防大风等。

6.2.4 职业健康安全技术措施的实施

1. 建立安全生产责任制

(1)项目经理安全职责。

(2)作业队长安全职责。

(3)班组长安全职责。

(4)操作工人安全职责。

(5)承包人对分包人的安全生产责任。

(6)分包人安全生产责任。

2. 安全教育培训

(1)项目经理部的安全教育内容。

(2)作业队安全教育培训内容。

(3)班组安全教育培训内容。

(4)对从事电工、压力容器操作、爆破作业、金属焊接、井下检验、机动车驾驶、机动船舶驾驶、高空作业等特殊工种的作业人员，必须经国家认可的、具有资质的单位进行安全技术培训，考试合格并取得上岗证书方可上岗作业。

3. 安全技术交底

安全技术交底的基本要求如下：

(1)项目经理部必须实行逐级安全技术交底制度，纵向延伸到班组全体作业人员。

(2)技术交底必须具体、明确、针对性强。

(3)技术交底的内容应针对分部分项工程施工中给作业人员带来的潜在危害和存在问题。

(4)应优先采用新的安全技术措施。

(5)应将工程概况、施工方法、施工程序、安全技术措施等向工长、班组长进行详细交底。

(6)定期向由两个以上作业队和多工种进行交叉施工的作业队伍进行书面交底。

(7)保持书面安全技术交底签字记录。

安全技术交底的主要内容包括：本工程项目的施工作业特点和危险点；针对危险点的具体预防措施；应注意的安全事项；相应的安全操作规程和标准；发生事故后应及时采取的避难和急救措施。

4. 施工现场安全管理规定

（1）施工单位应在施工现场入口处、施工起重机械、临时用电设施、脚手架、出入通道口、楼梯口、电梯井口、孔洞口、桥梁口、隧道口、基坑边沿、爆破物及有害危险气体和液体存放处等危险部位，设置明显的安全警示标志。安全警示标志必须符合国家标准。

（2）现场的办公、生活区与作业区分开设置，并保持安全距离；办公、生活区的选址应当符合安全性要求。职工的膳食、饮水、休息场所等应当符合卫生标准。施工单位不得在尚未竣工的建筑物内设置员工集体宿舍。

（3）施工单位应在施工现场建立消防安全责任制度，确定消防安全责任人，制定用火、用电、使用易燃易爆材料等各项消防安全管理制度和操作规程，设置消防通道、消防水源，配备消防设施和足够有效的灭火器材，指定专门人员定期维护，并在施工现场入口处设置明显标志，建立消防安全组织，坚持对员工进行防火安全教育。

（4）施工现场安全用电规定。

（5）施工现场安全纪律。

（6）个人劳动保护和安全防护用品的使用规定。

5. 施工安全检查

（1）安全检查的分类。安全检查可分为日常性检查、专业性检查、季节性检查、节假日前后的检查和不定期检查。

（2）安全检查的主要内容如下：

1）查思想。

2）查管理。

3）查隐患。

4）查整改。

5）查事故处理。

（3）安全检查的注意事项。安全检查的主要形式如下：

1）每周或每旬由主要负责人带队组织定期的安全大检查；

2）施工班组每天上班前由班组长和安全值日人员组织的班前安全检查；

3）季节更换前由安全生产管理人员和安全专职人员、安全值日人员组织的季节劳动保护安全检查。

6.2.5 施工安全隐患的处理与防范

1. 施工安全隐患的处理

施工安全隐患是指在建筑施工过程中，给生产施工人员的生命安全带来威胁的不利因素，一般包括人的不安全行为、物的不安全状态及管理不当等。

在工程建设过程中，安全隐患是难以避免的，但要尽可能预防和消除安全隐患的发生。首先，需要项目参与各方加强安全意识，做好事前控制，建立健全各项安全生产管理制度，落实安全生产责任制，注重安全生产教育培训，保证安全生产条件所需资金的投入，将安全隐患消除在萌芽之中。其次，根据工程的特点确保各项安全施工措施的落实，加强对工程安全生产的检查监督，及时发现安全隐患。最后，对发现的安全隐患及时进行处理，查找原因，防止事故隐患的进一步扩大。

(1)施工安全隐患的处理原则。

1)冗余安全度处理原则。为确保安全，在处理安全隐患时应考虑设置多道防线、即使有一两道防线无效，还有冗余的防线可以控制事故隐患。例如，道路上有一个坑，既要设防护栏及警示牌，又要设照明及夜间警示灯。

2)单项隐患综合处理原则。人、机械、材料、方法、环境五者任何一个环节产生安全隐患，都要从五者安全匹配的角度考虑，调整匹配的方法、提高匹配的可靠性。一件单项隐患问题的整改需要综合(多角度)处理。人的隐患，既要治人也要治机具及生产环境等各环节。例如，某工地发生触电事故要进行人的安全用电操作教育，同时，现场也要设置漏电开关，对配电箱、用电电路进行防护改造，也要严禁非专业电工乱接乱拉电线。

3)直接隐患与间接隐患并治原则。对人机环境系统进行安全治理，同时，还需要治理安全管理措施。

4)预防与减灾并重处理原则。治理安全事故隐患时，需要尽可能减少发生事故的可能性，如果不能控制事故的发生也要设法将事故等级降低。但是无论预防措施如何完善，都不能保证事故绝对不会发生，因而，还必须对事故减灾做好充分准备，研究应急技术操作规范。

5)重点处理原则。按对隐患的分析评价结果实行危险点分级治理，也可以用安全检查表打分对隐患危险程度分级。

6)动态治理原则。动态治理就是对生产过程进行动态随机安全化治理，生产过程中发现问题及时治理既可以及时消除隐患，又可以避免小的隐患发展成大的隐患。

(2)施工安全隐患的处理方法。在建设工程中，安全隐患的发现可以来自各参与方，包括建设单位、设计单位、监理单位、施工单位自身、供货商、工程监管部门等。各方对于事故安全隐患处理的义务和责任，以及相关的处理程序在《建设工程安全生产管理条例》已有明确的界定。这里仅从施工单位角度谈其对事故安全隐患的处理方法。

1)当场指正，限期纠正，预防隐患发生。对于违章指挥和违章作业行为，检查人员应当场指出，并限期纠正，预防事故的发生。

2)做好记录，及时整改，消除安全隐患。对检查中发现的各类安全事故隐患，应做好记录，分析安全隐患产生的原因，制订消除隐患的纠正措施，并报相关方审查批准后进行整改，及时消除隐患。对重大安全事故隐患排除前或者排除过程中无法保证安全的，责令从危险区域内撤出作业人员或者暂时停止施工，待隐患消除再进行施工。

3)分析统计，查找原因，制订预防措施。对于反复发生的安全隐患，应通过分析统计，属于多个部位存在的同类型隐患，即"通病"，属于重复出现的隐患，即"顽症"。查找产生"通病"和"顽症"的原因，修订和完善安全管理措施，制订预防措施，从源头上消除安全事故隐患的发生。

4)跟踪验证。检查单位应对受检单位的纠正和预防措施的实施过程和实施效果，进行跟踪验证，并保存验证记录。

2. 施工安全隐患的防范

(1)施工安全隐患防范的主要内容。施工安全隐患防范的主要内容包括基坑支护和降水工程、土方开挖工程、人工挖扩孔桩工程、地下暗挖、顶管及水下作业工程、模板工程和支撑体系、起重吊装和安装拆卸工程、脚手架工程、拆除及爆破工程、现浇混凝土工程、钢结构、网架和索膜结构安装工程、预应力工程、建筑幕墙安装工程，以及采用新技术、新工艺、新材料、新设备及尚无相关技术标准的危险性较大的分部分项工程等方面的防范。防范的主要内容包括掌握各工程的安全技术规范，归纳总结安全隐患的主要表现形式，及时发现可能造成安全事故的迹象，抓住安全控制的要点，制订相应的安全控制措施等。

(2)施工安全隐患防范的一般方法。安全隐患主要包括人、物、管理三个方面。人的不安全因素，主要是指个人在心理、生理和能力等方面的不安全因素，以及人在施工现场的不安全行为。物的不安全状态，主要是指设备设施、现场场地环境等方面的缺陷。管理上的不安全因素，主要是指对物、人、工作的管理不当。根据安全隐患的内容而采用的安全隐患防范的一般方法包括以下三种：

1)对施工人员进行安全意识的培训。

2)对施工机具进行有序监管，投入必要的资源进行保养维护。

3)建立施工现场的安全监督检查机制。

6.2.6 安全生产事故应急预案

1. 安全生产事故应急预案的内容

(1)安全生产事故应急预案的概念。安全生产事故应急预案是指事先制订的关于安全生产事故发生时进行紧急救援的组织、程序、措施、责任及协调等方面的方案和计划，是对特定的潜在事件和紧急情况发生时所采取措施的计划安排，是应急响应的行动指南。

编制应急预案的目的是避免紧急情况发生时出现混乱，确保按照合理的响应流程，采取适当的救援措施，预防和减少可能随之引发的职业健康安全和环境影响。

(2)安全生产事故应急预案体系的构成。安全生产事故应急预案应形成体系，针对各级各类可能发生的事故和所有危险源制订专项应急预案和现场应急处置方案，并明确事前、事中、事后的各个过程中相关部门和有关人员的职责。对于生产规模小、危险因素少的施工单位，综合应急预案和专项应急预案可以合并编写。

1)综合应急预案。综合应急预案是从总体上阐述事故的应急方针、政策，应急组织结构及相关应急职责，应急行动、措施和保障等基本要求和程序，是应对各类事故的综合性文件。

2)专项应急预案。专项应急预案是针对具体的事故类别(如基坑开挖、脚手架拆除等事故)、危险源和应急保障而制订的计划或方案，是综合应急预案的组成部分，应按照综合应急预案的程序和要求组织制定，并作为综合应急预案的附件。专项应急预案应制定明确的救援程序和具体的应急救援措施。

3)现场处置方案。现场处置方案是针对具体的装置、场所或设施、岗位所制定的应急处置措施。现场处置方案应具体、简单、针对性强。现场处置方案应根据风险评估及危险性控制措施逐一编制，做到事故相关人员应知应会，熟练掌握，并通过应急演练，做到迅速反应、正确处置。

（3）安全生产事故应急预案编制的原则。

1）重点突出、针对性强。应急预案编制应结合本单位安全方面的实际情况，分析可能导致事故的原因，有针对性地制订应急预案。

2）统一指挥、责任明确。预案实施的负责人以及施工单位各有关部门和人员如何分工、配合、协调，应在应急预案中加以明确。

3）程序简明、步骤明确。应急预案程序要简明，步骤要明确，具有高度可操作性，保证发生事故时能及时启动、有序实施。

（4）安全生产事故应急预案编制的主要内容。

1）制订应急预案的目的和适用范围。

2）组织机构及其职责。明确应急预案救援组织机构、参加部门、负责人和人员及其职责、作用和联系方式。

3）危害辨识与风险评价。确定可能发生的事故类型、地点、影响范围及可能影响的人数。

4）通告程序和报警系统。通告程序和报警系统包括确定报警系统及程序、报警方式、通信联络方式、向公众报警的标准、方式、信号等。

5）应急设备与设施。明确可用于应急救援的设施和维护保养制度，明确有关部门可利用的应急设备和危险监测设备。

6）求援程序。明确应急反应人员向外求援的方式，包括与消防机构、医院、急救中心的联系方式。

7）保护措施程序。保护事故现场的方式方法，明确可授权发布疏散作业人员及施工现场周边居民指令的机构及负责人，明确疏散人员的接受中心或避难场所。

8）事故后的恢复程序。明确决定终止应急、恢复正常秩序的负责人，宣布应急取消和恢复正常状态的程序。

9）培训与演练。培训与演练包括定期培训、演练计划及定期检查制度，对应急人员进行培训，并确保合格者上岗。

10）应急预案的维护。更新和修订应急预案的方法，根据演练、检测结果完善应急预案。

2. 安全生产事故应急预案的管理

建设工程生产安全事故应急预案的管理包括应急预案的评审、备案、实施和有关奖惩。

国家安全生产监督管理总局负责应急预案的综合协调管理工作。国务院其他负有安全生产监督管理职责的部门按照各自的职责负责本行业、本领域内应急预案的管理工作。

县级以上地方各级人民政府安全生产监督管理部门负责本行政区域内应急预案的综合协调管理工作。县级以上地方各级人民政府其他负有安全生产监督管理职责的部门按照各自的职责负责本行业、本领域应急预案的管理工作。

（1）施工生产安全事故应急预案的评审。地方各级安全生产监督管理部门应当组织有关专家对本部门编制的应急预案进行审定。必要时，可以召开听证会，听取社会有关方面的意见。涉及相关部门职能或者需要有关部门配合的，应当征得有关部门同意。

参加应急预案评审的人员应当包括应急预案涉及的政府部门工作人员和有关安全生产及应急管理方面的专家。

评审人员与所评审预案的施工单位有利害关系的，应当回避。

应急预案的评审或者论证应当注重应急预案的实用性、基本要素的完整性、预防措施的针对性、组织体系的科学性、响应程序的操作性、应急保障措施的可行性、应急预案的衔接性等内容。

(2)施工生产安全事故应急预案的备案。地方各级安全生产监督管理部门的应急预案，应当报同级人民政府和上一级安全生产监督管理部门备案。

其他负有安全生产监督管理职责的部门的应急预案，应当报同级人民政府和上一级安全生产监督管理部门备案。

中央管理的总公司(总厂、集团公司、上市公司)的综合应急预案和专项应急预案，报国务院国有资产管理部门、国务院安全生产监督管理部门和国务院有关主管部门备案。其所属单位的应急预案分别抄送所在地的省、自治区、直辖市或者社区的人民政府安全生产监督管理部门和有关主管部门备案。

上述规定以外的其他生产经营单位中涉及实行安全生产许可的，其综合应急预案和专项应急预案，按照隶属关系报所在地县级以上人民政府安全生产监督管理部门和有关主管部门备案。未实行安全生产许可证的，其综合应急预案与专项应急预案的备案，由省、自治区、直辖市人民政府安全生产监督管理部门确定。

(3)施工生产安全事故应急预案的实施。各级安全生产监督管理部门、施工单位应当采取多种形式开展应急预案的宣传教育，普及生产安全事故预防、避险、自救和互救知识，提高从业人员安全意识和应急处置技能。

施工单位应当制订本单位的应急预案演练计划，根据本单位的事故预防重点，每年至少组织一次综合应急预案演练或者专项应急预案演练，每半年至少组织一次现场处置方案演练。

有下列情形之一的，应急预案应当及时修订：

1)施工单位因兼并、重组、转制等导致隶属关系、经营方式、法定代表人发生变化的。

2)生产工艺和技术发生变化的。

3)周围环境发生变化，形成新的重大危险源的。

4)应急组织指挥体系或者职责已经调整的。

5)依据法律、法规、规章和标准发生变化的。

6)应急预案演练评估报告要求修订的。

7)应急预案管理部门要求修订的。

施工单位应当及时向有关部门或者单位报告应急预案的修订情况，并按照有关应急预案报备程序重新备案。

(4)施工生产安全事故应急预案有关奖惩。施工单位应急预案未按照相关规定备案的，由县级以上安全生产监督管理部门予以警告，并处三万元以下罚款。

施工单位未制订应急预案或者未按照应急预案采取预防措施，导致事故救援不力或者造成严重后果的，由县级以上安全生产监督管理部门依照有关法律、法规和规章的规定，责令停产停业整顿，并依法给予行政处罚。

6.2.7 职业健康安全事故的分类和处理

1. 职业健康安全事故的分类

(1)按照安全事故伤害程度分类。根据《企业职工伤亡事故分类》(GB 6441—1986)规定，安全事故按伤害程度可分为以下几项：

1)轻伤，是指损失1个工作日以上(含1个工作日)，105个工作日以下的失能伤害。

2)重伤，是指损失工作日等于和超过105个工作日的失能伤害，重伤的损失工作日最多不超过6 000个工作日。

3)死亡，是指损失工作日为6 000工作日(含6 000工作日)，这是根据我国职工的平均退休年龄和平均寿命计算出来的。

(2)按照安全事故类别分类。《企业职工伤亡事故分类》(GB 6441—1986)中，将事故划分为20类，即物体打击、车辆伤害、机械伤害、超重伤害、触电、淹溺、灼烫、火灾、高处坠落、坍塌、冒顶片帮、透水、放炮、瓦斯爆炸、火药爆炸、锅炉爆炸、容器爆炸、其他爆炸、中毒和窒息、其他伤害。

(3)按照安全事故受伤性质分类。受伤性质是指人体受伤的类型，实质上是从医学的角度给予创伤的具体名称，常见的有电伤、挫伤、割伤、擦伤、刺伤、撕脱伤、扭伤、倒塌压埋伤、冲击伤等。

(4)按照生产安全事故造成的人员伤亡或直接经济损失分类。根据2007年4月9日国务院发布的《生产安全事故报告和调查处理条例》第三条规定：根据生产安全事故(以下简称事故)造成的人员伤亡或者直接经济损失，事故一般可分为以下等级：

1)特别重大事故，是指造成30人以上死亡，或者100人以上重伤(包括急性工业中毒，下同)，或者1亿元以上直接经济损失的事故。

2)重大事故，是指造成10人以上30人以下死亡，或者50人以上100人以下重伤，或者5 000万元以上1亿元以下直接经济损失的事故。

3)较大事故，是指造成3人以上10人以下死亡，或者10人以上50人以下重伤，或者1 000万元以上5 000万元以下直接经济损失的事故。

4)一般事故，是指造成3人以下死亡，或者10人以下重伤，或者1 000万元以下直接经济损失的事故。

5)本等级划分所称的"以上"包括本数，所称"以下"不包括本数。

2. 施工生产安全事故的处理

(1)生产安全事故报告和调查处理的原则。根据国家法律、法规的要求，在进行生产安全事故报告和调查处理时，要坚持实事求是、尊重科学的原则。既要及时、准确地查明事故原因，明确事故责任，使责任人受到追究，又要总结经验教训，落实整改和防范措施，防止类似事故再次发生。因此，施工项目一旦发生安全事故，必须实施"四不放过"的原则：

1)事故原因没有查清不放过。

2)责任人员没有受到处理不放过。

3)职工群众没有受到教育不放过。

4)防范措施没有落实不放过。

（2）事故报告的要求。根据《生产安全事故报告和调查处理条例》等相关规定的要求，事故报告应当及时、准确、完整，任何单位和个人对事故不得迟报、漏报、谎报或者瞒报。

1）施工单位事故报告要求。生产安全事故发生后，受伤者或最先发现事故的人员应立即用最快的传递手段，将发生事故的时间、地点、伤亡人数、事故原因等情况，向施工单位负责人报告。施工单位负责人接到报告后，应当在1小时内向事故发生地县级以上人民政府建设主管部门和有关部门报告。实行施工总承包的建设工程，由总承包单位负责上报事故。情况紧急时，事故现场有关人员可以直接向事故发生地县级以上人民政府建设主管部门和有关部门报告。

2）建设主管部门事故报告要求。

①建设主管部门接到事故报告后，应当依照下列规定上报事故情况，并通知公安机关、劳动保障行政主管部门、工会和人民检察院：

a. 较大事故、重大事故及特别重大事故逐级上报至国务院建设主管部门。

b. 一般事故逐级上报至省、自治区、直辖市人民政府建设主管部门。

c. 建设主管部门依照规定上报事故情况时，应当同时报告本级人民政府。国务院建设主管部门接到重大事故和特别重大事故的报告后，应当立即报告国务院。

d. 必要时，建设主管部门可以越级上报事故情况。

②建设主管部门按照上述规定逐级上报事故情况时，每级上报的时间不得超过2 h。

3）事故报告的内容。

①事故发生单位概况；

②事故发生的时间、地点以及事故现场情况；

③事故的简要经过；

④事故已经造成或者可能造成的伤亡人数（包括下落不明的人数）和初步估计的直接经济损失；

⑤已经采取的措施；

⑥其他应当报告的情况。

事故报告后出现新情况，以及事故发生之日起30日内伤亡人数发生变化的，应当及时补报。

（3）事故调查。根据《生产安全事故报告和调查处理条例》等相关规定的要求，事故调查处理应当坚持实事求是、尊重科学的原则，及时、准确地查清事故经过、事故原因和事故损失，查明事故性质，认定事故责任，总结事故教训、提出整改措施，并对事故责任者依法追究责任。

事故调查报告的内容应包括以下几项：

1）事故发生单位概况。

2）事故发生经过和事故救援情况。

3）事故造成的人员伤亡和直接经济损失。

4）事故发生的原因和事故性质。

5）事故责任的认定和对事故责任者的处理建议。

6）事故防范和整改措施。

事故调查报告应当附具有关证据材料，事故调查组人员应当在事故调查报告上签名。

（4）事故处理。

1）施工单位的事故处理。

①事故现场处理。事故处理是落实"四不放过"原则的核心环节。当事故发生后，事故发生单位应当严格保护事故现场，做好标识，采取有效措施抢救伤员和财产，防止事故蔓延扩大。

事故现场是追溯判断发生事故原因和事故责任人责任的客观物质基础。因抢救人员、疏导交通等规则，需要移动现场物件时，应当做出标志，绘制现场简图并做出书面记录，妥善保存现场重要痕迹、物证，有条件的可以拍照或录像。

②事故登记。施工现场要建立安全事故登记表，作为安全事故档案，对发生事故人员的姓名、性别、年龄、工种等级、负伤时间、伤害程度、负伤部门及情况、简要经过及原因记录归档。

③事故分析记录。施工现场要有安全事故分析记录，对发生轻伤、重伤、死亡、重大设备事故及未遂事故必须按"四不放过"的原则组织分析，查出主要原因，分清责任，提出防范措施，应吸取的教训要记录清楚。

④要坚持安全事故月报制度，若当月无事故也要报空表。

2）建设主管部门的事故处理。

①建设主管部门应当依据有关人民政府对事故的批复和有关法律、法规的规定，对事故相关责任者实施行政处罚。处罚权限不属于本级建设主管部门的，应当在受到事故调查报告批复后 15 个工作日，将事故调查报告（附具有关证据资料）、结案批复、本级建设主管部门对有关责任者的处理建议等转送有权限的建设主管部门。

②建设主管部门应当依照有关法律的规定，对因降低安全生产条件导致事故发生的施工单位给予暂扣或吊销安全生产许可证的处罚。对事故负有责任的相关单位给予罚款、停业整顿、降低资质等级或吊销资质证书的处罚。

③建设主管部门应当依照有关法律法规的规定，对事故发生负有责任的注册执业资格人员给予罚款、停止执业或吊销其注册执业资格证书的处罚。

（5）法律责任。根据《生产安全事故报告和调查处理条例》规定，对事故报告和调查处理中的违法行为，任何单位和个人有权向安全生产监督管理部门、监察机关或者其他有关部门举报，接到举报的部门应当依法及时处理。

事故报告和调查处理中的违法行为，包括事故发生单位及其有关人员的违法行为，还包括政府、有关部门及有关人员的违法行为。其种类主要有以下几种：

①不立即组织事故抢救的；

②在事故调查处理期间擅离职守的；

③迟报或者漏报事故的；

④谎报或者瞒报事故的；

⑤伪造或者故意破坏事故现场的；

⑥转移、隐匿资金、财产，或者销毁有关证据、资料的；

⑦拒绝接受调查或者拒绝提供有关情况和资料的；

⑧在事故调查中作伪证或者指使他人作伪证的；

⑨事故发生后逃匿的；

⑩阻碍、干涉事故调查工作；

⑪对事故调查工作不负责任，致使事故调查工作有重大疏漏；

⑫包庇、祖护负有事故责任的人员或者借机打击报复；

⑬故意拖延或者拒绝落实经批复的对事故责任人的处理意见。

事故发生单位主要负责人有上述①～③条违法行为之一的，处上一年年收入40%～80%的罚款。属于国家工作人员的，依法给予处分。构成犯罪的，依法追究刑事责任。

事故发生单位及其有关人员有上述④～⑨条违法行为之一的，对事故发生单位处100万元以上500万元以下的罚款。对主要负责人、直接负责的主管人员和其他直接责任人员处上一年年收入60%～100%的罚款。属于国家工作人员的，依法给予处分。构成违反治安管理行为的，由公安机关依法给予治安管理处罚。构成犯罪的，依法追究刑事责任。

有关地方人民政府、安全生产监督管理部门和负有安全生产监督管理职责的有关部门有上述①、③、④、⑧、⑩条违法行为之一的，对直接负责的主管人员和其他直接责任人员依法给予处分。构成犯罪的，依法追究刑事责任。

参与事故调查的人员在事故调查中有上述⑪、⑫条违法行为之一的，依法给予处分。构成犯罪的，依法追究刑事责任。

有关地方人民政府或者有关部门故意拖延或者拒绝落实经批复的对事故责任人的处理意见的，由监察机关对有关责任人员依法给予处分。

6.2.8 消防安全

1. 施工现场防火管理制度

为加强建筑工地防火管理，确保本工程建设的顺利进行，实行"预防为主"的方针，根据《中华人民共和国消防法》等相关法律法规和标准规范，施工现场防火管理应符合如下要求：

(1)生活区、办公区及施工现场严格实行消防责任制，加强防火安全管理，确保国家、集体财产和人身安全。

(2)工地的防火、保卫工作由项目经理、专职安全员及分包单位施工班组责任人负责，由专职安全员负责配备值班纠察人员，做好施工现场防火安全、保卫工作。

(3)严格落实防火、保卫责任制，施工现场的危险品管理、安全用电管理、动用明火审批规章制度，及时配备值班纠察，监护人员做到不定期地对工地各项规章制度的检查和有效落实。

(4)工地内易燃易爆仓库或场所应设置明显标志，严禁吸烟，对不再使用的易燃易爆物品应及时清理和处理，工期和临时宿舍内严禁明火取暖，严禁使用"热得快"等各类电器炉灶等。

(5)临时动火，必须符合动火的规范要求，填写动火审批表，并经有关部门审核同意，方可动火。

(6)工地现场按要求配备足够的灭火器具，放在取用方便的地方，做到严格管理、责任到人，严禁移作他用。

(7)对违反本制度情节轻微的，参照《公司治安保卫工作条例实施办法》；造成火灾事故的，按照《中华人民共和国治安管理处罚条例》和《消防管理条例》进行处罚；触犯刑律的，依法追究刑事责任。

2. 消防安全责任制

(1)本工程项目经理是现场消防安全工作的第一责任人，负全面领导责任。

(2)项目部与建设单位签订施工现场消防目标管理责任书，严格按照责任书上的条文对日常工作进行管理和落实。

(3)制订工程现场的消防安全管理，检查制度，并在施工过程中进行落实。

(4)利用黑板报、宣传画等手段，开展宣传教育，提高全体施工人员的消防安全防范意识。

(5)消防目标管理责任分解到班组，消防安全与经济利益挂钩。违反消防安全有下列行为之一，情节较轻的，处30～100元的罚款：

1)在集体宿舍内使用电炉、煤气灶、热得快、煤油炉等，使用木材、大功率电灯烤火取暖，乱接电线、电灯、插座。

2)将易燃易爆物品，剧毒物品存放在宿舍内，躺在床上吸烟，乱扔烟蒂、火柴梗。

3)在规定的禁火区吸烟和使用明火或违反消防法制度的。

4)未经许可动用明火，又不采取防火措施而造成事故者。

5)擅自将消防器材、设备挪作他用或破坏的。

6)对查出的火灾隐患拒不整改或接到整改仍不执行的。

7)发生火灾不积极参加扑救而逃避的。

8)违反技术操作规程，管理不严和玩忽职守的，对违反消防法则，发生火警、火灾事故，造成经济损失，除赔偿相应损失外，还将给予100～1000元的罚款，触犯刑律的由司法机关追究刑事责任。

3. 消防管理措施

(1)火灾的预防。

1)木材加工间、材料仓库、施工现场油漆间等为禁火区，20 m内禁止任何火种入内和使用明火。

2)加强对工人进行安全教育，集体宿舍、临时工棚内禁止使用电炉、煤气灶、热得快，禁止用木材、大功率电灯，烤火取暖，乱接电线、电灯、插座。

3)禁止将易燃易爆物品、剧毒物品存放在宿舍内，躺在床上吸烟，乱扔烟蒂、火柴梗。

4)现场办公室门前设置两个灭火器，木工间设置两个灭火器，集体宿舍每层配备两个灭火器，建筑物各楼梯口各设置两个灭火器，每楼层设置两个灭火器。

5)施工现场沿建筑物高度设置临时消防水管，每层设消火栓，并配水枪、水带，消防立管设备专用消防泵，其电线专线敷设，建筑物周围安装多只消防水龙头。

6)工地现场的电线，采用绝缘高架或敷设埋地做硬防护，不得穿过或放置在易燃易爆材料上。

7)现场办公楼、集体宿舍、木工间等处的电气设备要定期检查维修，发现电线老化、绝缘不良、漏电发热、条火等现象要立即更换。

8)加强对工种的消防防范教育，禁火区悬挂警示牌，教会工人如何使用灭火器械，定期组织工人学习施工现场消防管理制度。

(2)火灾扑救。

1)任何人发现火灾都有义务向消防队报警(火警电话 119)讲清楚起火地点、起火单位。

2)起火时一定要组织力量扑救，抢救财产，疏散无关人员，并且及时向公司报告。

3)扑救时应查明起火原因，切断电源，保障灭火用水，调集灭火器材，控制火源，减少损失，防止人员伤亡，疏通消防通道。

6.3 建筑工程项目环境控制

6.3.1 施工现场环境保护

1. 施工现场环境保护的目的、原则与要求

(1)环境保护的目的。

1)保护和改善环境质量，从而保护人民的身心健康，防止人体在环境污染影响下产生遗传突变和退化。

2)合理开发和利用自然资源，减少或消除有害物质进入环境，加强生物多样性的保护，维护生物资源的生产能力，使之得以恢复。

(2)环境保护的原则。

1)经济建设与环境保护协调发展的原则。

2)预防为主、防治结合、综合治理的原则。

3)依靠群众保护环境的原则。

4)环境经济责任原则，即污染者付费的原则。

(3)环境保护的要求。

1)工程的施工组织设计中应有防治扬尘、噪声、固体废物和废水等污染环境的有效措施，并在施工作业中认真组织实施。

2)施工现场应建立环境保护管理体系，层层落实，责任到人，并保证有效运行。

3)对施工现场防治扬尘、噪声、水污染及环境保护管理工作进行检查。

4)定期对职工进行环保法规知识的培训考核。

2. 施工现场环境保护的措施

(1)施工环境影响的类型。通常施工环境影响的类型见表6-3。

表6-3 环境影响类型

序号	环境因素	产生的地点、工序和部位	环境影响
1	噪声	施工机械、运输设备、电动工具	影响人体健康、居民休息
2	粉尘的排放	施工场地平整、土堆、砂堆、石灰、现场路面、进出车辆车轮带泥沙、水泥搬运、混凝土搅拌、木工房锯末、喷砂、除锈、衬里	污染大气、影响居民身体健康

序号	环境因素	产生的地点、工序和部位	环境影响
3	运输的遗撒	现场渣土、商品混凝土、生活垃圾、原材料运输当中	污染路面和人员健康
4	化学危险品、油品泄漏或挥发	实验室、油漆库、油库、化学材料库及其作业面	污染土地和人员健康
5	有毒有害废弃物排放	施工现场、办公区、生活区废弃物	污染土地、水体、大气
6	生产、生活污水的排放	现场搅拌站、厕所、现场洗车处、生活服务设施、食堂等	污染水体
7	生产用水、用电的消耗	现场、办公室、生活区	资源浪费
8	办公用纸的消耗	办公室、现场	资源浪费
9	光污染	现场焊接、切割作业、夜间照明	影响居民生活、休息和邻近人员健康
10	离子辐射	放射源储存、运输、使用中	严重危害居民、人员健康
11	混凝土防冻剂的排放	混凝土使用	影响健康

（2）施工现场环境保护的措施类型。

1）环境保护的组织措施。施工现场环境保护的组织措施是施工组织设计或环境管理专项方案中的重要组成部分，是具体组织与指导环保施工的文件，旨在从组织和管理上采取措施，消除或减轻施工过程中的环境污染与危害。其主要的组织措施包括以下几项：

①建立施工现场环境管理体系，落实项目经理责任制。项目经理全面负责施工过程中的现场环境保护的管理工作，并根据工程规模、技术复杂程度和施工现场的具体情况，建立施工现场管理责任制并组织实施，将环境管理系统化、科学化、规范化，做到责权分明、管理有序，防止互相扯皮，提高管理水平和效率。其主要包括环境岗位责任制、环境检查制度、环境保护教育制度及环境保护奖惩制度。

②加强施工现场环境的综合治理。加强全体职工的自觉保护环境意识，做好思想教育、纪律教育与社会公德、职业道德和法制观念相结合的宣传教育。

2）环境保护的技术措施。根据《建设工程施工现场环境与卫生标准》(JGJ 146—2013)的规定，施工单位应当采取下列防止环境污染的技术措施：

①施工现场的主要道路要进行硬化处理。裸露的场地和堆放的土方应采取覆盖、固化或绿化等措施。

②施工现场土方作业应采取防止扬尘措施，主要道路应定期清扫、洒水。

③拆除建筑物或构筑物时，应采用隔离、洒水等降噪、降尘措施，并应及时清理废弃物。

④土方和建筑垃圾的运输必须采用封闭式运输车辆或采取覆盖措施。施工现场出口处应设置车辆冲洗设施，并应对驶出车辆进行清洗。

⑤建筑物内垃圾应采用容器或搭设专用封闭式垃圾道的方式清运，严禁凌空抛掷。

⑥施工现场严禁焚烧各类废弃物。

⑦在规定区域内的施工现场应使用预拌混凝土及预拌砂浆。采用现场搅拌混凝土或砂浆的场所应采取封闭、降尘、降噪措施。水泥和其他易飞扬的细颗粒建筑材料应密闭存放或采取覆盖等措施。

⑧当环境空气质量指数达到中度及以上的污染时，施工现场应增加洒水频次，加强覆盖措施，减少易造成大气污染的施工作业。

⑨施工现场应设置排水沟及沉淀池，施工污水应经沉淀处理达到排放标准后，方可排入市政污水管网。

⑩废弃的降水井应及时回填，并应封闭井口，防止污染地下水。

⑪施工现场宜选用低噪声、低振动的设备，强噪声设备宜设置在远离居民区的一侧，并应采用隔声、吸声材料搭设防护棚或屏障。

施工单位应当遵守国家有关环境保护的法律规定，对施工造成的环境影响采取针对性措施，有效控制施工现场的各种粉尘、废气、废水、固体废弃物及噪声、振动环境的污染和危害。

3）运用装配式建筑进行环境保护。根据国务院 2016 年 9 月 30 日发布的《国务院办公厅关于大力发展装配式建筑的指导意见》，装配式建筑是用预制部品部件在工地装配而成的建筑。发展装配式建筑是建造方式的大变革，是推进供给侧结构性改革和新型城镇化发展的重要举措。装配式建筑将大量工序移到场外，有效简化现场工作，将极大减少施工工序对施工现场环境的污染，又对现场安全环境控制具有重大的意义。

3. 施工现场环境污染的处理

（1）大气污染的处理。

1）施工现场外围设置的围挡不得低于 1.8 m，以避免或减少污染物向外扩散。

2）施工现场垃圾杂物要及时清理。清理多、高层建筑物的施工垃圾时，采用定制带盖铁桶吊运或利用永久性垃圾道，严禁凌空随意抛。

3）施工现场堆土，应合理选定位置进行存放堆土，并洒水覆膜封闭或表面临时固化或植草，防止扬尘污染。

4）施工现场道路应硬化。采用焦渣、级配砂石、混凝土等作为道路面层，有条件的可利用永久性道路，并指定专人定时洒水和清扫养护，防止道路扬尘。

5）易飞扬材料入库密闭存放或覆盖存放。如水泥、白灰、珍珠岩等易飞扬的细颗粒散体材料，应入库存放。若在室外临时露天存放时，必须下垫上盖，严密遮盖防止扬尘。运输水泥、白灰、珍珠岩粉等易飞扬的细颗粒粉状材料时，要采取遮盖措施，防止沿途遗撒、扬尘。卸货时，应采取措施，以减少扬尘。

6）施工现场易扬尘处使用密目式安全网封闭，使一网两用，并定人定时清洗粉尘，防止施工过程扬尘或二次污染。

7)在大门口铺设一定距离的石子(定期过筛洗选)路自动清理车轮或做一段混凝土路面和水沟用水冲洗车轮车身,或人工清扫车轮车身。装车时不应装得过满,行车时不应猛拐,不急刹车。卸货后清扫干净车厢,注意关好车厢门。场区内外定人定时清扫,做到车辆不外带泥沙、不撒污染物、不扬尘,消除或减轻对周围环境的污染。

8)禁止施工现场焚烧有毒、有害烟尘和恶臭气体的物资,如焚烧沥青、包装箱袋和建筑垃圾等。

9)尾气排放超标的车辆,应安装净化消声器,防止噪声和冒黑烟。

10)施工现场炉灶(如茶炉、锅炉等)采用消烟除尘,烟尘排放控制在允许范围内。

11)拆除旧有建筑物时,应适当洒水,并且在旧有建筑物周围采用密目式安全网和草帘搭设屏障,防止扬尘。

12)在施工现场建立集中搅拌站,由先进设备控制混凝土原材料的取料、称料、进料、混合料搅拌、混凝土出料等全过程,在进料仓上方安装除尘器,可使粉尘降低98%以上。

13)在城区、郊区和居民稠密区、风景旅游区、疗养区及国家规定的文物保护区内施工的工程,严禁使用敞口锅熬制沥青。凡进行沥青防水作业时,要使用密闭和带有烟尘处理装置的加热设备。

(2)水污染的处理。

1)施工现场搅拌站的水、水磨石的污水等须经排水沟排放和沉淀池沉淀后再排入城市污水管道或河流,污水未经处理不得直接排入城市污水管道或河流。

2)禁止将有毒有害废弃物作土方回填,避免污染水源。

3)施工现场存放油料、化学溶剂等应设有专门的库房,必须对库房地面和高250 mm墙面进行防渗处理,如采用防渗混凝土或刷防渗漏涂料等。油料使用时,要采取措施,防止油料跑、冒、滴、漏而污染水体。

4)对于现场气焊用的乙炔发生罐产生的污水严禁随地倾倒,要用专用容器集中存放,并倒入沉淀池处理,以免污染环境。

5)施工现场100人以上的临时食堂,污水排放时可设置简易有效的隔油池,定期掏油、清理杂物,防止污染水体。

6)施工现场临时厕所的化粪池应采取防渗漏措施,防止污染水体。

7)施工现场化学药品、外加剂等要妥善入库保存,防止污染水体。

(3)噪声污染的处理。

1)合理布局施工场地,优化作业方案和运输方案。尽量降低施工现场附近敏感点的噪声强度,避免噪声扰民。

2)在人口密集区进行较强噪声施工时,须严格控制作业时间,一般避开晚10时到次日早6时的作业。对环境的污染不能控制在规定范围内的,必须昼夜连续施工时,要尽量采取措施降低噪声。

3)夜间运输材料的车辆进入施工现场,严禁鸣笛和乱轰油门,装卸材料要做到轻拿轻放。

4)进入施工现场不得高声喊叫和乱吹哨,不得无故甩打模板、钢筋铁件和工具设备等,严禁使用高音喇叭、机械设备空转和不应当的碰撞其他物件(如混凝土振捣器碰撞钢筋或模板等),减少噪声扰民。

5)加强各种机械设备的维修保养，缩短维修保养周期，尽可能降低机械设备噪声的排放。

6)施工现场超噪声值的声源，采取以下措施降低噪声或转移声源：

①尽量选用低噪声设备和工艺来代替高噪声设备与工艺(如用电动空压机代替柴油空压机，用静压桩施工方法替代锤击桩施工方法等)，降低噪声。

②在声源处安装消声器消声，即在鼓风机、内燃机、压缩机各类排气装置等进出风管的适当位置设置消声器(如阻性消声器、抗性消声器、阻抗复合消声器、穿微孔板消声器等)，降低噪声。

③加工成品、半成品的作业(如预制混凝土构件、制作门窗等)，尽量放在工厂车间生产，以转移声源来消除噪声。

7)在施工现场噪声的传播途径上，采取吸声、隔声等声学处理的方法来降低噪声。

8)建筑施工过程中场界环境声不得超过《建筑施工场界环境噪声排放标准》(GB 12523—2011)规定的排放限值(见表 6-4)。夜间噪声最大声级超过限值的幅度不得高于15 dB(A)。

表 6-4　建筑施工场界环境噪声限值表　　　　　　　　　dB(A)

昼间	夜间
70	55

(4)固体废弃物污染的处理。

1)施工现场设立专门的固体废弃物临时贮存场所，用砖砌成池，对废弃物应分类存放，对有可能造成二次污染的废弃物必须单独贮存、设置安全防范措施且有醒目标识。对储存物应及时收集并处理，可回收的废弃物做到回收再利用。

2)固体废弃物的运输应采取分类、密封、覆盖，避免泄露、遗漏，并送到政府批准的单位或场所进行处理。

3)施工现场应使用环保型的建筑材料、工器具、临时设施、灭火器和各种物质的包装箱袋等，减少固体废弃物污染。

4)提高工程施工质量，减少或杜绝工程返工，避免产生固体废弃物污染。

5)施工中及时回收使用落地灰和其他施工材料，做到工完料尽，减少固体废弃物污染。

(5)光污染的处理。

1)对施工现场照明器具的种类、灯光亮度加以控制，不对着居民区照射，并利用隔离屏障(如灯罩、搭设排架密挂草帘或篷布等)。

2)电气焊应尽量远离居民区或在工作面设蔽光屏障。

6.3.2　施工现场文明施工

文明施工是指保持施工现场良好的作业环境、卫生环境和工作秩序。文明施工主要包括：规范施工现场的场容，保持作业环境的整洁卫生；科学组织施工，使生产有序进行，减少施工对周围居民和环境的影响；遵守施工现场文明施工的规定和要求，保证职工的安全和身体健康等。

1. 施工现场文明施工的要求

(1)有整套的施工组织设计或施工方案，施工总平面布置紧凑、施工场地规划合理，符合环保、市容、卫生的要求。

(2)有健全的施工组织管理机构和指挥系统，岗位分工明确。工序交叉合理，交接责任明确。

(3)有严格的成品保护措施和制度，大小临时设施和各种材料、构件、半成品按平面布置堆放整齐。

(4)施工场地平整，道路畅通，排水设施得当，水电线路整齐，机具设备状况良好，使用合理。施工作业符合消防和安全要求。

(5)搞好环境卫生管理，包括施工区、生活区环境卫生和食堂卫生管理。

(6)文明施工应贯穿施工结束后的清场。

2. 施工现场文明施工的措施

(1)文明施工的组织措施。

1)建立文明施工的管理组织。应确立项目经理为现场文明施工的第一责任人，以各专业工程师、施工质量、安全材料、保卫、后勤等现场项目经理部人员为成员的施工现场文明管理组织，共同负责本工程现场文明施工工作。

2)健全文明施工的管理制度。其包括建立各级文明施工岗位责任制，将文明施工工作考核列入经济责任制，建立定期的检查制度，实行自检、互检、交接检制度，建立奖惩制度，开展文明施工立功竞赛，加强文明施工教育培训等。

(2)文明施工的管理措施。

1)现场围挡设计。围挡封闭是创建文明工地的重要组成部分。工地四周设置连续、密闭的砖砌围墙，与外界隔绝进行封闭施工，围墙高度按不同地段的要求进行砌筑，市区主要路段和其他涉及市容景观路段的工地设置围挡的高度不低于 2.5 m，其他工地的围挡高度不低于 1.8 m，围挡材料要求坚固、稳定、统一、整洁、美观。

结构外墙脚手架设置安全网，防止杂物、灰尘外散，也防止人与物的坠落。安全网使用不得超出其合理使用期限，重复使用的应进行检验，检验不合格的不得使用。

2)现场工程标志牌设计。严格按照相关文件规定的尺寸和规格制作各类工程标志牌。"五牌一图"，即工程概况牌、管理人员名单及监督电话牌、消防保卫(防火责任)牌、安全生产牌、文明施工牌和施工现场平面图。

3)临设布置。现场生产临设及施工便道总体布置时，必须同时考虑工程基地范围内的永久道路，避免冲突，影响管线的施工。

临时建筑物、构筑物，包括办公用房、宿舍、食堂、卫生间及化粪池、水池皆用砖砌。临时建筑物、构筑物要求稳固、安全、整洁，满足消防要求。集体宿舍与作业区隔离，人均床面积不小于 2 m²，适当分隔，防潮，通风，采光性能良好。按规定架设用电线路，严禁任意拉线接电，严禁使用电炉和明火烧煮食物。对于重要材料设备，搭设存储保护的场所或临时设施。

4)成品、半成品、原材料堆放。仓库做到账物相符。进出仓库有手续，凭单收发，堆放整齐。保持仓库整洁，专人负责管理。

严格按照施工组织设计中的平面布置图划定的位置堆放成品、半成品和原材料，所有材料应堆放整齐。

5）现场场地和道路。场内道路要平整、坚实、畅通。主要场地应硬化，并设置相应的安全防护设施和安全标志。施工现场内有完善的排水措施，不允许有积水存在。

6）现场卫生管理。

①明确施工现场各区域的卫生责任人。

②食堂必须有卫生许可证，并应符合卫生标准，生食、熟食操作应分开，熟食操作时应有防蝇间或防蝇罩。禁止使用食用塑料制品作熟食容器，炊事员和茶水工需持有效的健康证明和上岗证。

③施工现场应设置卫生间，并有水源供冲洗，同时设简易化粪池或集粪池，加盖并定期喷药，每日有专人负责清洁。

④设置足够的垃圾池和垃圾桶，定期搞好环境卫生、清理垃圾，施药除"四害"。

⑤建筑垃圾必须集中堆放并及时清运。

⑥施工现场按标准制作有顶盖茶棚，茶桶必须上锁，茶水和消毒水有专人定时更换，并保证供水。

⑦夏季施工应备有防暑降温措施。

⑧配备保健药箱，购置必要的急救、保健药品。

7）文明施工教育。

①做好文明施工教育，管理者首先应为建设者营造一个良好的施工、生活环境，保障施工人员的身心健康。

②开展文明施工教育，教育施工人员应遵守和维护国家的法律法规，防止和杜绝盗窃、斗殴及黄、赌、毒等非法活动的发生。

③现场施工人员均佩戴胸卡，按工种统一编号管理。

④进行多种形式的文明施工教育，如例会、报栏、录像及辅导，参观学习。

⑤强调全员管理的概念，提高现场人员的文明施工意识。

自我测评

一、单项选择题

1. 职业健康安全管理体系建立的主要工作有：①制定方针、目标、指标和管理方案；②初始状态评审；③文件的审查、审批和发布；④体系文件编写；⑤管理体系策划与设计等，正确的工作步骤顺序是（　　）。

   A. ①—②—⑤—④—③

   B. ②—①—④—③—⑤

   C. ②—①—⑤—④—③

   D. ①—⑤—②—④—③

2. 《环境管理体系要求及使用指南》(GB/T 24001—2004)中的环境是指（　　）。

   A. 组织运行活动的外部存在

   B. 各种天然和经过人工改造的自然因素的总体

   C. 植物、动物和自然资源的总称

   D. 周边水分、空气和废渣的存在和分布的情况

3. 施工职业健康安全与环境管理的复杂性，是由建筑产品受外部环境影响因素多以及产品的(   )所决定的。

A. 单一性和生产的流动性　　　　B. 单一性和生产的连续性

C. 固定性和生产的流动性　　　　D. 固定性和生产的连续性

4. 国际标准化组织制定推出 ISO 14000 环境管理系列标准后，我国将其等同转换为国家标准(   )系列标准。

A. GB 14000　　　　　　　　　B. GB/T 14000

C. GB 24000　　　　　　　　　D. GB/T 24000

二、多项选择题

1. 《职业健康安全管理体系 要求》(GB/T 28001—2011)的总体结构组成部分包括(   )。

A. 总说明　　　　　　　　　　B. 范围

C. 规范性引用条件　　　　　　D. 术语和定义

E. 职业健康安全管理体系要求

2. 施工职业健康安全管理体系文件包括三个层次，它们是(   )。

A. 操作规程　　　B. 管理手册　　　C. 监测准则

D. 作业文件　　　E. 程序文件

3. 环境管理体系标准的应用原则有(   )。

A. 强调自愿性原则，并不改变组织的法律责任

B. 需建立并实施结构化的管理体系

C. 标准着眼于采用分散的管理措施

D. 必须有组织全员的承诺、责任和参与

E. 管理体系不必成为独立的管理系统

4. 建设工程施工职业健康安全管理的目的有(   )。

A. 保证建设工程成本和质量目标的实现

B. 防止和减少生产安全事故

C. 直接获得经济效益，提高企业盈利能力

D. 控制影响工作场所内访问者和其他人员健康和安全的条件和因素

E. 考虑和避免因管理不当对员工健康造成的危害

5. 环境管理体系标准的主要特点有(   )。

A. 可增强劳动者身心健康，提高劳动效率

B. 以人为本，组织的管理以强制行为为主

C. 适用于各行各业、任何类型和规模的组织

D. 着重强调与法律法规的符合性

E. 与其他管理体系的兼容性

6. 《职业健康安全管理体系要求》(GB/T 28001—2011)的规范性引用条件有(   )。

A. 《环境管理体系要求及使用指南》(GB/T 24001—2004)

B. 《职业健康安全管理体系要求》(GB/T 28001—2011)

C. 《质量和(或)环境管理体系审核指南》(GB/T 19011—2003)

D.《职业健康安全管理体系指南》(ILO—OSH：2001)

E.《质量管理体系要求》(GB/T 19001—2008)

三、简答题

1. 安全生产的管理体系是什么？

2. 生产安全事故如何分类？

3. 生产安全事故的处理原则和程序分别是什么？

4. 按《危险性较大的分部分项工程管理办法》的规定，建设工程施工应该编制的专项施工方案范围是什么？

项目 7　建筑工程项目合同管理

内容提要 ≫≫≫

在建筑工程项目的实施过程中，往往会涉及许多合同，合同管理，不仅包括对每个合同的签订、履行、变更和解除等过程的控制与管理，还包括对所有合同进行筹划的过程。因此，本项目主要介绍四个方面的内容，即建筑工程项目合同的分类、主要内容；建筑工程项目合同的订立和履行；建筑工程项目合同变更、索赔的概念，索赔的依据和程序；国际工程施工承包合同的类别和主要特点等。

教学要求 ≫≫≫

知识要点	能力要求	相关知识
建筑工程项目合同管理概述	(1)能够理解建筑工程项目合同的概念； (2)能够了解建筑工程项目合同分类； (3)能够了解建筑工程项目合同的法律特征； (4)能够掌握《建设工程施工合同（示范文本)》文件的组成和基本内容	(1)合同概念； (2)合同分类； (3)合同法律特征； (4)《建设工程施工合同范本)》
建筑工程项目合同的订立与履行	(1)能够了解建筑工程项目合同订立的条件； (2)能够掌握建筑工程项目合同订立的原则； (3)能够掌握建筑工程项目合同订立的程序； (4)能够了解建筑工程项目合同的效力； (5)能够了解工程合同跟踪及合同控制； (6)能够掌握建筑工程项目合同履行的原则； (7)能够掌握建筑工程项目合同履行中的抗辩权、代位权和撤销权的规定； (8)能够掌握建筑工程项目合同履行的担保形式	(1)订立建筑工程项目合同需具备的条件； (2)建筑工程项目合同订立的原则； (3)建筑工程项目合同订立的程序； (4)建筑工程项目合同的效力； (5)工程合同跟踪及合同控制； (6)建筑工程项目合同履行的原则； (7)合同的履行中的抗辩权、代位权和撤销权的规定； (8)建筑工程项目合同履行的担保形式

知识要点	能力要求	相关知识
建筑工程项目合同的变更与索赔	(1)能够掌握建筑工程项目合同变更的概念、条件、变更范围、处理要求； (2)能够熟悉合同变更的程序和申请； (3)能够掌握建筑工程项目合同索赔的概念、实质、分类、起因； (4)能够熟悉施工合同索赔的处理程序； (5)能够了解施工合同索赔的依据； (6)能够掌握施工合同索赔的计算方法	(1)建筑工程项目合同变更的概念、条件、变更范围、处理要求； (2)合同变更的程序和申请； (3)建筑工程项目合同索赔的概念、实质、分类、起因； (4)施工合同索赔的处理程序； (5)施工合同索赔的依据； (6)施工合同索赔的计算方法
国际建设工程合同	(1)能够了解国际建设工程合同的概念和特点； (2)能够了解国际建设工程合同、惯例、与法律的相互关系； (3)能够了解国际上较完善的建设合同范本	(1)国际建设工程合同的概念和特点； (2)国际建设工程合同、惯例、与法律的相互关系； (3)FIDIC系列合同文件； (4)英国JCT系列合同文件； (5)美国AIA系列合同文件

>>> 7.1 建筑工程项目合同管理概述

7.1.1 建筑工程项目合同管理相关概念

1. 合同的概念

合同是平等主体的自然人、法人、其他组织之间设立、变更、终止民事权利义务关系的协议。建筑市场中的各方主体，包括建设单位、勘察设计单位、施工单位、咨询单位、监理单位、材料设备供应单位等都要依靠合同确立相互之间的关系，明确相互之间的权利和义务。合同具有以下法律特征：

(1)合同是一种法律行为。

(2)合同的当事人法律地位一律平等，双方自愿协商，任何一方不得将自己的观点、主张强加给另一方。

（3）合同的目的性在于设立、变更、终止民事权利义务关系。

（4）合同的成立必须有两个以上当事人；两个以上当事人不仅作出意思表示，而且意思表示是一致的。

2. 建筑工程项目合同的概念

建筑工程项目合同是指承包人完成工程项目的建设任务，发包人接受建设成果并支付报酬的合同。即建设单位与勘察、设计、施工等单位依据国家有关法律、法规，以完成具体工程项目为内容，明确双方权利义务关系而签订的书面协议。

建筑工程项目合同包括建设工程勘察合同、建设工程设计合同、建设工程施工合同及与建设工程合同相关的建设工程委托监理合同、建设工程造价咨询合同、建设工程招标代理合同、物资采购合同、机械设备租赁合同、保险合同等。

建筑工程项目合同管理是指在工程建设活动中，对工程项目所涉及的各类合同的协商、签订与履行的过程中所进行的科学管理工作，并通过科学的管理，保证工程项目目标实现的活动。

7.1.2 建筑工程项目合同的分类

1. 按照工程建设阶段分类

（1）建设工程勘察合同。建设工程勘察合同是承包方进行工程勘察，发包方支付价款的合同。建筑工程勘察单位称为承包方，建设单位或者有关单位称为发包方（也称为委托方）。建筑工程勘察合同的标的是为建筑工程需要而作的勘察成果，工程勘察是工程建设的第一个环节，也是保证建筑工程质量的基础环节。为了确保工程勘察的质量，勘察合同的承包方必须是经国家或省级主管机关批准，持有《勘察许可证》，具有法人资格的勘察单位。

建设工程勘察合同必须符合国家规定的基本建设程序，勘察合同由建设单位或有关单位提出委托，经与勘察部门协商，双方取得一致意见，即可签订，任何违反国家规定的建设程序的勘察合同均是无效的。

（2）建设工程设计合同。建设工程设计合同是承包方进行工程设计，委托方支付价款的合同。建设单位或有关单位为委托方，建设工程设计单位为承包方。建设工程设计合同是为建设工程需要而作的设计成果。工程设计是工程建设的第二个环节，是保证建设工程质量的重要环节。建设工程设计合同的承包方必须是经国家或省级主管机关批准，持有《设计许可证》，具有法人资格的设计单位。只有具备了上级批准的设计任务书，建设工程设计合同才能订立；小型单项工程必须具有上级机关批准的文件方能订立。如果单独委托施工图设计任务，应当同时具有经有关部门批准的初步设计文件方能订立。

（3）建设工程施工合同。建设工程施工合同是工程建设单位与施工单位，也就是发包方与承包方以完成商定的建设工程为目的，明确双方相互权利和义务的协议。建设工程施工合同的发包方可以是法人，也可以是依法成立的其他组织或公民，而承包方必须是法人。建设工程施工合同是工程建设过程中最重要的合同，是当事人进行工程建设进度控制、质量控制和费用控制的主要依据，是工程建设过程中双方的最高行为准则。因此，在建设领域加强对施工合同的管理意义重大。

2. 按照承发包方式(范围)分类

(1)建设工程总承包合同。发包人将工程建设的全过程，即从工程立项到交付使用全部发包给一个承包人的合同。

(2)建设工程承包合同。发包人将建设工程中勘察、设计、施工等每一项分别发包给一个承包人的合同。

(3)分包合同。经合同约定和发包人认可，从工程承包人承包的工程中承包部分工程而订立的合同。

3. 按照承包工程计价方式(或付款方式)分类

(1)总价合同(Lump Sum Contract)。总价合同是指根据合同规定的工程施工内容和有关条件，业主应付给承包商的款额是一个规定的金额，即明确的总价。总价合同也称作总价包干合同，即根据施工招标时的要求和条件，当施工内容和有关条件不发生变化时，业主付给承包商的价款总额就不发生变化。总价合同又分为固定总价合同和变动总价合同两种。

1)固定总价合同。固定总价合同的价格计算是以图纸及相关规程、规范为基础，工程任务和内容明确，业主的要求和条件清楚，合同总价一次包死，固定不变，即不再因为环境的变化和工程量的增减而变化。在这类合同中，承包商承担了全部的工作量和价格的风险。因此，承包商在报价时应对一切费用的价格变动因素及不可预见因素都做充分的估计，并将其包含在合同价格之中。

对业主而言，在合同签订时就可以基本确定项目的总投资额，对投资控制有利；在双方都无法预测的风险条件下和可能有工程变更的情况下，承包商承担了较大的风险，而业主的风险较小。

固定总价合同适用于以下情况：

①工程量小、工期短，估计在施工过程中环境因素变化小，工程条件稳定并合理。

②工程设计详细，图纸完整、清楚，工程任务和范围明确。

③工程结构和技术简单，风险小。

④投标期相对宽裕，承包商可以有充足的时间详细考察现场、复核工程量，分析招标文件，拟订施工计划。

2)变动总价合同。变动总价合同又称为可调总价合同，合同价格是以图纸及规定、规范为基础，按照时价(Current Price)进行计算，得到包括全部工程任务和内容的暂定合同价格。它是一种相对固定的价格，在合同执行过程中，由于通货膨胀等原因而使所使用的工、料成本增加时，可以按照合同约定对合同总价进行相应的调整。另外，由于设计变更、工程量变化和其他工程条件变化所引起的费用变化也可以进行调整。因此，通货膨胀、工程量改变等不可预见因素的风险由业主承担，对承包商而言，其风险相对较小；但对业主而言，不利于其进行投资控制，从而投资的风险就增大了。

值得注意的是，变动总价合同并非任何原因都可以改变合同价格，合同双方可约定，在以下条件下可对合同价款进行调整：

1)法律、行政法规和国家有关政策变化影响合同价款。

2)工程造价管理部门公布的价格调整。

3)一周内非承包人原因停水、停电、停气造成的停工累计超过 8 h。

4)双方约定的其他因素。

一般来说，在工程施工承包招标时，施工期限在一年之内的项目，可以认为材料价格的变化是可预见的，可忽略通货膨胀的影响，一般实行固定总价合同，不考虑价格调整问题，以签订合同时的单价和总价为准，物价上涨的风险全部由承包商承担。

（2）单价合同（Unit Price Contract）。单价合同是指承包商按照工程量报价单内分项工作内容填报单价，以实际完成工程量乘以所报单价确定结算价款的合同。单价合同的特点是单价优先，例如，在FIDIC土木工程施工合同中，业主给出的工程量清单表中的数字是参考数字，而实际工程款则按实际完成的工程量和合同中确定的单价计算。当总价和单价的计算结果不一致时，以单价为准调整总价。值得注意的是，承包商所填报的单价应为计入各种摊销费用后的综合单价，而非直接费单价。由于单价合同允许随工程量变化而调整工程总价，业主和承包商都不存在工程量方面的风险，因此，对合同双方都比较公平。单价合同又可分为固定单价合同和变动单价合同。

1）在固定单价合同条件下，无论发生哪些影响价格的因素都不对单价进行调整，因而，对承包商而言就存在一定的风险。固定单价合同适用于工期较短、工程量变化幅度不会太大的项目。

2）当采用变动单价合同时，合同双方可以约定一个估计的工程量，当实际工程量发生较大变化时可以对单价进行调整，同时，还应该约定如何对单价进行调整；当然也可以约定，当通货膨胀达到一定水平或者国家政策发生变化时，可以对哪些工程内容的单价进行调整以及如何调整等。因此，承包商的风险就相对较小。

综上可以看出，单价合同大多用于工期长、技术复杂、实施过程中发生各种不可预见因素较多的大型土木工程项目中。单价合同的工程量清单内所列出的工程量为估计工程量，并非准确工程量。

（3）成本加酬金合同。成本加酬金合同也称为成本补偿合同，是与固定总价合同正好相反的合同，工程施工的最终合同价格将按照工程的实际成本再加上一定的酬金进行计算。采用这种合同，承包商不承担任何价格变化或工程量变化的风险，这些风险主要由业主承担，对业主的投资控制很不利。对承包商来说，这种合同比固定总价合同的风险低，利润比较有保证，因而比较有积极性。其缺点是合同的不确定性，由于设计未完成，无法准确确定合同的工程内容、工程量及合同的终止时间，有时难以对工程计划进行合理安排。成本加酬金合同通常用于以下两种情况：

1）工程特别复杂。工程技术、结构方案不能预先确定，或者尽管可以确定工程技术和结构方案，但是不可能进行竞争性的招标活动并以总价合同或单价合同的形式确定承包商，如研究开发性质的工程项目。

2）时间特别紧迫，如抢险、救灾工程，来不及进行详细的计划和商谈。

成本加酬金合同主要有成本加固定费用合同、其中，成本加固定比例费用合同、成本加奖金合同和最大成本加费用合同多种形式。成本加固定比例费用合同，一般在工程初期很难描述工作范围和性质，或工期紧迫，无法按常规编制招标文件招标时采用。成本加奖金合同，在招标时，当图纸、规范等准备不充分，不能据以确定合同价格，而仅能制定一个估算指标时可采用这种形式。最大成本加费用合同，如果实际成本超过合同中规定的工程成本总价，由承包商承担所有的额外费用，若实施过程中节约了成本，节约的部分归业主，或者由业主与承包商分享，在合同中要确定节约分成比例。

总价合同、单价合同、成本加酬金合同的特点和适用范围见表7-1。

183

表 7-1　总价合同、单价合同、成本加酬金合同的特点和适用范围

种类	特点	适用范围
总价合同	评标时易于确定报价最低的承包商，易支付计算； 承包商风险大； 要求准备详细全面的设计图纸和各项说明	工程量不太大且能精确计算、工期较短、技术不太复杂、风险不大的项目
单价合同	量价分离，量变价不变； 风险合理分摊； 合同成立关键在于双方对单价和工程量计算方法的确认	适用项目很广，大多用于工期长、技术复杂、大型复杂工程的施工，以及为了缩短建设周期，初步设计完成后就进行施工招标的工程
成本加酬金合同	业主风险大； 业主对工程总造价不易控制	需要立即开展工作、新型工程项目、工程内容及技术经济指标未确定的项目；或是边设计、边施工的紧急工程或灾后修复工程

（4）与建筑工程项目有关的其他合同。

1）建设工程委托监理合同。建设工程委托监理合同是指委托人（发包人）与监理人签订的，为了委托监理人承担监理业务而明确双方权利义务关系的协议。

2）建设工程物资采购合同。建设工程物资采购合同是指出卖人转移建设工程物资所有权于买受人，由买受人支付价款的明确双方权利义务关系的协议。

3）建设工程保险合同。建设工程保险合同是指发包人或承包人为防范特定风险而与保险公司签订的明确权利义务关系的协议。

4）建设工程担保合同。建设工程担保合同是指义务人（发包人或承包人）或第三人（或保险公司）与权利人（承包人或发包人）签订为保证建设工程合同全面、正确履行而明确双方权利义务关系的协议。

7.1.3　建筑工程项目合同的法律特征

建筑工程项目合同除具有一般合同共有的特征外，还具有以下特征：

（1）合同标的的特殊性。建设工程合同的标的是涉及建设工程的服务，而建设工程具有产品固定，不能流动，产品多样，需单个完成，产品消耗材料多，所需资金大，建设周期长等特点。这些都决定了建设工程合同的重要性，也使得建设工程合同具有了一些有别于一般合同的法律特征。

（2）合同主体的特殊性。工程建设是一项技术含量较高、对社会影响极大的活动，因此法律对建设工程合同主体的资格有严格的限制，只有具备一定的资质条件，取得相应资质证书的法人，才具有签约承包的民事权利能力和民事行为能力。任何个人及其他单位都不得承包工程，也不具有签约资格。

（3）合同形式的特殊性。《中华人民共和国民法典》规定，当事人订立合同，有书面形式、口头形式和其他形式。法律、行政法规规定采用书面形式的，应当采用书面形式。由于工程建设周期长，影响工程投资、质量、工期、安全等因素多，专业技术性强，当事人之间的权利义务关系复杂，不是简单的口头约定就能解决问题的。因此，《中华人民共和国建筑法》第十五条明确规定，建筑工程的发包单位与承包单位应当依法

订立书面合同，明确双方的权利和义务。

（4）合同监督管理的特殊性。建设工程合同履行过程中涉及的主体多，内容的约定需要与相关合同相协调，在较长的合同期内，双方履行义务往往会受到不可抗力、履行过程中法律法规政策的变化、市场价格的浮动等因素的影响，导致合同的履行管理更为复杂和严格，管理的难度加大。

7.1.4 建筑工程项目合同的内容

1. 施工总承包合同的内容

合同的内容是指当事人之间就设定、变更或者终止权利义务关系表示一致的意思，合同内容通常称为合同条款。合同的内容由当事人约定，一般包括：当事人的名称或姓名和住所；标的；数量；质量；价款或者报酬；履行期限、地方和方式；违约责任；解决争议的方法。

建筑工程项目合同条款除应包括一般合同所应具备的主要条款外，还应根据合同的特点，具备工程范围、建设工期、中间交工工程的开工和竣工时间、工程质量、工程造价、技术资料交付时间、材料和设备供应责任、拨款和结算、竣工验收、质量保修范围和质量保证期、双方协作等条款。

（1）合同协议书。合同协议书是施工合同的总纲性法律文件，经过双方当事人签字盖章后合同即成立。

标准化的协议书格式文字量不大，需要结合承包工程特点填写的约定主要内容包括工程概况、合同工期、质量标准、签约合同价和合同价格形式、项目经理、合同文件构成、承诺，以及合同生效条件等重要内容，集中约定了合同当事人基本的合同权利义务。

（2）通用合同条款。通用合同条款是合同当事人根据《中华人民共和国建筑法》《中华人民共和国合同法》等法律法规的规定，就工程建设的实施及相关事项，对合同当事人的权利义务作出的原则性约定。

通用合同条款共计20条，具体条款分别为：一般约定、发包人、承包人、监理人、工程质量、安全文明施工与环境保护、工期和进度、材料与设备、试验与检验、变更、价格调整、合同价格、计量与支付、验收和工程试车、竣工结算、缺陷责任与保修、违约、不可抗力、保险、索赔和争议解决。前述条款安排既考虑了现行法律法规对工程建设的有关要求，也考虑了建设工程施工管理的特殊需要。

（3）专用合同条款。专用合同条款是对通用合同条款原则性约定的细化、完善、补充、修改或另行约定的条款。合同当事人可以根据不同建设工程的特点及具体情况，通过双方的谈判、协商对相应的专用合同条款进行修改补充。在使用专用合同条款时，应注意以下事项：

1）专用合同条款的编号应与相应的通用合同条款的编号一致；

2）合同当事人可以通过对专用合同条款的修改，满足具体建设工程的特殊要求，避免直接修改通用合同条款；

3）在专用合同条款中有横道线的地方，合同当事人可针对相应的通用合同条款进行细化、完善、补充、修改或另行约定；如无细化、完善、补充、修改或另行约定，则填写"无"或划"/"。

（4）附件。范本中为使用者提供了"承包人承揽工程项目一览表""发包人供应材料设备一览表"和"工程质量保修书""主要建筑工程文件目录""承包人用于本工程施工的机械设备表""承包人主要施工管理人员表""分包人主要施工管理人员表""履约担保""预付款担保""支付担保""材料暂估价表""工程设备暂估价表""专业工程暂估价表"标准化附件，如果具体项目的实施为包工包料承包，则可以不使用发包人供应材料设备表。

2. 合同文件及解释顺序

（1）合同文件应能相互解释，互为说明专用条款另有约定外，组成建设工程施工合同的文件及优先解释顺序如下：

1）双方签署的合同协议书。

2）中标通知书（如果有）。

3）投标函及其附录（如果有）。

4）投标书及其附件。

5）通用合同条款。

6）技术标准和要求。

7）图纸。

8）已标价工程量清单或预算书。

9）其他合同文件。

在合同订立及履行过程中形成的与合同有关的文件均构成合同文件的组成部分。

（2）当合同文件内容含糊不清或不相一致时，在不影响工程正常进行的情况下，由发包人与承包人协商解决。双方也可以提请负责监理的工程师作出解释。双方协商不成或不同意负责监理的工程师的解释时，按有关争议的约定处理。

本合同文件使用汉语语言文字书写、解释和说明。如专用条款约定使用两种以上（含两种）语言文字时，汉语应为解释和说明本合同的标准语言文字。在少数民族地区，双方可以约定使用少数民族语言文字书写和解释、说明本合同。

》》》 7.2　建筑工程项目合同的订立与履行

7.2.1　建筑工程项目合同的订立

1. 建筑工程项目合同订立的条件

（1）初步设计已经批准。

（2）有能满足施工需要的设计文件和有关技术资料。

（3）建设资金和建筑材料、设备来源已经落实。

（4）中标通知书已经下达。

（5）国家重点建设工程项目必须有国家批准的投资计划可行性研究报告等文件。

（6）合同当事人双方必须具备相应资质条件和履行施工合同的能力，即合同主体必须是法人。

2. 建筑工程项目合同订立的原则

建筑工程项目合同的订立，必须遵循《中华人民共和国民法典》所规定的平等、自愿、公平、诚实信用、合法等原则。

(1)平等原则。平等原则是指合同的当事人，无论是自然人还是法人，也无论其经济实力的强弱或地位的高低，他们在法律上的地位一律平等，双方就合同条款充分协商，在互利互惠基础上取得一致，任何一方不得将自己的意志强加给另一方。同时，法律也给双方提供平等的法律保护及约束。

(2)自愿原则。自愿原则是指合同的当事人在法律允许的范围内享有完全的自由，可按自己的意愿缔结合同，为自己设定权利、义务，任何单位和个人不得非法干预。合同自愿原则表现在：是否缔结合同、与谁缔结合同、合同的内容、形式的选择等当事人有充分的自由。

(3)公平原则。公平原则是指合同的当事人应当遵循公平原则确定各方的权利和义务，不得显失公平。

(4)诚实信用原则。诚实信用原则是指合同的当事人在行使权利、履行义务时，都应本着诚实、善意的态度，恪守信用，不得滥用权利，也不得规避法律或合同规定的义务。

(5)合法原则。《中华人民共和国民法典》规定："当事人订立、履行合同，应当遵守法律、行政法规，尊重社会公德，不得扰乱社会经济秩序，损害社会公共利益。"这就要求合同当事人必须按照法律的规定来订立合同，不得采用欺诈、胁迫等有违社会公德的手段，不得损害社会公共利益；否则，所订立的合同无效，不具有法律效力。

3. 建筑工程项目合同订立的程序

订立经济合同一般要经过要约和承诺两个步骤，而建筑工程项目合同的签订有其特殊性，需要经过要约邀请、要约和承诺三个步骤。

(1)要约邀请。要约邀请是希望他人向自己发出要约的意思表示。要约邀请并不是合同成立过程中的必经过程，它是当事人订立合同的预备行为，在法律上无须承担责任。在建设工程招标投标活动中，发放招标文件或招标邀请书即是要约邀请行为，其目的是邀请潜在的承包方投标。

(2)要约。要约是指当事人一方向另一方提出合同条件，希望和另一方订立合同的意思表示。发出要约的一方为要约人，接受要约的一方为受要约人。要约应当具备以下条件：

1)内容具体确定。

2)表明经受要约人承诺，要约人即受该意思表示约束。

要约具有法律约束力，要约到达受要约人时生效，要约人不得擅自撤回或更改。在建设工程合同签订的过程中，承包方向发包方递交投标书的投标行为就是一种要约行为。作为要约的投标对承包方具有法律约束力，表现在承包方在投标生效后无权修改或撤回投标，以及一旦中标就必须与发包方签订合同，否则要承担相应责任等。

(3)承诺。承诺是受要约人同意要约的意思表示。承诺应当具备以下条件：

1)承诺必须由受要约人作出。

2)承诺只能向要约人作出。

3)承诺的内容应当与要约的内容一致。

4)承诺必须在承诺期限内发出。

在建筑工程项目合同的订立过程中，招标人发出中标通知书的行为就是承诺。因此，作为中标通知书必须由招标人向投标人发出，并且其内容应当与招标文件、技标文件的内容一致。《中华人民共和国招标投标法》规定："招标人和中标人应当自中标通知书发出之日起 30 日内，按照招标文件和中标人的投标文件订立书面合同。招标人和中标人不得再行订立背离合同实质性内容的其他协议。"

要约与要约邀请的区别见表 7-2。

表 7-2 要约与要约邀请的区别

	要约邀请	要约
目的不同	邀请他人向自己发出要约	希望与对方订立合同
内容不同	寄送的价目表、拍卖公告、招标公告、招股说明书、商业广告等为要约邀请	内容明确具体，包含拟定合同的主要内容
法律效力不同	不是法律行为。即使对方向自己发出要约，要约邀请人也无须承担任何责任	是法律行为。一旦对方承诺，合同即生效

4. 建筑工程项目合同的效力

(1)合同效力的概念。合同效力是指依法成立的合同所产生的法律后果。《中华人民共和国民法典》规定："依法成立的合同，对当事人具有法律约束力。当事人应当按照约定履行自己的义务，不得擅自变更或者解除合同。依法成立的合同，受法律保护。"

建筑工程项目合同生效是指建筑工程项目合同产生法律上的约束力。建筑工程项目合同产生法律上的约束力，主要是对合同双方当事人来讲的。建筑工程项目合同一旦生效，合同当事人即享有合同中所约定的权利和承担合同中所约定的义务。享有权利的一方，其权利受法律的保护，承担义务的一方必须履行自己的义务；否则，应承担相应的违约责任。

(2)建筑工程项目合同生效的条件。建筑工程项目合同作为《中华人民共和国民法典》分则列举的一种合同，其生效也应遵循《中华人民共和国民法典》的相关规定。建筑工程项目合同生效的条件应当包括以下几项：

1)订立合同的当事人必须具有相应的民事权利能力和民事行为能力。

2)意思表示真实。

3)不违反法律、法规或者损害社会公共利益。

4)具备法律、行政法规规定的合同生效必须具备的形式要件。

合同具备以上有效条件，依法成立，具有法律效力。合同不具备以上有效条件的，其效力即受到影响。

影响合同效力因素有欺诈、胁迫或乘人之危，以合法形式掩盖非法目的，重大误解，无权代理、无权处分，不具有相应的行为能力等。但并非不具备上述民事法律行为有效条件的合同均为无效合同。法律从促进交易的原则出发，可将这类合同分为无效合同、效力待定合同和可变更、可撤销合同三种。

(3)无效合同。无效合同是指合同内容或者形式违反了法律、行政法规的强制性规定和社会公共利益，因而，不能产生法律约束力，不受法律保护的合同。

1)无效合同的类型。《中华人民共和国民法典》规定，有下列情形之一的，合同无效：

①一方以欺诈、胁迫的手段订立合同，损害国家利益。所谓欺诈，是指故意隐瞒真实情况或故意告知对方虚假情况，欺骗引诱对方作出错误的意思表示而与之订立合同；所谓胁迫，是指行为人以将要发生的损害或者以直接实施损害相威胁，使对方当事人产生恐惧而与之订立合同。

②恶意串通、损害他人合法利益。所谓恶意串通，是指合同双方当事人非法勾结，为牟取私利而共同订立的损害他人合法利益的合同。

③以合法形式掩盖非法目的。即行为人为达到非法目的以迂回的方法避开法律或行政法规的强制性规定。

④损害社会公共利益。损害社会公共利益的合同，实质上就是违反了社会公德，破坏了社会经济秩序。

⑤违反法律、行政法规的强制性规定

2)建筑工程项目无效合同的主要情形。无效的建筑工程项目合同是指虽然发包人与承包方已经订立合同，但因违反法律规定而没有法律约束力，国家不予以承认和保护，甚至要对违法当事人进行制裁的建设工程合同。造成建筑工程项目合同无效的因素是多方面的，例如，未取得相应资质或者超越资质等级订立的合同，违反招标投标法律规定订立的合同，违反基本建设程序的合同，采取欺诈、胁迫的手段签订的损害国家利益或社会公共利益的合同等。

3)合同中免责条款无效的法律规定。合同中免责条款，是指当事人在合同中约定免除或者限制其未来责任的合同条款。免责条款无效，是指没有法律约束力的免责条款。《中华人民共和国民法典》第506条规定，合同中的下列免责条款无效：

①造成对方人身伤害的。

②因故意或者重大过失造成对方财产损失的。

法律之所以规定上述两种情况的免责条款无效，一是因为这两种行为具有一定的社会危害性和法律的谴责性；二是这两种行为都可能构成侵权行为责任。如果当事人约定这种侵权行为可以免责，就等于以合同的方式剥夺了当事人合同以外的合法权利。

4)无效合同的法律后果。无效合同自始没有法律约束力。合同无效不影响合同中独立存在的有关解决争议方法条款的效力。

(4)效力待定合同。

1)效力待定合同的概念。效力待定合同是指合同虽然已经成立，但因其不完全符合有关生效要件的规定，其效力能否发生尚未确定，一般须经有权人表示承认方能生效的合同。

2)效力待定合同的种类。效力待定合同包括以下几种类型：

①限制民事行为能力人订立的合同。限制民事行为能力人订立的合同，经法定代理人追认后，该合同有效，但纯获利、无义务的合同或者与其年龄、智力、精神健康状况相适应而订立的合同，不必经法定代理人追认。法定代理人明确表示不认可、不追认的合同，合同不发生效力。

②无权代理的行为人代订的合同。无权代理行为，是指行为人没有代理权、超越代理权限范围代理或者代理权终止后仍以被代理人的名义订立的合同，属于效力待定的合同。

无权代理人代订的合同未经被代理人追认，对被代理人不发生效力，由行为人承担责任。行为人没有代理权、超越代理权或者代理权终止后以被代理人名义订立合同，相对人有正当理由相信行为人有代理权的，该代理行为有效。

③无处分权人处分他人财产的合同。当事人订立合同处分财产时，应当享有财产处分权，否则合同无效。但法律规定，无处分权的人处分他人的财产，经权利人追认或者无处分权的人订立合同后取得处分权的，该合同转为有效。权利人未追认，行为人未取得处分权，而相对人是善意的，则相对人可取得所有权，此时行为人向权利人和相对人承担责任。

（5）可撤销合同。可撤销合同是指因意思表示不真实，合同虽然已经成立，但由于欠缺合同生效条件，一方当事人可以请求人民法院或仲裁机构对其予以撤销，使其归于无效的合同。

1）可撤销合同的种类。

①因重大误解订立的合同。重大误解是指一方当事人由于自己的过错，对建设工程合同的内容等发生误解而订立了合同，该合同涉及当事人的重大利益。

②时显失公平的合同。显失公平的合同是指一方当事人利用优势或者利用对方没有经验，订立的双方权利和义务明显违反公平、等价有偿原则的合同。

③以欺诈、胁迫的手段或者乘人之危使对方在违背真实意思的情况下订立的合同。以欺诈、胁迫的手段订立合同，损害国家利益的，为无效合同。如未损害国家利益，受欺诈、胁迫的一方可以自主决定该合同有效或请求撤销。

2）撤销权的行使。《中华人民共和国民法典》规定，有下列情形之一的，撤销权消灭：

①当事人自知道或者应当知道撤销事由之日起一年内、重大误解的当事人自知道或者应当知道撤销事由之日起九十日内没有行使撤销权；

②当事人受胁迫，自胁迫行为终止之日起一年内没有行使撤销权；

③当事人知道撤销事由后明确表示或者以自己的行为表明放弃撤销权。

④当事人自民事法律行为发生之日起五年内没有行使撤销权的，撤销权消灭。

5. 工程合同跟踪

合同签订以后，合同中各项任务要落实到具体的项目经理部或具体的项目参与人员身上，承包单位作为履行合同义务的主体，必须对合同执行者（项目经理部或项目参与人）的履行情况进行跟踪、监督和控制，确保合同义务的完全履行。

工程合同跟踪有两个方面的含义：一是承包单位的合同管理职能部门对合同执行者的履行情况进行的跟踪、监督和检查；二是合同执行者本身对合同计划的执行情况进行的跟踪、检查与对比。在合同实施过程中两者缺一不可。

在工程实施过程中，由于实际情况千变万化，导致合同实施与预定目标（计划和设计）偏离。如果不采取措施，这种偏差会由小到大，逐渐积累。合同跟踪可以不断找出偏离，不断地调整合同实施，使之与总目标一致。这是合同控制的主要手段。

（1）合同跟踪的作用。

①通过合同实施情况分析，找出偏离，以便及时采取措施，调整合同实施过程，达到合同总目标。所以，合同跟踪是调整决策的前导工作。

②在整个工程实施过程中，使项目管理人员清楚地了解合同实施情况，对合同实施现状、趋向和结果有一个清醒的认识。

（2）合同跟踪的依据。

①合同及合同分析的结果。如各种计划、方案、合同变更文件等是比较的基础，是合同实施的目标和依据。

②各种实际的工程文件。如原始记录，各种工程报表、报告、验收结果、量方结果等。

③工程管理人员对现场情况的直观了解。施工现场的巡视、与各种人谈话、召集小组会议、检查工程质量、量方等，是最直观的感性认识，可以更快地发现问题，更能透彻地了解问题，有助于迅速采取措施减少损失。

（3）合同跟踪的对象。

①具体的合同实施工作。对照合同实施工作表的具体内容，分析该工作的实际完成情况。即

a. 工作质量是否符合合同要求，如工作的精度、材料质量是否符合合同要求，工作过程中有无其他问题。

b. 工程范围是否符合要求，有无合同规定以外的工作。

c. 是否在预定期限内完成工作，工期有无延长，延长的原因是什么。

d. 成本有无增加或减少。

经过上面的分析，可以找出偏差的原因和责任，从而发现索赔机会。

②对工程小组或分包商的工程和工作进行跟踪。工程承包人可以将工程施工任务分解交由不同的工程小组或发包给专业分包人完成，但必须对这些工程小组或分包人及其所负责的工程进行跟踪检查、协调关系，提出意见、建议或警告，保证工程总体质量和进度。

对专业分包人的工作和负责的工程，总承包商负有协调和管理的责任，并承担由此造成的损失，所以，专业分包人的工作和负责的工程必须纳入总承包工程的计划和控制中，防止因分包人工程管理失误而影响全局。

③业主和其委托的工程师的工作。

a. 业主是否及时、完整地提供了工程施工的实施条件，如场地、图纸、资料等。

b. 业主和工程师是否及时给予了指令、答复和确认等。

c. 业主是否及时并足额地支付了应付的工程款项。

④对工程总体进行跟踪。对工程总体实施状况的跟踪可以通过以下几个方面进行：

a. 工程整体施工秩序状况。如果出现以下情况，合同实施必然有问题：现场混乱、拥挤不堪；承包商与业主的其他承包商、供应商之间协调困难；合同事件之间和工程小组之间协调困难；出现事先未考虑到的情况和局面；发生较严重的工程事故等。

b. 已完工程未能通过验收；出现大的工程质量问题；工程试生产不成功或达不到预定的生产能力等。

c. 施工进度未能达到预定计划；主要的工程活动出现拖期；在工程周报和月报上，计划与实际进度出现大的偏差。

d. 计划与实际的成本曲线出现大的偏离。

6. 合同控制

合同控制是指承包商的合同管理组织为保证合同所约定的各项义务的全面完成及各

项权利的实现，以合同分析的成果为基准，对整个合同实施过程进行全面监督、检查、对比和纠正的管理活动。

（1）工程合同控制的日常工作。工程合同控制应贯彻到工程实施的各项工作之中，其日常工作主要有以下内容：

1）参与落实计划。

2）协调各方关系。

3）指导合同工作。

4）参与其他项目控制工作。

5）合同实施情况的追踪、偏差分析及参与处理。

6）负责工程变更管理。

7）负责工程索赔管理。

8）负责工程文档管理。

9）争议处理。

（2）合同控制措施。

1）组织措施。

2）技术措施。

3）经济措施。

4）合同措施。

7.2.2　建筑工程项目合同的履行

建筑工程项目合同一经签订，即具有法律约束力，合同当事人必须按照合同约定的内容，全面履行各自的义务，实现各自的权利。

1. 建筑工程项目合同履行的原则

（1）全面履行原则。当事人应当按照合同约定全面履行各自的义务，即按合同约定的标的、价款、数量、质量、地点、期限、方式等全面履行各自的义务。

合同生效后，如当事人就质量、价款或者报酬、履行地点等内容没有约定或者约定不明的，可以协议补充。不能达成补充协议的，按照合同有关条款或者交易习惯确定。如果按照上述办法仍不能确定合同如何履行的，适用下列规定进行履行：

1）质量要求不明确的，按国家标准、行业标准履行；没有国家、行业标准的，按通常标准或者符合合同目的的特定标准履行。

2）价款或报酬不明确的，按订立合同时履行地的市场价格履行；依法应当执行政府定价或者政府指导价的，在合同约定的交付期限内政府价格调整时，按照交付时的价格计价。逾期交付标的物的，遇价格上涨时，按照原价格执行；价格下降时，按照新价格执行。逾期提取标的物或者预期付款的，遇价格上涨时，按照新价格执行；价格下降时，按照原价格执行。

3）履行地点不明确的，给付货币的，在接收货币一方所在地履行；交付不动产的，在不动产所在地履行；其他标的，在履行义务一方所在地履行。

4）履行期限不明确的，债务人可以随时履行，债权人也可以随时要求履行，但应当给对方必要的准备时间。

5）履行方式不明确的，按照有利于实现合同目的的方式履行。

6）履行费用的负担不明确的，由履行义务一方承担。

（2）诚实信用原则。当事人应当遵循诚实信用原则，根据合同性质、目的和交易习惯履行通知、协助和保密等义务。

2. 建筑工程项目合同履行的抗辩权

合同履行中的抗辩权是指在双务合同的履行中，在满足一定法定条件时，合同当事人一方可以对抗另一方当事人的履行要求，暂时拒绝履行合同约定义务的权利。合同履行中的抗辩权包括同时履行抗辩权、后履行抗辩权和先履行抗辩权。抗辩权履行情况见表7-3。

表7-3　抗辩权履行情况

同时履行抗辩权	又称不履行抗辩权，是指同时履行的双务合同当事人在对方未为对待给付之前，有权对抗对方的履行要求，拒绝自己的履行
后履行抗辩权	当事人互负债务，有先后履行顺序的，应先履行的一方履行债务不符合规定的，后履行的一方也有权拒绝其相应的履行要求
先履行抗辩权	又称不安抗辩权，是指合同中约定了履行的顺序，合同成立后发生了应当后履行合同一方财务状况恶化的情况，应当先履行合同一方在对方未履行或者提供担保前有权拒绝先为履行

应当先履行合同的一方有确切证据证明对方有下列情形之一的，可以中止履行：

（1）经营状况严重恶化。

（2）转移财产、抽逃资金，以逃避债务的。

（3）丧失商业信誉。

（4）有丧失或者可能丧失履行债务能力的其他情形。

当事人依据前面规定中止履行合同的，应当及时通知对方。对方提供适当的担保时，应当恢复履行。中止履行后，对方在合理的期限内未恢复履行能力并且未提供适当的担保，视为以自己的行为表明不履行主要债务，中止履行一方可以解除合同并请求对方承担违约责任。

3. 建筑工程项目合同履行的保全

（1）代位权。代位权是指债权人为了保全其债权不受损害，以自己的名义代债务人行使权利的权利。《中华人民共和国民法典》第535条规定，因债务人怠于行使其债权或者与该债权有关的从权利，影响债权人的到期债权实现的，债权人可以向人民法院请求以自己的名义代位行使债务人对相对人的权利，但是该权利专属于债务人自身的除外。

代位权的行使范围以债权人的到期债权为限。债权人行使代位权的必要费用，由债务人负担。

代位权是债权人代替债务人向次债务人主张权利，是一种法定的权利，不需要当事人的特别约定，成立的条件有以下几项：

1）代位权的行使以债权人自己的名义进行。

2）代位权的行使应当通过人民法院进行。为避免造成民事流转的混乱，代位权的行使以裁判方式为必要方式。

3）代位权的行使以债权人的债权为限。

4) 债权人不得代位行使专属于债务人自身的债权。专属于债务人自身的权利是指须由债务人亲自行使才产生法律效力的权利。

5) 债权人行使代位权的必要费用由债务人负担。

（2）撤销权。撤销权是指债权人对于债务人危害其债权实现的不当行使，有请求人民法院予以撤销的权利。在合同履行过程中，当债权人发现债务人的行为将会危害自身的债权实现时，可以行使法定的撤销权，以保障合同中约定的合法权益。

《中华人民共和国民法典》第 538 条规定，债务人以放弃其债权、放弃债权担保、无偿转让财产等方式无偿处分财产权益，或者恶意延长其到期债权的履行期限，影响债权人的债权实现的，债权人可以请求人民法院撤销债务人的行为。

《中华人民共和国民法典》第 539 条规定，债务人以明显不合理的低价转让财产、以明显不合理的高价受让他人财产或者为他人的债务提供担保，影响债权人的债权实现，债务人的相对人知道或者应当知道该情形的，债权人可以请求人民法院撤销债务人的行为。

《中华人民共和国民法典》第 540 条规定，撤销权的行使范围以债权人的债权为限。债权人行使撤销权的必要费用，由债务人负担。

债权人撤销权的行使必须由享有撤销权的人以自己的名义，向人民法院提出诉讼，请求法院撤销债务人危害其债权的行为。因行使撤销权而取得的财产价值应与债权人的债权价值相当。债权人行使撤销权发生的必要费用由债务人承担。

《中华人民共和国民法典》第 541 条规定，撤销权自债权人知道或者应当知道撤销事由之日起一年内行使。自债务人的行为发生之日起五年内没有行使撤销权的，该撤销权消灭。

4. 建筑工程项目合同履行的担保

合同履行的担保是保证合同履行的一项法律制度，是合同当事人为全面履行合同及避免因对方违约遭受损伤而设定的保证措施。合同履行的担保是通过签订担保合同或在合同中设立担保条款来实现的。建设工程合同的担保形式主要有保证、抵押和定金三种。

（1）保证。保证是指保证人和债权人约定，当债务人不履行债务时，保证人按照约定履行债务或者承担责任的行为。保证法律关系至少有三方参加，即保证人、被保证人（债务人）和债权人。

保证的方式有两种，即一般保证和连带责任保证。一般保证是指当事人在保证合同中约定，债务人不能履行债务时，由保证人承担责任的保证；连带责任保证是指当事人在保证合同中约定保证人与债务人对债务承担连带责任的保证。

具有代为清偿债务能力的法人、其他组织或者公民，可以作为保证人。但以下组织不能作为保证人：

1) 企业法人的分支机构、职能部门。有法人书面授权的，可在授权范围内提供保证。

2) 国家机关。

3) 学校、幼儿园、医院等以公益为目的的事业单位、社会团体。

保证合同生效后，保证人就应当在合同规定的保证范围和保证期间承担保证责任。保证是建设工程合同履行中最为常用的一种担保方式，如施工投标保证、施工合同的履约保证、施工预付款保证等。

（2）抵押。抵押是指债务人或者第三人向债权人以不转移占有的方式提供一定的财产作为抵押物，用以担保债务履行的担保方式。债务人不履行债务时，债权人有权依照法律规定以抵押物折价或者从变卖抵押物的价款中优先受偿。

债务人或者第三人提供担保的财产为抵押物。成为抵押物的财产必须具备一定的条件。下列财产可以作为抵押物：

1）抵押人所有的房屋和其他地上定着物。

2）抵押人所有的机器、交通运输工具和其他财产。

3）抵押人依法有权处分的国有土地使用权、房屋和其他地上定着物。

4）抵押人依法有权处置的国有机器、交通运输工具和其他财产。

5）抵押人依法承包并经发包人同意抵押的荒山、荒沟、荒丘、荒滩等荒地的土地使用权。

6）依法可以抵押的其他财产。

《中华人民共和国民法典》还对不得作为抵押物的财产、抵押合同的生效、抵押的效力、抵押权的实现等作了明确规定。

（3）定金。定金是指当事人双方为了保证债务的履行，约定由当事人一方先行支付给对方一定数额的货币作为担保。给付定金的一方不履行约定债务的，无权要求返还定金；收受定金的一方不履行约定债务的，应当双倍返还定金。

定金应当以书面形式约定。当事人在定金合同中应当约定交付定金的期限。定金合同从实际交付定金之日起生效。定金的数额由当事人约定，但不得超过主合同标的数额的 20%。

7.3 建筑工程项目合同的变更与索赔

7.3.1 建筑工程项目合同的变更

1. 合同变更的概念

广义的合同变更，是指合同依法成立后，在尚未履行或尚未完全履行时，当事人依法经过协商，对合同的内容进行修订或调整所达成的协议，包括合同内容的变更和合同主体的变更；狭义的合同变更，是指合同内容的变更。

建设工程合同变更是指建设工程合同依法成立后，当事人对已经发生法律效力，但尚未履行或者尚未完全履行的建设工程合同，进行修改或补充所达成的协议。建设工程合同的变更是指建设工程合同内容的变更。

2. 合同变更的条件

合同变更必须针对有效的合同，协商一致是合同变更的必要条件，任何一方都不得擅自变更合同。建设工程合同变更需要符合以下条件：

（1）合同关系已依法成立。建设工程合同的变更基于已经成立的原合同关系，由当事人对其部分内容加以修改，作为履行的依据。如果原合同无效，自成立时起就不具有法律约束力，不存在合同变更的问题。

（2）合同内容发生变化。建设工程合同的变更包括建设规模的扩大、工期的变化、质量标准的改变等。建设工程合同变更会改变当事人之间权利和义务的内容，直接关系到当事人的利益。变更后的合同取代原合同的法律效力，作为发包人、承包人履行合同的依据。

(3)合同变更符合法定程序。建设工程合同是发包人和承包人协商一致的结果，合同内容的变更，也应当经发包人和承包人协商一致。国家重大建设工程合同涉及内容的重大变化，须经审批后变更。发包方和承包方协商一致变更建设工程合同，应当采用书面形式。

3. 合同变更的范围

合同变更是合同实施调整措施的综合体现。

(1)合同条款的变更。合同条款及合同协议书所定义的双方责权利关系，或一些重大问题的变更，是狭义的合同变更。

(2)工程变更。工程变更是指在工程施工过程中，工程师或业主代表在合同约定范围内对工程范围、质量、数量、性质、施工次序和实施方案等作出变更，是最常见和最多的合同变更。

(3)合同主体的变更。如由于特殊原因造成合同责任和权益的转让，或合同主体的变化。

4. 合同变更的处理要求

(1)尽可能快地作出变更。

1)施工停止，承包商等待变更指令或变更会谈决议。等待变更为业主责任，通常可提出索赔。

2)变更指令不能迅速作出，而现场继续施工，会造成更大的返工损失。

(2)迅速、全面、系统地落实变更指令。变更指令作出后，承包商应迅速、全面、系统地落实变更指令；全面修改相关的各种文件，如图纸、规范、施工计划、采购计划等，使它们一直反映和包容最新的变更；在相关工程小组和分包商的工作中落实变更指令，并提出相应的措施，同时，又要协调好各方面工作。

(3)保存原始设计图纸、设计变更资料、业主书面指令，变更后发生的采购合同、发票及实物或现场照片等。

(4)进一步分析合同变更的影响。合同变更是索赔机会，应在合同规定的索赔有效期内完成索赔处理。在合同变更过程中，应记录、收集、整理所涉及的各种文件，如图纸、各种计划、技术说明、规范和业主的变更指令，以作为进一步分析的依据和索赔的证据。在实际工作中，合同变更必须与提出索赔同步进行，对于重大的变更，应先进行索赔谈判，待达成一致后，再实施变更。赔偿协议是关于合同变更的处理结果，也作为合同的一部分。

(5)合同变更的评审。在分析合同变更的相关因素和条件后，应及时进行变更内容的评审，评审包括合理性、合法性、可能出现的问题及措施等。

由于合同变更对工程施工过程的影响大，会造成工期的拖延和费用的增加，容易引起双方的争执，所以，合同双方都应十分慎重地对待合同变更问题。按照国际工程统计，工程变更是索赔的主要起因。

5. 合同变更的程序和申请

合同变更应有一个正规的程序，有一整套申请、审查、批准手续，如图 7-1 所示。

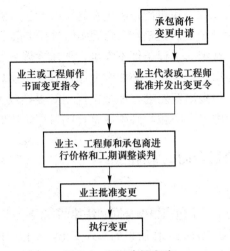

图 7-1　工程变更程序

（1）对重大的合同变更，由合同双方签署变更协议确定。合同双方经过会谈，对变更所涉及的问题，如变更措施、变更的工作安排、变更所涉及的工期和费用索赔的处理等达成一致，然后双方签署备忘录、修正案等变更协议。

在合同实施过程中，工程参加者各方定期开会（一般每周一次），商讨研究新出现的问题，讨论对新问题的解决办法。例如，业主希望工程提前竣工，要求承包商采取加速措施，则可以对加速所采取的措施和费用补偿等进行具体的评审、协商和安排，在合同双方达成一致后签署赶工协议。

对于重大问题，需要经过多次会议协商，通常在最后一次会议上签署变更协议。双方签署的合同变更协议与合同一样具有法律约束力，而且法律效力优先于合同文本。

（2）业主或工程师行使合同赋予的权力，发出工程变更指令。在实际工程中，这种变更数量极多，具体表现在以下几点：

1）与变更相关的分项工程尚未开始，只需要对工程设计作修改或补充，如事前发现图纸错误、业主对工程有新的要求等。在这种情况下，工程变更时间比较充裕，价格谈判和变更的落实可有条不紊地进行。

2）变更所涉及的工程正在施工，如在施工中发现设计错误或业主突然有新的要求。这种变更通常时间很紧迫，甚至可能发生现场停工、等待变更指令等问题。

3）对已经完工的工程进行变更，必须作返工处理。

6. 合同变更的原因

合同的变更实质上是对合同的修改，这种修改虽然不能免除或改变承包商的合同责任，但对合同实施影响很大，如合同变更会影响到材料采购计划、劳动力安排、机械使用计划的实施，必须对原合同内容作相应的调整。在施工合同履行过程中，合同内容频繁变更是很常见的情况。一个较为复杂的施工合同，实施中的变更可能有几百项。施工合同变更的原因一般有以下几种：

（1）业主对建筑有了新的要求，因此发布新的变更指令，如业主决定削减预算，承包商在履行合同时就应作出相应调整。

（2）设计变更。设计变更可能是原设计人员在设计时未能很好地理解业主的意图，或设计人员的疏忽造成的设计错误；也可能是由于在施工时产生了新的技术，业主认为有必要对原设计进行修改等原因造成的。这是施工合同实施过程中最常见的一种变更原因。

（3）工程环境的变化、预定的工程条件不准确，要求实施方案或实施计划变更。

（4）由于新技术、新知识的产生，有必要改变原计划、原实施方案的。

（5）政府部门依法对工程提出新要求，如城市规划变更导致工程不能继续施工等。

（6）由于合同实施过程中出现问题，必须调整合同目标，或修改合同条款。

7.3.2 建筑工程项目合同的索赔

1. 施工索赔的概念

施工索赔是在施工过程中，承包商根据合同和法律的规定，对并非由于自己的过错所造成的损失，或承担了合同规定之外的工作所付的额外支出，承包商向业主提出在经济或时间上要求补偿的权利。从广义上讲，施工索赔还包括业主对承包商的索赔，通常称为反索赔。

2. 施工索赔的实质

施工索赔的实质是项目实施阶段承包商和业主之间工程风险承担比例的合理再分配，即通过施工合同条款的规定，对合同条款进行适当的、公正的调整，以弥补承包商不应承担的损失，使承包合同的风险分担程度趋于合理。

3. 施工索赔的分类

（1）按索赔事件所处合同状态分类。

1）正常施工索赔：这是最常见的索赔形式。

2）工程停建、缓建索赔：工程因不可抗力（如自然灾害、地震、战争、暴乱等）、政府法令、资金或其他原因必须中途停止施工引起的索赔。

3）解除合同索赔：一方严重违约，另一方行使合同解除权引起的索赔。

（2）按索赔依据的范围分类。

1）合同内索赔：是指索赔所涉及的内容可以在履行的合同中找到条款依据。通常，合同内索赔的处理比较容易。

2）合同外索赔：是指索赔所涉及的内容难于在合同条款及有关协议中找到依据，但可能来自民法、经济法及政府有关部门颁布的有关法规所赋予的权力。

3）道义索赔：是指索赔的依据无论在合同内还是合同外都找不到，发包人为了使自己的工程得到很好的进展，处于同情、信任、道义而给与的补偿。

（3）按索赔目的分类。

1）工期索赔：因为工期延长而进行的索赔。工期索赔包括以下两种情况：

①工期延误：由于一方过失导致工期延长。

②工期延期：主要由于第三方原因导致工期拖后，如在地基开挖过程中发现古墓、文物。在这种情况下，乙方可向甲方提出工期索赔。

2）费用索赔：因为费用增加而引起的索赔。

（4）按索赔处理的方式分类。

1）单项索赔：承包人对某一事件的损失提出的索赔。

2）综合索赔：又称为一揽子索赔，是指承包人在工程竣工结算前，将在施工过程中未得到解决的或对发包人答复不满意的单项索赔集中起来，综合提出一次索赔。

4. 施工索赔的起因

(1)发包人或工程师违约。

1)发包人没有按合同规定的时间和要求提供场地、创造施工条件造成违约。

2)发包人没有按施工合同规定的条件提供材料、设备造成违约。

3)发包人没有能力或没有在规定的时间内支付工程款造成违约。

4)工程师对承包人在施工过程中提出的有关问题久拖不定造成违约。

5)工程师工作失误，对承包人进行不正确纠正、苛刻检查等造成违约。

(2)合同变更与合同缺陷。

1)合同变更。合同变更是指施工合同在履行过程中，对合同范围内的内容进行的修改或补充。合同变更包括：

①工程设计变更。

②施工方法变更。

③工程师的指令。

如果工程师指令承包人加速施工、改换某些材料、采取某项措施进行某种工作或暂停施工等，则带有较大成分的人为合同变更，承包商可以抓住这一合同变更的机会，提出索赔要求。

2)合同缺陷。合同缺陷是指承发包当事人所签订的施工合同进入实施阶段才发现的，合同本身存在的、现时已很难再作修改或补充的问题。

施工合同在实施过程中，常发现有以下的情况：

①合同条款用语含糊，难以分清双方的责任和权益。

②合同条款中存在漏洞，对可能发生的情况未作预料和规定。

③合同条款之间存在矛盾，不同条款对同一问题的规定不同。

④由于合同签订前没有将各方对合同条款的理解进行沟通，导致双方对某些条款理解不一致而发生合同争执。

⑤对合同一方要求过于苛刻、约束不平衡，甚至发现某些条款是一种圈套，某些条款中隐含着较大风险。

无论合同缺陷表现为哪一种情况，其最终结果可能是以下两种情况：

①双方当事人对有缺陷的合同条款重新解释定义，协商划分双方的责任和权益。

②双方各自按照本方的理解，将不利责任推给对方，发生激烈的合同争议后，提交仲裁机构裁决。

总之，施工合同缺陷的解决往往是与施工索赔及解决合同争议联系在一起的。

(3)不可预见性因素。

1)不可预见性障碍：是指承包人在开工前，根据发包人所提供的工程地质勘察报告及现场资料，并经过现场调查，都无法发现的地下自然或人工障碍，如古井、墓坑、断层、溶洞及其他人工构筑物类障碍等。

2)其他第三方原因：是指与工程有关的其他第三方所发生的问题对工程施工的影响。其表现的情况是复杂多样的：

①正在按合同供应材料的单位因故被停止营业，使正需要的材料供应中断。

②由于铁路部门的原因，正常物资运输造成压站，使工程设备迟于安装日期到场，或不能配套到场。

③进场设备运输必经桥梁因故断塌，使绕道运费大增。

如果上述情况中的材料供应合同、设备定货合同及设备运输路线是发包人与第三方签订或约定的，承包人可以向发包人提出索赔。

（4）国家政策、法规的变化。通常是指直接影响到工程造价的某些国家政策、法规的变化。常见的国家政策、法规的变化有以下几项：

1）由工程造价管理部门发布的建筑工程材料预算价格调整。

2）建筑材料的市场价与概预算定额文件价差的有关处理规定。

3）国家调整关于建设银行贷款利率的规定。

4）国家有关部门的工程中停止使用某种设备、某种材料的通知。

5）国家有关部门在工程中推广某些设备、施工技术的规定。

6）国家对某种设备、建筑材料限制进口、提高关税的规定等。

显然，上述有关政策、法规对建筑工程的造价必然产生影响，承包人可依据这些政策、法规的规定向发包人提出补偿要求。

5. 合同中止与解除

由于种种原因引起的合同中止与解除必然会引起双方损失，也就会引起索赔。

6. 施工索赔的处理

（1）承包人索赔程序，如图 7-2 所示。

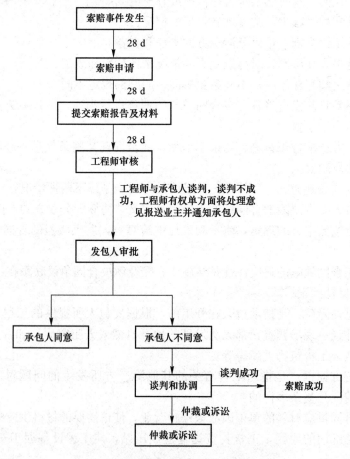

图 7-2 《施工合同文本》规定的索赔程序

1)承包人提出索赔要求

①发出索赔意向通知。索赔事件发生后，承包人应在索赔事件发生后的28天内向工程师递交索赔意向通知，并声明将对此事件提出索赔。该意向通知是承包人就具体的索赔事件向工程师和发包人表示的索赔愿望和要求。如果超过这个期限，工程师和发包人有权拒绝承包人的索赔要求。索赔事件发生后，承包人有义务做好现场施工的同期记录，工程师有权随时检查和调阅，以判断索赔事件造成的实际损害。

②递交索赔报告。索赔意向通知提交后的28天内，或工程师可能同意的其他合理时间，承包人应递送正式的索赔报告或者索赔申请表。索赔报告的内容应包括：事件发生的原因，对其权益影响的证据资料，索赔的依据，此项索赔要求补偿的款项和工期展延天数的详细计算等有关材料。索赔申请表是以表格的形式提出费用(工期)的索赔，主要内容包括：索赔的主体、原因、金额、计算依据及佐证材料等。简单的费用(工期)索赔申请书见表7-4。

表7-4　费用(工期)索赔申请表

工程名称：　　　　　　　　　　　　　　　　　　　　　　　编号：

致：　　　　　　　　　　　　（监理单位） 　　根据施工合同_____条的规定，由于_____的原因，我方要求索赔金额(大写)_____，请予以批准。 　　索赔的详细理由及经过： 　　索赔金额的计算： 　　附：证明材料   　　　　　　　　　　　　　　　　　　　　　　　承包单位_____ 　　　　　　　　　　　　　　　　　　　　　　　项目经理_____ 　　　　　　　　　　　　　　　　　　　　　　　日　　期_____

如果索赔事件的影响持续存在，28天内还不能算出索赔额和工期展延天数时，承包人应按工程师合理要求的时间间隔(一般为28天)，定期陆续报出每一个时间段内的索赔证据资料和索赔要求。在该项索赔事件的影响结束后的28天内，报出最终详细报告，提出索赔论证资料和累计索赔额。

2)工程师审核索赔报告

①工程师审核承包人的索赔申请。接到正式索赔报告以后，工程师应认真研究承包人报送的索赔资料。首先在不确认责任归属的情况下，客观分析事件发生的原因，重温合同的有关条款，研究承包人的索赔证据，并检查他的同期记录；其次通过对事件的分析，工程师再依据合同条款划清责任界限，如果必要时还可以要求承包人进一步提供补充资料。尤其是对承包人与发包人或工程师都负有一定责任的事件影响，更应划出各方应该承担合同责任的比例。最后再审查承包人提出的索赔补偿要求，剔除其中的不合理部分，拟定自己计算的合理索赔款额和工期顺延天数。

②判定索赔成立的原则。工程师判定承包人索赔成立的条件为：

a. 与合同相对照，事件已造成了承包人施工成本的额外支出，或总工期延误；

b. 造成费用增加或工期延误的原因，按合同约定不属于承包人应承担的责任，包括行为责任或风险责任；

c. 承包人按合同规定的程序提交了索赔意向通知和索赔报告。上述三个条件没有先后主次之分，应当同时具备。只有工程师认定索赔成立后，才处理应给予承包人的补偿额。

③对索赔报告的审查。

a. 事态调查。通过对合同实施的跟踪、分析了解事件经过、前因后果，掌握事件详细情况。

b. 损害事件原因分析。即分析索赔事件是由何种原因引起，责任应由谁来承担。

c. 分析索赔理由。主要依据合同文件判明索赔事件是否属于未履行合同规定义务或未正确履行合同义务导致，是否在合同规定的赔偿范围之内。只有符合合同规定的索赔要求才有合法性、才能成立。

d. 实际损失分析。即为索赔事件的影响分析，主要表现为工期的延长和费用的增加。

e. 证据资料分析。主要分析证据资料的有效性、合理性、正确性，这也是索赔要求有效的前提条件。如果工程师认为承包人提出的证据不能足以说明其要求的合理性时，可以要求承包人进一步提交索赔的证据资料。

④确定合理的补偿额。

3)工程师与承包人协商补偿。工程师核查后初步确定应予以补偿的额度、往往与承包人的索赔报告中要求的额度不一致，甚至差额较大。主要原因大多为对承担事件损害责任的界限划分不一致；索赔证据不充分；索赔计算的依据和方法分歧较大等，因此双方应就索赔的处理进行协商。通过协商达不成共识时，承包人仅有权得到所提供的证据满足工程师认为索赔成立那部分的付款和工期顺延。

工程师收到承包人送交的索赔报告和有关资料后，于28天内给予答复或要求承包人进一步补充索赔理由和证据。如果在28天内既未予答复，也未对承包人作进一步要求的话，则视为承包人提出的该项索赔要求已经认可。

对于持续影响时间超过28天以上的工期延误事件，当工期索赔条件成立时，对承包人每隔28天报送的阶段索赔临时报告审查后，每次均应作出批准临时延长工期的决定，并于事件影响结束后28天内承包人提出最终的索赔报告后，批准顺延工期总天数。应当注意的是，最终批准的总顺延天数，不应少于以前各阶段已同意顺延天数之和。

4)发包人审查索赔处理。当工程师确定的索赔额超过其权限范围时，必须报请发包人批准。发包人首先根据事件发生的原因、责任范围、合同条款审核承包人的索赔申请和工程师的处理报告，再依据工程建设的目的、投资控制、竣工投产日期要求以及针对承包人在施工中的缺陷或违反合同规定等的有关情况，决定是否同意工程师的处理意见。索赔报告经发包人同意后，工程师即可签发有关证书。

5)承包人是否接受最终索赔处理。承包人接受最终的索赔处理决定，索赔事件的处理即告结束。如果承包人不同意，就会导致合同争议。通过协商双方达到互谅互让的解决方案，是处理争议的最理想方式。如达不成谅解，承包人有权提交仲裁或诉讼解决。

(2)发包人的索赔。承包人未能按合同约定履行自己的各项义务或发生错误而给发包人造成损失时，发包人也应按合同约定向承包人提出索赔。

(3)索赔意向通知书和索赔报告。

1)索赔意向通知书。索赔意向通知书的内容包括：

①索赔事件发生的时间、地点或工程部位。

②索赔事件发生的双方当事人或其他有关人员。

③索赔事件发生的原因及性质，特别应说明并非承包人的责任。

④承包人对索赔事件发生后的态度，特别应说明承包人为控制事件的发展、减少损失所采取的行动。

⑤写明事件的发生将会使承包人产生额外经济支出或其他不利影响。

⑥提出索赔意向，注明合同条款依据。

2)索赔报告：是承包人提交的要求发包人给予一定经济赔偿或延长工期的重要文件。索赔报告通常包括以下内容：

①标题。

②索赔事件叙述。

③索赔理由及依据。

④索赔值的计算及索赔要求。

⑤索赔证据资料。

7. 施工索赔的依据

(1)合同文件。合同文件是索赔的最主要依据，包括本合同协议书，中标通知书，投标书及其附件，合同专用条款，合同通用条款，标准、规范及有关技术文件，图纸，工程量清单，工程报价单或预算书等。

(2)法律、法规。

(3)工程建设惯例。

(4)工程各种往来函件、通知、答复等。

(5)各种会谈纪要。

(6)经过发包人或者工程师批准的承包人的施工进度计划、施工方案、施工组织设计和现场实施情况记录。

(7)工程各项会议纪要。

(8)气象报告和资料，如有关温度、风力、雨、雪的资料。

(9)施工现场记录。

(10)工程有关照片和录像等。

(11)施工日记、备忘录等。

(12)发包人或者工程师签认的签证。

(13)发包人或者工程师发布的各种书面指令和确认书，以及承包人的要求、请求、通知书等。

(14)工程中的各种检查验收报告和各种技术鉴定报告。

(15)工地的交接记录(应注明交接日期，场地平整情况，水、电、路情况等)，图纸和各种资料交接记录。

(16)建筑材料和设备的采购、订货、运输、进场、使用方面的记录、凭证和报表等。

(17)市场行情资料，包括市场价格、官方的物价指数、工资指数、中央银行的外汇比率等公布材料。

(18)投标前发包人提供的参考资料和现场资料。

(19)工程结算资料、财务报告、财务凭证等。

(20)各种会计核算资料。

8. 施工索赔的计算

(1)工期索赔计算。

1)网络分析法。网络分析法是通过分析索赔事件发生前后网络计划工期的差异(必须是关键线路的时间差值)计算索赔工期的方法。这是一种科学、合理的计算方法,适用于各类工期索赔。

网络分析法即关键线路分析法。关键线路上关键工作持续时间的延长,必然会造成总工期的延长,则可以提出工期索赔;而非关键线路工程活动只要在总时差范围内的延长,则不能提出工期索赔。具体计算方法如下:

①由于非承包商自身的原因造成关键线路上的工序暂停施工。

$$工期索赔天数=关键线路上的工序暂停施工的日历天数$$

②由于非承包商自身的原因造成非关键线路上的工序暂停施工。

$$工期索赔天数=非关键线路上工序暂停施工的日历天数-该工序的总时差天数$$

2)对比分析法。对比分析法适用于索赔事件仅影响单位工程,或分部分项工程的工期,需由此而计算对总工期的影响。具体计算方法有以下两种,按引起延误的时间选用:

①对于已知部分工程的延期的时间。以合同价所占比例计算,计算方法为

$$总工期索赔=\frac{受干扰部分的工程合同总价×原合同总工期}{原合同总价}$$

②对于已知额外增加工程量的价格。以合同价所占比例计算,计算方法为

$$总工期索赔=\frac{附加工程或新增价格的合同总价×原合同总工期}{原合同总价}$$

对比分析法简单方便,但有时不尽符合实际情况,不适用于变更施工顺序、加速施工、删减工程量等事件的索赔。

3)直接法。有时干扰事件直接发生在关键线路上或一次性的发生在一个项目上,造成总工期的延误,这时可通过查看施工日志、变更指令等资料,直接将这些资料中记载的延误时间作为工期索赔值。如承包人按工程师的书面工程变更指令,完成变更工程所用的实际工时即工期索赔值。

(2)费用索赔计算。

1)费用损失索赔内容。费用内容一般可以包括以下几个方面:

①人工费。人工费包括增加工作内容的人工费、停工损失费和工作效率降低的损失费等累计,但不能简单地用计日工费计算。

②设备费。采用机械台班费、机械折旧费、设备租赁费等几种形式。

③材料费。材料消耗量增加费用、材料价格上涨、材料运杂费和储存费增加等累计。

④保函手续费。工程延期时,保函手续费相应增加;反之,取消部分工程且发包人与承包人达成提前竣工协议时,承包人的保函金额相应折减,则计入合同内的保函手续费也相应扣减。

⑤贷款利息。

⑥保险费。

⑦利润。

⑧管理费。此项可分为现场管理费和企业管理费两部分。

2)费用损失索赔额的计算。

①人工费索赔额的计算。人工费索赔包括额外增加工人和加班的索赔、人员闲置费用的索赔、工资上涨索赔和劳动效率降低导致的人工费索赔等，根据实际情况择项计算。

a. 额外增加工人和加班。

$$人工费索赔额 = 增加工时 \times 投标时人工单价$$

b. 闲置人员费索赔。

$$人工费索赔额 = 闲置工时 \times 投标时人工单价 \times 0.75(折算系数)$$

c. 工资上涨索赔。

$$工资上涨索赔额 = \sum 相关工种计划工时 \times 相关工种工资上调幅度$$

d. 由劳动生产率降低额外支出人工费的索赔，可按实际成本和预算成本比较法及正常施工期与受影响施工期比较法计算。

②材料费索赔额的计算。材料费的支出和损失包括材料消耗量增加和材料单位成本增加两个方面。

a. 材料消耗量增加的索赔。追加额外工资、变更工程性质、改变施工方法等都将导致材料消耗量增加。其索赔额的计算如下：

$$索赔额 = \sum 新增的工程量 \times 某种材料的预算消耗定额 \times 该材料的单价$$

b. 材料单位成本增加的索赔。由于非自身原因的延期期间材料价格上涨(包括买价、手续费、运输费、保险费等)，以及可调价格合同的调价因素发生时或需变更材料品种、规格、型号等，都将导致材料单位成本增加。其索赔额的计算如下：

$$索赔额 = 材料用量 \times (实际材料单位成本 - 投标材料单位成本)$$

③施工机械索赔额的计算。对承包商自有的设备，通常按有关的标准手册中关于设备工作效率、折旧、大修、保养和保险等定额标准进行计算，有时也可用台班费计价。闲置损失可按折旧费计算。只要租赁价格合理，就可以按租赁价格计算。对于新购设备，要计算其采购费、运输费、运转费等，由于增加的数额甚大，要慎重考虑，因而必须得到工程师或业主的正式批准。

索赔时根据额外支出或者损失的实际情况择项按下列方法计算索赔额：

a. 增加机械台班使用数量的索赔。

$$索赔额 = \sum 增加的某种机械台班的数量 \times 该机械的台班费$$

b. 机械闲置索赔。

$$索赔额 = \sum 某种机械闲置台班数 \times 该机械行业标准台班数 \times 折减系数$$

$$索赔额 = \sum 某种机械闲置台班数 \times 该机械定额标准台班费$$

c. 台班费上涨索赔。

$$索赔额 = \sum 相关机械计划台班数 \times 相关机械标准台班费上调幅度$$

d. 机械效率降低的索赔。机械效率降低索赔的计算有两种方法，可根据掌握的索赔资料的情况选择其中的一种方法进行计算。

第一种是实际成本和预算成本比较法。

$$索赔额＝实际机械成本－合同中的预算机械成本$$

该方法适用于有正确合理的估价体系和详细的施工记录；预算成本和实际成本计算合理；非自身原因增加的成本。

第二种是正常施工期和受影响施工期比较法。

$$机械效率降低值＝正常施工期机械效率－受影响施工期机械效率$$

$$机械效率降低索赔值＝计划台班×台班单价×机械效率降低值/预期机械效率$$

④管理费索赔额的计算。管理费是无法直接计入某具体合同或某单项具体工作中，只能按一定比例进行分摊的费用。管理费包括现场管理费和企业管理费两种。

$$现场管理费索赔额＝直接成本费用索赔额×现场管理费费率$$

a. 现场管理费费率的确定方法有：同百分比法，即管理费比率在合同中规定；行业平均水平法，即采用公开认可的行业标准费费率；原始估价法，即采用承包报价时确定的费率；历史数据法，即采用以往相似工程的管理费费率。

b. 企业管理费索赔计算。一种是用于延期索赔计算的日费率分摊法（以日或周管理费费率为基数乘以延期时间）；另一种是用于工作范围索赔的工程总直接费用分摊法（以每元直接费包含的管理费费率乘以工作范围变更索赔的直接费）。

⑤融资成本。

⑥利润损失。利润损失是指承包商由于事件影响所失去的而按原合同应得到的那部分利润。通常是指下述三种情况：

a. 业主违约导致终止合同，则未完成部分合同的利润损失。

b. 由于业主方原因而大量削减原合同的工程量的利润损失。

c. 由于业主方原因而引起的合同延期，导致承包商这部分的施工力量因工期延长丧失了投入其他工程的机会而引起的利润损失。

⑦一些不可索赔的费用。

a. 部分与索赔事件有关的费用，按国际惯例是不可索赔的。

b. 承包商为进行索赔所支出的费用。

c. 因事件影响而使承包商调整施工计划，或修改分包合同等而支出的费用。

d. 因承包商的不当行为或未能尽最大努力而扩大的部分损失。

e. 除确有证据证明业主或工程师有意拖延处理时间外，索赔金额在索赔处理期间的利息。

9. 工程师对工程索赔的影响

在发包人与承包人之间的索赔事件的处理和解决过程中，工程师是核心。在整个合同的形成和实施过程中，工程师对工程索赔有以下影响：

(1)工程师受发包人委托进行工程项目管理。如果工程师在工作中出现问题、失误或行使施工合同赋予的权力造成承包人的损失，发包人必须承担合同规定的相应赔偿责任。承包人索赔有相当一部分原因是由工程师引起的。

(2)工程师有处理索赔问题的权力。

1)在承包人提出索赔意向通知以后，工程师有权检查承包人的现场同期记录。

2）对承包人的索赔报告进行审查分析，反驳承包人不合理的索赔要求，或索赔要求中不合理的部分。可指令承包人作出进一步解释，或进一步补充资料，提出审查意见。

3）在工程师与承包人共同协商确定给承包人的工期和费用的补偿量达不成一致时，工程师有权单方面作出处理决定。

4）对合理的索赔要求，工程师有权将它纳入工程进度付款中，签发付款证书，发包人应在合同规定的期限内支付。

（3）工程师在争议的仲裁和诉讼过程中作为见证人。如果合同一方或双方对工程师的处理不满意，都可以按合同规定提交仲裁，也可以按法律程序提出诉讼。在仲裁或诉讼过程中，工程师作为工程全过程的参与者和管理者，可以作为见证人提供证据。

在一个工程中，发生索赔的概率、索赔要求和索赔的解决结果等，与工程师的工作能力、经验、工作的完备性、作出决定的公平合理性等有直接的关系。所以，在工程项目施工过程中，工程师也必须有"风险意识"，必须重视索赔问题。

10. 工程师的索赔管理任务

索赔管理是工程师进行工程项目管理的主要任务之一，主要包括以下几个方面的内容：

（1）预测和分析导致索赔的原因和可能性。在施工合同的形成和实施过程中，工程师为发包人承担了大量具体的技术、组织和管理工作。如果在这些工作中出现疏漏，对承包人施工造成干扰，则会产生索赔。承包人的合同管理人员常常在寻找着这些疏漏，寻找索赔机会。所以，工程师在工作中应能预测到自己行为的后果，堵塞漏洞。在起草文件、下达指令、作出决定、答复请示时，都应注意到完备性和严密性；颁发图纸、作出计划和实施方案时，都应考虑其正确性和周密性。

（2）通过有效的合同管理减少索赔事件发生。工程师应以积极的态度和主动的精神管理好工程，为发包人和承包人提供良好的服务。在施工中，工程师作为双方的纽带，应做好协调、缓冲工作，为双方建立一个良好的合作气氛。通常，合同实施越顺利，双方合作得越好，索赔事件越少，越易于解决。

工程师应对合同实施进行有力的控制，这是他的主要工作。通过对合同的监督和跟踪，不仅可以及早发现干扰事件，也可以及早采取措施降低干扰事件的影响，减少双方损失，还可以及早了解情况，为合理地解决索赔提供条件。

（3）公平合理地处理和解决索赔。合理解决发包人和承包人之间的索赔纠纷，不仅符合工程师的工作目标，使承包人按合同得到补偿，而且符合工程总目标。索赔的合理解决，是指承包人得到按合同规定的合理补偿，而又不使发包人投资失控，合同双方都心悦诚服，对解决结果满意，继续保持友好的合作关系。

≫≫≫ 7.4　国际建设工程合同

7.4.1　国际建设工程合同的概念

国际建设工程合同是指国际工程的参与主体之间为了实现特定的目的而签订的明确彼此权利义务关系的协议。与国内工程合同相比，国际建设工程合同具有以下特点：

（1）国际建设工程合同参与主体参与合同订立的法律行为。合同关系必须是双方（或多方）当事人的法律行为，而不能是单方面的法律行为。当事人之间具备"合意"，合同才能成立。在国际工程参与主体订立合同的过程中，国际建设工程合同为合同双方规定了权利与义务。这种权利与义务的相互关系并不是一种道义上的关系，而是一种法律关系。双方签订的合同要受到有关缔约方国家的法律或国际惯例的制约、保护与监督。合同一经签订，双方必须履行合同规定的条款。违约一方要承担由此而造成的损失。

（2）国际建设工程合同是一种非法律性惯例。国际工程咨询和承包在国际上都有上百年历史，经过不断总结经验，在国际上已经有了一批比较完善的合同范本，如 FIDIC 合同条件、ICE 合同条件、NEC 合同条件、AIA 合同条件等。这些国际工程承包合同示范文本内容全面，多包括合同协议书、投标书、中标函、合同条件、技术规范、图纸、工程量表等多个文件。这些范本至今还在不断地修订和完善，可供我们学习和借鉴。

（3）国际工程承包合同管理是工程项目管理的核心。国际工程承包合同从前期准备、招标投标、谈判、修改、签订到实施，都是国际工程中十分重要的环节。合同有关任何一方都不能粗心大意，只有订立好一个完善的合同才能保证项目的顺利实施。

综上所述，合同的制定和管理是搞好国际工程承包项目的关键，工程承包项目管理包括进度管理、质量管理和成本管理，而这些管理均是以合同要求和规定为依据的。项目任何一方都应配合专门人负责认真研究合同，做好合同管理工作，以满足国际工程项目管理的需要。

7.4.2 合同、惯例与法律的相互关系

（1）法律是合同签订的必要依据。当事人的合同行为必须遵照国家法律、法规和政策规定。合同内容必须合法。只有这样，合同才能受到国家法律的承认和保护；否则，合同行为将按无效合同认定和处理。如果合同行为是违法的，不仅不能达到预期的合同效益，过错者还要承担法律后果，情节严重的要被迫追究法律责任。因此，法律的强制力、约束力是合同签订过程中必须加以考虑的因素。

（2）国际惯例与合同条款之间存在解释与被解释、补充与被补充之间的关系。国际惯例可明示或默示地约束合同当事人，可以解释或补充合同条款之不足。合同条款可以明示地接受、修改排除一项国际惯例，两者发生矛盾时，以合同条款为准。

（3）国际惯例在一定条件下具有法律效力。当国家法律以明示或默示方式承认惯例可以产生法律效益，或国际惯例与法律不相抵触（即法律或国家参与或缔结的条约对某一事项无具体规定时），以及不违背一国的社会公众利益，且不与合同明示条款相冲突时，惯例可以填补法律空缺，才可获得法律效力。国际惯例不是法律的组成部分，国际惯例部分或全部内容在被吸收为制定法律或国际条约之后，对于该法律的制定国或参与国际条约的国家而言，该国际惯例不复存在。

7.4.3 国际建设工程合同范本

（1）FIDIC 系列合同文件。FIDIC 是指国际咨询工程师联合会，是国际上最权威的咨询工程师的组织之一。与其他类似的国际组织一样，它推动了高质量的工程咨询服务业的发展。为了适应国际工程市场的需要，FIDIC 于 1999 年出版了一套新型的合同条件，

旨在逐步取代以前的合同条件，这套新版合同条件共四本，它们是《施工合同条件》《永久设备和设计——建造合同条件》《EPC/交钥匙项目合同条件》和《简明合同格式》。

1)《施工合同条件》。该合同条件主要适用于由发包人设计的或由咨询工程师设计的房屋建筑工程和土木工程的施工项目。合同计价方式虽然属于单价合同，但也有某些子项目采用包干价格。工程款按实际完成工程量乘以单价进行结算。一般情况下，单价可随各类物价的波动而调整。业主委派工程师管理合同，监督工程进度、质量、签发支付证书、接收证书和履约证书、处理合同管理中的有关事项。

2)《永久设备和设计——建造合同条件》。该合同条件适用于由承包商作绝大部分设计的工程项目。承包商要按照业主的要求进行设计、提供设备，以及建造其他工程(可能包括由土木、机械、电力等工程的组合)。合同计价采用总价合同方式，如果发生法规规定的变化或物价波动，合同价格可随之调整。

3)《EPC/交钥匙项目合同条件》。该合同条件适用于在交钥匙的基础上进行的工程项目的设计和施工。承包商要负责所有的设计、采购和建造工作，在交钥匙时，要提供一个设施配备完整、可以投产运行的项目。合同计价采用固定总价方式，只有在某些特定风险出现时才调整价格。在该合同条件下，没有业主委托的工程师这一角色，由业主或业主代表管理合同和工程的具体实施。与前两种合同条件相比，承包商要承担较大的风险。

4)《简明合同格式》。该合同条件主要适用于投资额较低的一般不需要分包的建筑工程或设施，或尽管投资额较高，但工作内容简单、重复、或建设周期短。合同计价可以采用单价合同、总价合同或者其他方式。

(2)英国 JCT 系列合同文件。英国合同审定联合会(JCT)是一个关于审议合同的组织，在 ICE 合同基础上制定了建设工程合同的标准格式。JCT 的建设工程合同条件(JCT98)用于业主和承包商之间的施工总承包合同，主要适用于传统的施工总承包，属于总价合同。另外，还有适用于 DB 模式、MC 模式的合同条件。

JCT98 的适用条件如下：

1)传统的房屋建筑工程，发包前的准备工作完善。

2)项目复杂程度由低到高都可以适用，尤其适用于项目比较复杂，有较复杂的设备安装或专业工作。

3)设计与项目管理之间的配合紧密程度高，业主主导项目管理的全过程，对业主项目管理人员的经验要求高。

4)大型项目，合同总金额高，工期较长，至少在 1 年。

5)从设计到施工的执行速度较慢。

6)对变更的控制能力强，成本确定性较高。

7)索赔事件较清晰。

8)违约和质量缺陷的风险主要由承包商承担，但工期延误风险由业主和承包商共同承担。

(3)美国 AIA 系列合同文件。美国建筑师学会(AIA)编制了众多的系列标准合同文本，适用于不同的项目管理类型和管理模式，包括传统模式、CM 模式、设计－建造模式和集成化管理模式。

AIA 文件可分为 A、B、C、D、F、G 系列。其中，A 系列是用于业主与承包商的标准合同文件，不仅包括合同文件，还包括承包商资格申报表，保证标准格式；A 系列文件包括发包人－承包人合约、该合约的通用条款和附加条款、发包人－设计－建筑商合约、总承包人－分包商合约、投标程序说明、其他文件(如投标和洽商文件、承包人资格预审文件等)。其中，工程承包合同通用条款包括一般条款、发包人、承包人、合同的管理、分包商、发包人或独立承包人负责的施工、工程变更、期限、付款与完工、人员与财产的保护、保险与保函、剥露工程及其返修、混合条款、合同终止或停止。B系列是用于业主与建筑师之间的标准合同文件，其中包括专门用于建筑设计、室内装修工程等特定情况的标准合同文件。C系列是用于建筑师与专业咨询机构之间的标准合同文件。D系列是建筑师行业内部使用的文件。F系列是财务管理表格。G系列是建筑师企业及项目管理中使用的文件。

AIA系列合同的特点如下：

1)AIA系列合同条件主要用于私营的房屋建筑工程，并专门编制用于小型项目的合同条件。

2)美国建筑师学会作为建筑师的专业社团已经有近140年的历史，成员总数达56 000名，遍布美国及全世界。AIA出版的系列合同文件在美国建筑业界及国际工程承包界，特别在美洲地区具有较高的权威性，应用广泛。

3)AIA系列合同条件的核心是"通用条件"。采用不同的工程项目管理，不同的计价方式时，只需要选用不同的"协议书格式"与"通用条件"结合。AIA合同文件的计价方式主要有总价、成本补偿合同及最高限定价格法。

自我测评

1. 合同管理的法律特征是什么？
2. 建筑工程项目合同有哪几种类别？
3. 建筑工程项目合同范本包含哪几个方面内容？
4. 建筑工程项目合同订立的原则是什么？
5. 简述要约与要约邀请的区别。
6. 简述建筑工程项目合同履行的原则。
7. 建筑工程项目合同变更的条件有哪些？
8. 简述施工索赔的处理程序。
9. 国际上有哪些较完善的合同范本？

项目 8 建筑工程项目信息管理（BIM 案例）

内容提要 >>>

本项目主要介绍四个方面的内容：一是建筑工程项目信息管理概述；二是建筑工程项目信息的分类、编码和处理方法；三是建筑工程项目管理信息化及信息系统的功能；四是项目信息管理的应用。

教学要求 >>>

知识要点	能力要求	相关知识
建筑工程项目信息管理概述	(1)能够理解项目信息管理的概念； (2)能够理解项目信息管理的任务； (3)能够理解项目信息管理的目的	(1)项目管理的概念； (2)BIM的概念； (3)项目信息管理的概念； (4)项目信息的目的； (5)项目信息的任务
建筑工程项目信息的分类、编码和处理方法	(1)能够理解项目信息管理的分类方法； (2)能够理解工程项目信息管理编码； (3)能够熟悉项目信息管理的处理方法	(1)项目信息管理编码和分类的原则； (2)项目信息管理编码和分类的方法； (3)项目信息管理编码和分类的现状体系； (4)项目信息管理的处理方法
建筑工程项目管理信息化及信息系统的功能	(1)能够理解建筑工程项目管理信息系统的概念； (2)能够了解建筑工程项目管理信息系统的发展； (3)能够理解建筑工程项目管理信息化及信息系统的功能和特点	(1)建筑工程项目管理信息系统的概念； (2)建筑工程项目管理信息系统的发展； (3)建筑工程项目管理信息化及信息系统的功能和特点

知识要点	能力要求	相关知识
项目信息管理的应用	(1)能够理解业主单位BIM项目管理的应用点； (2)能够理解勘察设计单位与BIM应用； (3)能够理解施工单位与BIM应用； (4)能够理解监理咨询单位与BIM应用	(1)业主单位BIM项目管理的应用点； (2)勘察设计单位与BIM应用； (3)施工单位与BIM应用； (4)监理咨询单位与BIM应用

》》》 8.1 建筑工程项目信息管理概述

8.1.1 相关概念

1. 项目管理的概念

项目管理就是项目的管理者，在有限的资源约束下，运用系统的观点、方法和理论，对项目设计的全部工作进行有效的管理。其包括运用各种相关技能、方法与工具，为满足或超过项目相关方对项目的期望和要求，所开展的各种计划、组织、领导、控制等方面的活动。

2. BIM 的概念

在《建筑信息模型应用统一标准》(GB/T 51212—2016)中，将BIM定义为：建筑信息模型(Building Information Modeling，BIM)，是指在建筑工程及设施全生命周期内，对其物理和功能特性进行数字化表达，并以此设计、施工、运营的过程和结果的总称，简称模型。

BIM技术是一种多维(三维空间、四维时间、五维成本、N维更多应用)模型信息集成技术，可以使建设项目的所有参与方(包括政府主管部门、业主、设计、施工、监理、造价、运营管理、项目用户等)在项目从概念产生到完全拆除的整个生命周期内都能够在模型中操作信息和在信息中操作模型，从根本上改变从业人员依靠符号、文字、形式、图纸进行项目建设和运营管理的工作方式，实现在建设项目全生命周期内提高工作效率和质量及减少错误和风险的目标。

BIM的概念总结为以下三点：

(1)BIM是以三维数字技术为基础，集成了建筑工程项目各种相关信息的工程数据模型，是对工程项目设施实体与功能特性的数字化表达。

(2)BIM是一个完善的信息模型，提供可自动计算、查询、组合拆分的实时工程数据，可被建设项目各参与方普遍使用。

(3)BIM具有单一工程数据源，可解决分布式、异构工程数据之间的一致性和全局共享问题，支持建设项目生命周期中动态的工程信息创建、管理和共享，是项目实时的共享数据平台。

3. 建筑工程项目信息管理的概念

建筑工程项目信息管理是通过对各个系统、各项工作和各种数据的管理，使项目的信息能方便和有效地获取、存储（存档是存储的一项工作）、处理和交流，包含了建筑全生命周期的信息管理。BIM 技术和项目管理相结合，同时，也是建筑发展的必然趋势。

8.1.2 建筑工程项目信息管理的目的

1. 传统项目管理存在的不足

传统的项目管理模式，管理方法成熟、业主可控制设计要求、施工阶段比较容易突出设计变更、有利于合同管理和风险管理。但存在的不足包括以下几项：

(1)业主方在建筑工程不同的阶段可自行或委托进行项目前期的开发管理、项目管理和设施管理，但缺少必要的互相沟通。

(2)我国设计方和供货方的项目管理还相当弱，工程项目管理只局限于施工领域。

(3)监理项目管理服务的发展相当缓慢，监理工程师对项目的工期不易控制、管理和协调工作较复杂、对工程总投资不易控制、容易相互推诿责任。

(4)我国项目管理还停留在较粗放的水平，与国际水平相当的工程项目管理咨询公司还很少。

(5)前期的开发管理、项目管理和设施管理的分类造成了一些弊病，如仅从各自的工作目标出发，而忽视了项目全生命周期的整体利益。

(6)有多个不同的组织实施，会影响相互之间的信息交流，也就影响项目全生命周期的信息管理等。

(7)二维 CAD 设计图形象性差，二维图纸不方便各专业之间的协调沟通，传统方法不利于规范化和精细化管理。

(8)造价分析数据细度不够，功能弱，企业级管理能力不强，精细化成本管理需要细化到不同时间、构件、工序等，难以实现过程管理。

(9)施工人员专业技能不足、材料的使用不规范、不按设计或规范进行施工、不能准确预知完工后的质量效果、各个专业工种相互影响。

(10)施工方对效益过分地追求，使得质量管理方法很难充分发挥其作用。对环境因素的估计不足，重检查，轻积累。

2. 建筑信息工程管理的目的

我国的项目管理需要信息化技术弥补现有项目管理的不足，而 BIM 技术正符合目前的应用潮流，同时也能减少传统项目管理的缺点。

《2016—2020 年建筑业信息化发展纲要》指出："十三五"期间，全面提高建筑业信息化水平，着力增强 BIM、大数据、智能化、移动通信、云计算、物联网等信息技术集成应用能力，建筑业数字化、网络化、智能化取得突破性进展；初步建成一体化行业监管和服务平台，数据资源利用水平和信息服务能力明显提升；形成一批具有较强信息技术创新能力和信息化达到国际先进水平的建筑企业及具有关键自主知识产权的建筑信息技术企业。"

"十二五"规划中提出："全面提高行业信息化水平，重点推进建筑企业管理与核心业务信息化建设和专项信息技术的应用。"可见，BIM 技术与项目管理的结合不仅符合政策的导向，还是发展的必然趋势。

基于 BIM 的管理模式是创建信息、管理信息、共享信息的数字化方式。其具有很多的优势，具体如下：

(1)基于 BIM 的项目管理，工程基础数据如量、价等，数据准确、数据透明、数据共享，能完全实现短周期、全过程地对资金风险、盈利目标的控制。

(2)基于 BIM 技术，可对投标书、进度审核预算书、结算书进行统一管理，并形成数据对比。

(3)可以提供施工合同、支付凭证、施工变更等工程附件管理，并为成本测算、招标投标、签证管理、支付等全过程造价进行管理。

(4)BIM 数据模型保证了各项目的数据动态调整，可以方便统计，追溯各个项目的现金流和资金状况。

(5)根据各项目的形象进度进行筛选汇总，可为领导层更充分地调配资源、进行决策创造条件。

(6)基于 BIM 的 4D 虚拟建造技术能够提前发现在施工阶段可能出现的问题，并逐一修改，提前制订应对措施。

(7)使进度计划和施工方案最优，在短时间内说明问题并提出相应的方案，再用来指导实际的项目施工。

(8)BIM 技术的引入可以充分发掘传统技术的潜在能量，使其更充分、更有效地为工程项目质量管理工作服务。

(9)除可以使标准操作流程"可视化"外，也能够做到对用到的物料，以及构建需求的产品质量等信息随时查询。

(10)采用 BIM 技术，可实现虚拟现实和资产、空间等管理、建筑系统分析等技术内容，从而便于运营维护阶段的管理应用。

(11)运用 BIM 技术，可以对火灾等安全隐患进行及时处理，从而减少不必要的损失，对突发事件进行快速应变和处理，快速准确掌握建筑物的运营情况。

总体来说，采用 BIM 技术可使整个工程项目在设计、施工和运营维护等阶段都能够有效地实现建立资源计划、控制资金风险、节省能源、节约成本、降低污染和提高效率。应用 BIM 技术，能改变传统的项目管理理念，引领建筑信息技术走向更高层次，从而大大提高建筑管理的集成化程度。

BIM 集成了所有的几何模型信息功能要求及构件性能，利用独立的建筑信息模型涵盖建筑项目全寿命周期内的所有信息，如规划设计、施工进度、建造及维护管理过程等。它的应用已经覆盖建筑全生命周期的各个阶段，buildingSMART(是一个中立化、国际性独立的服务于 BIM 全寿命周期的非营利组织)对 BIM 在建筑全生命周期内的应用现状作了详细的归纳，见表 8-1。

表 8-1　BIM 在建筑全寿命周期各阶段的应用

规划/PLAN	设计/DESIGN	施工/CONSTRUCT	规划/PLAN
现状建模			
成本预算			
空间规划			

规划/PLAN	设计/DESIGN	施工/CONSTRUCT	规划/PLAN
场地分析			
设计方案论证			
方案设计			
工程分析			
可持续性评估			
规范验证			
	三维协调		
		场地使用规划	
		施工系统设计	
		数字化加工	
		材料场地跟踪	
		三维控制和计划	
			记录建模
			维护计划
			建筑系统分析
			资产管理
			空间管理/跟踪
			灾害计划

8.1.3 建筑工程项目信息管理的任务

1. 项目信息管理中 BIM 应用的必然性

虽然我国房地产业新增建设速度已经放缓,但因为疆域辽阔、人口众多、东西部发展不均衡,我国的基础建筑工程量仍然巨大。在建筑业快速发展的同时,建筑产品的质量越来越受到行业内外关注,使用方越来越精细、越来越理性的产品要求,使得建设管理方、设计方、施工企业等参建单位也面临更严峻的竞争。

在这样的背景下,看到了国内 BIM 技术在项目信息管理中应用的必然性:

(1)巨大的建设量同时也带来了大量因沟通和实施环节信息流失而造成的损失,BIM信息整合重新定义了信息沟通流程,在很大程度上能够改善这一状况。

(2)社会可持续发展的需求带来更高的建筑全生命周期管理要求,以及对建筑节能设计、施工、运维的系统性要求。

(3)国家资源规划、城市管理信息化的需求。

2. 建筑工程项目信息管理的任务

BIM 技术在建筑行业的发展,也得到了政府高度重视和支持,2015 年 6 月 16 日,中华人民共和国住房和城乡建设部印发《关于推进建筑信息模型应用的指导意见》,确定BIM 技术应用发展目标如下:

(1)到 2020 年年末,建筑行业甲级勘察、设计单位以及特级、一级房屋建筑工程施工企业应掌握并实现 BIM 与企业管理系统和其他信息技术的一体化集成应用。

（2）到 2020 年年末，以下新立项项目勘察设计、施工、运营维护中，集成应用 BIM 的项目比率达到 90%：以国有资金投资为主的大中型建筑、申报绿色建筑的公共建筑和绿色生态示范小区。

各地方政府也相继出台了相关文件和指导意见，在这样的背景下，BIM 技术在项目管理中的应用将会越来越普遍，全生命周期的普及应用将是必然趋势。

3. BIM 应用与项目信息管理的集成应用

随着 BIM 技术的单业务应用、多业务集成应用案例逐渐增多，BIM 技术信息协同可有效解决项目管理中生产协同和数据协同这两个难题的特点，越来越成为使用者的共识。目前，BIM 技术已经不再是单独的技术应用，正在与项目管理紧密结合应用，包括文件管理、信息协同、设计管理、成本管理、进度管理、质量管理、安全管理等，越来越多的协同平台、项目管理集成应用在项目建设中得以体现，这已成为 BIM 技术应用的一个主要趋势。

从项目管理的角度，BIM 技术与项目管理的集成应用在现阶段主要有以下两种模式：

（1）IPD 模式。集成产品开发（Integrated Product Development，IPD）是一套产品开发的模式、理念与方法。IPD 的思想来源于美国 PRTM 公司出版的《产品及生命周期优化法》一书，该书中详细描述了这种新的产品开发模式所包含的各个方面。

IPD 模式在建设领域的应用体现为：开始动工前，业主可以召集设计方、材料供应商、监理方等各参建方一起做出一个 BIM 模型，这个模型是竣工模型，即所见即所得，最后做出来就是现在模型呈现的样子。然后，各方就按照这个模型来做自己的工作。

采用 IPD 模式后，施工过程中不需要再返回设计院改图，材料供应商也不会随便更改材料进行方案变更。这种模式虽然前期投入时间、精力较多，但是一旦开工就基本不会再浪费人、财、物、时在方案变更上。最终结果是可以节约相当长的工期和不小的成本。

（2）VDC 模式。虚拟设计建设模式（Virtual Design Construction，VDC），是指在项目初期，即用 BIM 技术进行整个项目的虚拟设计、体验和建设模拟，甚至是运维，通过前期反复的体验和演练，发现项目存在的不足，优化项目实施组织，提高项目整体的品质和建设速度、投资效率。美国发明者协会于 1996 年首先提出了虚拟建设的概念。虚拟建设的概念是从虚拟企业引申而来的，只是虚拟企业针对的是所有企业，而虚拟建设针对的是工程项目，是虚拟企业理论在工程项目管理中的具体应用。

⟫⟫ 8.2 建筑工程项目信息的分类、编码和处理方法

8.2.1 建筑工程项目信息的分类与编码

工程规模庞大和项目参与者众多是现代工程项目的主要特征之一。随之而来的是项目信息量的巨大和信息交界面、信息传递界面的大幅增多和日趋复杂化。信息交界面和

信息传递界面的问题多发生在分属不同组织的项目干系人之间。造成这个现象的主要原因是组织内部采用统一的项目信息分类体系和传递标准时，信息传递不畅通。而不同的组织之间常常因为信息分类体系和传递标准的不同，产生界面障碍，造成信息传递不畅进而影响项目目标实现。在工程项目中编制 WBS 的一个重要任务就是采用同一个项目信息分类和编码体系，使项目各干系方都理解 WBS 编码，并在这个统一的标准下消除界面障碍，从而保持不同组织之间的信息流通畅通。

工程项目信息分类体系的统一应从横向和纵向两个方面来考虑。横向统一是指不同项目参与者(业主、设计单位、承包商等)和项目管理方划分体系要统一；纵向统一是指包括设计和施工等阶段的工程项目整体实施周期中，各实施阶段的划分体系要统一。横向统一有利于不同项目干系人之间的信息共享和信息传递；纵向统一有利于项目实施周期信息管理工作的一致性和项目管理信息化系统对项目实施情况的追踪和比较。

编码体系是利用数字或者字母按照一定规律的排列，工程项目信息编码是项目信息分类的具体体现，也是编制 WBS 编码进行计算机管理和项目管理信息化系统应用的基本要求。建设项目信息分类和编码体系的建立过程，就是根据建设项目特性，按照科学的分析流程，遵循功能、组成、施工方法等准备逐层细化，并由此产生一个分层次的、尽可能真实反映建设项目实际情况的数据模型的过程。建设项目分类体系结构的合理与否在很大程度上决定了整个项目管理工作的绩效水平。

1. 建筑工程项目信息分类与编码的原则

编码体系和信息处理息息相关，同时，也反映了项目管理信息化系统的功能，因而，在编码中应遵循以下原则：

(1)编码的制定应当便于查询和检索。这个体系应当尽可能的人性化，满足和适应管理人员的需求，尽可能做到方便使用者识记项目编码所对应的项目内容。

(2)编码应当与项目分解的原则和体系相一致。首先，要在范围上包括全部的项目内容；其次，要在深度上不仅要达到项目分解的最低层次，必要时还要考虑预留 1～2 个层次，以便在项目实施过程中因项目分解进一步加深时扩充编码。

(3)编码应当反映项目的特点。编码体系对管理工作的作用反映在它是否能体现项目的特点，从而满足项目的需求。编码应该做到"因项而异"，在不同建设项目的规模、功能、项目构成、项目特征、费用组成等方面的差别和具体项目管理工作的具体要求都能有针对性，而不是一概而论。

2. 建筑工程项目信息分类与编码的主要方法

(1)建筑工程项目信息分类。

1)投资建设项目的结构编码依据项目结构图，对项目结构的每一层的每一个组成部分进行编码。项目管理组织结构编码依据项目管理的组织结构图，对每一个工作部门进行编码。

2)投资建设项目的政府主管部门和各参与单位的编码。

3)在进行建设项目信息分类和编码时，建设项目实施的工作项编码应覆盖项目决策和实施的工作任务目录的全部内容。

4)建设项目的投资项编码应综合考虑概算、预算、标底、合同价和工程款的支付等因素，建立统一的编码，以服务于项目投资目标的动态控制。

5)建设项目的成本项编码应综合考虑预算、投标价估算、合同价、施工成本分析和工程款的支付等因素，建立统一的编码，以服务于项目成本目标的动态控制。

6）建设项目的进度项编码应综合考虑不同层次、不同深度和不同用途的进度计划工作项的需要，建立统一的编码，以服务于建设项目进度目标的动态控制。

7）建设项目进展报告和各类报表编码应包括建设项目管理形成的各种报告和报表的编码。

8）合同编码应参考项目的合同结构和合同的分类，反映合同的类型、相应的项目结构和合同签订的时间等特征。

9）函件编码应反映发函者、收函者、函件内容所涉及的分类和时间等，以便函件的查询和整理。

10）工程档案的编码应根据有关工程档案的规定、建设项目的特点和建设项目实施单位的需求而建立。

（2）在对具体的项目编码时，应遵循的主要方法如下：

1）顺序编码。即从 01（或 001 等）开始依次排下去，直到最后的编码方法。这种代码比较短，简单易记，但是缺乏编码的逻辑基础，不说明信息的任何特征，事实进行单纯的数字编号。

2）多面码。一个信息有多个面和多个属性，在编码中为这些属性固定一个位置，就形成了编码中的多面码。这种方法的优点是具有很好的逻辑性，可以后期扩充，但是这种代码由于位数比较长，所以会有很多的空码。

3）十进制码。这种编码方法是先将对象分成十大类，编以 0～9 的号码，每类中再分成十小类，编以第二个 0～9 的号码，依次下去。这种编码方法扩充性好，而且具有很强的直观性。

4）文字、数字码。顾名思义，对象的属性，用文字或数字来表明，这种编码方式比较容易记忆和使用，然而一旦数据复杂，便容易造成误解。

3. 建筑工程项目信息分类与编码体系现状

经过长时间的实践与发展，工程项目信息分类与编码体系从单面走向多面，从简单走向复杂，成了当今工程项目管理领域中联系工程进度、工程质量和工程费用这三大目标的纽带。其不仅是与工程项目进行沟通的桥梁，还是工程项目信息化管理的实施基础。

（1）建设项目综合分解编码体系。这种体系是在建设项目综合分解体系中同时引进工种体系和元素体系，实现实施阶段全过程的项目规划和控制。这种编码体系共设置 4 层，最大允许总长度为 9 位，依次为单位工程、工作段、元素码和工种码。

（2）基于工程量清单计价模式的工程项目信息分类和编码。这种编码是以工程量清单为基础，以分部分项工程清单为辅助，结合整体的项目来进行工作分解结构。这种编码共设置 7 个层次供使用者选用，对应 8 个分类表，最大容许 16 位编码。其中，设施层按照主要用途进行划分，如工厂、医院、道路等，设 2 位编码（01～99）；单位工程编码和设施编码一样也是 2 位编码（01～99）；其他工程分类层、专业工程层、分部工程层、分项工程层和项目特征层自动套用《建设工程工程量清单计价规范》（GB 50500—2013）中的要求。

（3）存在的不足建设项目综合分解编码体系。这种体系能够同时满足工程项目从投资和进度两个方面的需要，但是相对来说这个结构比较复杂。而基于工程量清单计价模式的工程项目信息分类和编码体系是一种树状结构编码，有利于项目信息的逐级汇总。

工程项目信息的分类和编码体系对工程项目的顺利实施具有重要的意义。这种特殊编码的制定，为建筑企业积累数据、企业项目信息化管理和集成化管理都打下了夯实的基础。

8.2.2 建筑工程项目信息的处理方法

1. 建筑施工信息化管理的重要意义

伴随着科技的不断发展，在建筑工程信息化管理中，应用信息化技术意义的重大，主要体现在项目的应用、技术工艺与经济效益三点。

(1)从项目应用上看，在制造业中信息技术(以计算机的集成制造作为代表)与高新技术的综合应用，给企业带来十分巨大的经济效益。与此同时，先进信息技术的应用还可以有效提升施工的质量。

(2)从技术与工艺方法来看，全面应用的信息技术使得信息资源达到共享效果，对工作效率与综合的信息运用能力作出了进一步地提升。

(3)从信息化管理创造的经济效益来看，提升建筑项目信息化设备的性价比，是其信息化管理在工程管理广泛应用的基础。在实践的过程中，信息化的管理所带来的利益比采购信息管理设备的成本要高得多。

2. 做好建筑工程信息化管理的必要条件

(1)对信息化管理制度进行改进与完善。

1)制订科学合理的信息化管理目标。建筑的工程管理要实现信息化，需要详细了解企业自身在信息化管理方面出现的相关问题。在构建信息化管理目标时，将建筑施工的信息化管理规划做好，可以给工程的信息化管理完成提供更多依据。目前，建筑工程的信息化管理是一个综合的管理体系，包括合同、成本、人力资源与财务管理等。企业在进行工程的管理规划与目标的拟定时，要对企业的自身状况进行综合考虑，并对相应问题进行分析并改进。建筑施工的信息化管理其目标包括：进行企业财务集中信息化管理，强化对企业财务状况的监督与控制，有效提升企业的资金利用率，提升企业整体的经济效益；加强工程施工的安全与质量管理，进一步降低企业工程项目的管理风险；对人才资源进行动态化管理，优化配置企业资源；对建筑工程单位的每项业务进行办公自动化与一体化处理。

2)构建一体化信息机制。建筑工程项目在招标、立项等过程中，需要运用到大量的国家资源，这些内容计算量很大，并且其管理系统极为繁杂，需要进行规范并达到灵活运用的目的；建筑工程的成本控制、质量安全与人员、物料、机械、进度、分包管理以及变更设计等，都需要每个部门进行相互配合、协调与沟通。因此，建筑工程应构建出一体化的信息体制，对相关的信息进行采集，设置好相应的信息权限，实现每个部门之间的资源与信息共享。在构建数据中心与再造工作程序的过程中，有效突破部门应用的相关局限，科学合理地将内容联系起来，对各个业务模块进行联合监督与控制，有效协调工程的相关工作，营造出完整的全过程工作氛围。

3)完善信息化管理制度。信息化管理在细节方面有更高的要求，所以，一定要构建完善的信息化管理制度。对借鉴建筑工程现在的管理制度优点，有机结合信息化管理的相应特点，补充或者增添新的管理内容。在信息化管理的过程中，对计算机与人的有效结合进行高度重视，继而对信息化管理的质量与效率作出有效提升。

4）强化工程信息化管理的必要性。目前，信息化管理的发展速度非常快，信息化管理为建筑工程带来极大的便利。所以，在进行信息化管理的过程中，要在施工的各个环节与各部门之间对信息化管理的必要性进行大力的宣传。另外，企业内部的相关领导也要对信息化管理知识进行认真学习，自下而上带领员工进行信息化管理的持续教育，进一步提升建筑行业中信息化管理的应用效果。

（2）全面运用信息化管理。建筑施工项目的信息化管理需要构建多层次的规范管理平台，包括相关的整体项目进程、工程的远程监督与控制、现场的施工管理与多个部门的合作等。规范化工程与企业信息，并及时作出调整与改进。建筑企业在进行工程施工的过程中会涉及很多内容。在信息化管理的应用过程中要进行充分考虑，将详细的信息化软件与项目联系起来，真正做到对业务的联合监督控制，保证建筑工程项目全面监控的有效实施。

（3）运用高效的信息检索技术，加强高新技术的应用。引入高效信息的检索工具，可以有效提升建筑施工的工作效率，将信息的应用价值充分地体现出来。高效检索可以利用数据库的管理技术对信息进行正确应用，可以按照材料购买、施工规划、整体预算与统计管理等程序要求作出科学合理的检索工作。依据企业自身的发展情况与经营水平，对数据库建设种类进行有效丰富，并且扩充其现有规模，让施工人员更加正确而快捷地获得与施工相关的各项价值信息。并且对优质的项目资料及规范进行检索，从而在信息的全面支持过程中，对施工的建设方法与程序进行标准化规范，使得施工水平得到进一步的提升，更好地为信息化管理的应用创建优质环境。各种各样信息化方式与高新科技的研发与更新发展，在很大程度上激发了建筑工程信息化管理的相应发展潜力，因此，要更有针对性地对高新科技进行合理化的引入，全面开展建筑工程项目施工的信息化管理。有效利用卫星定位、传感技术、远程监控、信息化测量与综合处理及智能的专家管理平台对建筑施工效果进行全面的优化，利用网络平台更好地提升施工的建设效率，在具体的施工过程中运用设计的精准规划、严格监督控制及施工过程的测量，从而确保建筑工程项目的施工水平可以得到全面的提升。

▶▶▶ 8.3 建筑工程项目管理信息化及信息系统

在建筑工程项目管理中，信息、信息流通和信息处理各方面的总和称为工程项目管理信息系统。管理信息系统是将各种管理职能和管理组织沟通起来，并协调一致的神经系统。建立管理信息系统，并使它顺利地运行，是项目管理者的责任，也是他完成项目管理任务的前提。项目管理者作为一个信息中心，不仅与每个参加者均有信息交流，而且他自己也有复杂的信息处理过程。不正常的项目管理信息系统常常会使项目管理者得不到有用的信息，同时又被大量无效信息所纠缠，而损失大量的时间和精力，也容易使工作出现错误，损失时间和费用。

8.3.1 建筑工程项目管理信息系统的概念

建筑工程项目管理信息系统大体上可以从广义和狭义两个方面进行叙述。

1. 广义的管理信息系统

从系统论和管理控制论的角度认为，管理信息系统是存在于任何组织内部，为管理决策服务的信息收集、加工、存储、传输、检索和输出系统，即任何组织和单位都存在一个管理信息系统。

2. 狭义的管理信息系统

狭义的管理信息系统是指按照系统思想建立起来的以计算机为工具，为管理决策服务的信息系统。体现了信息管理中现代管理科学、系统科学、计算机技术及通信技术，向各级管理者提供经营管理的决策支持。强调了管理信息系统的预测和决策功能，而且是一个综合的人机系统。

管理信息系统既能进行一般的事务处理工作来代替信息管理人员的繁杂劳动，又能为组织决策人员提供决策功能，为管理决策科学化提供应用技术和基本工具。因此，也可以理解为管理信息系统是一个以计算机为工具，具有数据处理、预测、控制和辅助决策功能的信息系统。管理信息系统首先是一个信息系统，应具备信息系统的基本功能，同时，管理信息系统又具备它特有的预测、计划、控制和辅助决策功能。可以说，管理信息系统体现了管理现代化的标志，即系统的观点、数学的方法和计算机应用三要素。

3. 建筑工程项目管理信息系统的概念

建筑工程项目管理信息系统是由多个子系统组成的系统。在国际建筑工程界，建筑工程项目管理信息系统是一个较为广泛的概念，在英文中也有多种名称，如 PMIS(Project Management Information System)或者 PIMS(Project Information Management System)及 CMIS(Construction Management Information System)等。随着建筑工程理论的发展，建筑工程项目管理信息系统又被赋予了许多新的内涵，如项目控制信息系统 PCIS，项目集成管理信息系统 PIMS。国际上对建筑工程项目管理信息系统普遍认可的定义是：建筑工程项目管理信息系统是处理工程项目信息的人－机系统。它通过收集、存储及分析工程项目实施过程中的有关数据，辅助工程项目的管理人员和决策者规划、决策和检查。其核心是辅助对工程项目目标的控制。它与一般管理信息系统的差别在于，一般管理信息系统是针对企业中的人、材、物、产、供、销，是以企业管理系统为辅助工作的对象；而建筑工程项目管理信息系统是针对工程项目中的投资、进度、质量目标的规划与控制，是以建筑工程系统为辅助工作对象。

建筑工程项目管理信息系统的目标是实现信息的系统管理及提供必要的决策支持。建筑工程项目管理信息系统为监理工程师提供标准化的、合理的数据来源，一定时间要求的、结构化的数据；提供预测、决策所需的信息及数学－物理模型；提供编制计划、修改计划、计划调控的必要科学手段及应变程序；保证对随机性问题处理时，为监理工程师提供多个可供选择的方案。

8.3.2　建筑工程项目管理信息系统的发展

随着建筑工程项目系统的变化，建筑工程项目管理信息系统也在变化，建筑工程项目管理信息系统的变化则集中体现了建筑工程项目系统的变化和发展。未来建筑工程项目管理信息系统的发展有着以下规律：

（1）工程项目管理软件的功能更加趋于专业化，因此，要与工程项目管理理论结合更为紧密，同时，针对不同的建筑工程任务和管理者，软件功能将更加具有针对性。

(2)建筑工程项目管理信息系统更加注重与通信功能和计算机网络平台的集成。

(3)建筑工程项目管理信息系统中不同子系统之间集成度的提高，如进度控制子系统与投资控制子系统和合同管理子系统的集成。不同的建筑工程项目管理信息子系统通过统一的数据模型和高效的文档管理系统得以实现较高程度的信息共享，提高了建筑工程项目管理信息系统中信息处理的效率。

(4)建筑工程项目管理信息系统与建筑业其他计算机辅助系统集成度的提高，如投资控制子系统与 CAD 系统的集成，建筑工程项目管理信息系统与物业管理信息系统的集成等。

(5)建筑工程项目管理信息系统开放性的提高，由于采用统一的开放性标准，如 TCP/IP 协议、Java 语言平台等。建筑工程项目管理信息系统对具体软、硬件平台的依赖性降低，使系统的可移植性与可操作性不断提高，更加有利于其推广和应用。

(6)建筑工程项目管理信息系统可以更加方便地管理地域上分布的多个项目。

(7)采用更为先进的系统开发方法(面向对象的系统分析与设计、CASE 工具等)，提高了开发的效率，同时强调用户的参与性，更利于用户的使用和学习等。

总体而言，未来建筑工程项目管理信息系统发展的总方向是专业化、集成化和网络化，同时强调系统的开放性和可用性。目前，国际上许多著名建筑工程项目管理信息软件的最新版本都或多或少地体现了这些变化，这些趋势都是值得人们研究和借鉴的。

8.3.3 建筑工程项目管理信息化及信息系统的功能和特点

1. 建筑工程项目管理信息化及信息系统的功能

(1)管理信息系统的功能主要有以下几个方面：

1)数据处理功能。能够进行数据的收集和输入，数据传输、数据存储、数据加工处理，以供查询；能够完成各种统计和综合处理方法，及时提供各种信息。

2)预测功能。能够运用现代数字方法、统计方法或模拟方法，根据过去的数据预测未来的情况。

3)计划控制功能。根据各职能部门提供的数据，对计划的执行情况进行监控、检查、比较执行与计划的差异，对差异情况进行分析，辅助管理人员及时进行控制。

4)决策优化功能。采用各种经济数学模型和所存储在计算机中的大量数据，辅助各级管理人员进行决策，以期合理利用人、财、物和信息资源，取得最大的经济效益。

(2)建筑工程项目管理信息系统应该实现的基本功能可以从投资控制、进度控制、质量控制、合同控制四个方面来分析。

1)在进度控制子系统中应包括：编制双代号网络计划(CPM)和单代号搭接网络计划(MPM)；编制多平面群体网络计划(MSM)；工程实际进度的统计分析；实际进度与计划进度的动态比较；工程进度变化趋势预测；计划进度的定期调整；工程进度各类数据的查询；提供多种(不同管理平面)工程进度报表；绘制网络图；绘制横道图。

2)在投资控制子系统中应包括：投资分配分析；编制项目概算和预算；投资分配与项目概算的对比分析；项目概算与预算的对比分析；合同价与投资分配、概算、预算的对比分析；实际投资与概算、预算、合同价的对比分析；项目投资变化趋势预测；项目结算与结算、合同价的对比分析；项目投资的各类数据查询；提供多种(不同管理平面)项目投资报表。

3)在质量控制子系统中应包括：项目建设的质量要求和质量标准的制定；分项工程、分部工程和单位工程的验收记录和统计分析；工程材料验收记录(包括运行质量、验收及索赔情况)；工程设计质量的鉴定记录；安全事故的处理记录；提供多种工程质量报表。

4)在合同控制子系统中应包括：提供和选择标准的合同文本；合同文件、资料的管理；合同执行情况的跟踪和处理过程的管理；涉外合同的外汇折算；经济法规库(国内外经济法规)的查询；提供各种合同管理报表。

2. 建筑工程项目管理信息化及信息系统的特点

(1)面向管理决策管理信息系统是为管理服务的信息系统，它能够根据管理的需求，及时提供所需要的信息，为组织的管理层次提供决策支持。

(2)综合性管理信息系统是一个对组织进行全面管理的综合系统。从开发管理信息系统的角度看，在一个组织内根据需要先开发个别领域的子系统，然后进行综合，最后达到管理信息系统综合管理的目标，产生更高层次的管理信息，为管理决策服务。

(3)人—机系统管理信息系统的目标是辅助决策，而决策是由人来做的，所以，管理信息系统是一个人机结合的系统。在管理信息系统的构成中，各级管理人员既是系统的使用者，又是系统的组成部分。因此，在系统开发过程中，要正确界定人和计算机在系统中的地位和作用，充分发挥人和计算机各自的优势，使系统总体性能达到最优。

(4)现代管理方法和管理手段的结合管理信息系统的应用不仅是简单地采用计算机技术提高处理速度，而且在开发过程中融入了现代化的管理思想和方法，将先进的管理方法和管理手段结合起来，真正实现管理决策支持的作用。

(5)多学科交叉的边缘学科管理信息系统作为一门新兴的学科，它的基本理论来自计算机科学与技术、应用数学、管理理论、决策理论、运筹学等学科的相关理论，其学科体系仍处于不断发展和完善的过程之中，是一个具有自身特色的边缘学科，同时，它也是一个应用领域。

8.4 项目信息管理的应用

BIM技术的出现是建筑行业的一次工具革命。BIM将建设单位、设计单位、施工单位、监理单位等项目参建方协同于同一个平台上，共享统一的BIM模型，用于项目的可视化、精细化建造。所以，了解BIM技术与项目管理必须先了解BIM在项目管理中各参建方的应用，以及在各参建方应用基础上的BIM总体策划要点。

在项目实施过程中，各利益相关方既是项目管理的主体，也是BIM技术的应用主体。不同的利益相关方在项目管理过程中的责任、权利、职责的不同，针对同一个项目的BIM技术应用，各自的关注点和职责也不尽相同。例如，业主单位更多关注如何应用BIM技术提升设计效率与水准，施工单位则更多关注如何应用BIM技术提高整体施工管理水平。以最为常见的管线综合BIM技术应用为例，建设单位、设计单位、施工单位、运维单位的关注点就相差甚远，建设单位关注净高和造价，设计单位关注宏观控制和系统合理性，施工单位关注成本和施工工序、施工便利，运维单位关注信息查阅及维保的便利性。不同的关注点，就意味着不同的BIM技术，作为不同的实施主体，一定会有不同的组织方案、实施步骤和控制点。

虽然不同利益相关方的 BIM 需求并不相同，但 BIM 模型和信息根据项目建设的需要在各利益相关方之间进行传递和使用，只有这样才能发挥 BIM 技术的最大价值。所以，实施一个项目的 BIM 技术应用，一定要清楚 BIM 技术应用首先为哪个利益相关方服务，BIM 技术应用必须纳入各利益相关方的项目管理内容。各利益相关方必须结合企业特点和 BIM 技术的特点，优化、完善项目管理体系和工程流程，建立基于 BIM 技术的项目管理体系，进行高效的项目管理。在此基础上，兼顾各利益相关方的需求，建立更利于协同的共同工作流程和标准。

BIM 技术应用与传统的项目管理是密不可分的，因此，各利益相关方在进行 BIM 技术应用时，还要从对传统项目管理的梳理、BIM 应用需求、形式、流程和控制节点等几个方面，进行管理体系、流程的丰富和完善，实现有效、有序管理。

8.4.1 业主单位 BIM 项目管理的应用点

根据项目管理的全过程，业主单位 BIM 项目管理的应用点可包含投资决策阶段、设计管理阶段、招标管理阶段、施工管理阶段、运营维护管理阶段。各阶段的 BIM 应用点如下：

(1)投资决策阶段。

1)初步规划。

2)数据分析。

(2)设计管理阶段。在业主单位设计管理阶段，BIM 技术应用主要体现在以下几个方面：

1)协同工作。基于 BIM 的协同设计平台，能够让业主与各参与方实时观测设计数据更新、施工进度和施工偏差查询，实现图纸、模型的协同。

2)基于精细化设计理念的数字化模拟与评估。基于 BIM 数字模型，可以利用更广泛的计算机仿真技术对拟建造工程进行性能分析，如日照分析、绿色建筑运营、风环境、空气流动性、噪声云图等指标；也可以将拟建工程纳入城市整体环境，将对周边既有建筑等环境的影响进行数字化分析评估，如日照分析、交通流量分析等指标，这些对于城市规划及项目规划意义重大。

3)复杂空间表达。在面对建筑物内部复杂空间和外部复杂曲面时，利用 BIM 软件可视化、有理化的特点，能够更好地表达设计和建筑曲面，为建筑设计创新提供更好的技术工具。

4)图纸快速检查。利用 BIM 技术的可视化功能，可以大幅度提高图纸阅读和检查的效率，同时，利用 BIM 软件的自动碰撞检测功能，也可以帮助图纸审查人员快速发现复杂困难节点。

5)工程量快速统计。目前，主流的工程造价算量模式有几个明显的缺点：图形不够逼真；对设计意图的理解容易产生存在偏差，容易产生错项和漏项；需要重新输入工程图纸搭建模型，算量工作周期长；模型不能进行后续使用，没有传递，建模投入很大但仅供算量使用。

利用 BIM 技术辅助工程计算，能大大减轻工程造价工作中算量阶段的工作强度。首先，利用计算机软件的自动统计功能，即可快速实现 BIM 算量。其次，由于是设计模型的传递，完整表达了设计意图，可以有效减少错项、漏项。同时，根据模型能够自动生成快速统计和查询各专业工程量，对材料计划、使用做精细化控制，避免材料浪费。利用 BIM 技术提供的参数更改技术，能够将更改自动反映到其他位置，从而可以帮助工程师提高工作效率、协同效率及工作质量。

6)销售推广。利用 BIM 技术和虚拟现实技术、增强虚拟现实技术、3D 眼镜、体验馆等，还可以将 BIM 模型转化为具有很强交互性的三维体验式模型，结合场地环境和相关信息，从而组成沉浸式场景体验。在沉浸式场景体验中，客户可以定义第一视角的人物，以第一人称视角，身临其境，浏览建筑内部，增强客户体验。利用 BIM 模型，可以轻松出具房间渲染效果图和漫游视频，减少了二次重复建模的时间和成本，提高了销售推广系统的响应效率，对销售回笼资金将起到极大的促进作用。同时，竣工交付时可为客户提供真实的三维竣工 BIM 模型，有助于销售和交付的一致性，减少法务纠纷，更重要的是能避免客户进行二次装修时对隐蔽机电管道的破坏，降低安全和经济风险。

BIM 辅助业主单位进行销售推广主要体现在以下几个方面：

①面积准确。BIM 模型可自动生成户型面积和建筑面积、公摊面积，结合面积计算规则适当调整，可以快速进行面积测算、统计和核对，确保销售系统数据真实、快捷。

②虚拟数字沙盘。通过虚拟现实技术为客户提供三维可视化沉浸式场景，体会身临其境的感觉。

③减少法务风险。因为所有的数字模型成果均从设计阶段交付至施工阶段、销售阶段，所有信息真实可靠，销售系统提供客户的销售模型与真实竣工交付成果一致，将大幅减少不必要的法务风险。

(3)招标管理阶段。在业主单位招标管理阶段，BIM 技术应用主要体现在以下几个方面：

1)数据共享。BIM 模型的直观、可视化能够让投标方快速地深入了解招标方所提出的条件、预期目标，保证数据的共通共享及追溯。

2)经济指标准确控制。控制经济指标的精确性与准确性，避免建筑面积、限高及工程量的不确定性。

3)无纸化招标。能增加信息透明度，还能节约大量纸张，实现绿色低碳环保。

4)消减招标成本。基于 BIM 技术的可视化和信息化，可采用互联网平台低成本、高效率地实现招标投标的跨区域、跨地域进行，使招标投标过程更透明、更现代化，同时能降低成本。

5)数字评标管理。基于 BIM 技术能够记录评标过程并生成数据库，对操作员的操作进行实时的监督，有利于规范市场秩序，有效推动招标投标工作的公开化、法制化，使得招标投标工作更加公正、透明。

(4)施工管理阶段。在施工管理阶段，业主单位更多的是考虑施工阶段的风险控制，包含安全风险、进度风险、质量风险和投资风险等。其中，安全风险包含施工中的安全风险和竣工交付后运营阶段的安全风险。同时，考虑不可避免的噪声，业主单位还要考虑变更风险。在这一阶段，基于各种风险的控制，业主单位需要对现场目标的控制、承包商的管理、设计者的管理、合同管理、手续办理、项目内部及周边管理协调等问题进行重点管控。为了有效管控，急需专业的平台来提供各方面庞大的信息和各方面人员的管理。

BIM 技术正是为解决此类工程问题的首选技术。BIM 技术辅助业主单位在施工管理阶段进行项目管理的优势主要体现在以下几个方面：

1）验证施工单位施工组织的合理性，优化施工工序和进度计划。

2）使用 3D 和 4D 模型明确分包商的工作范围，管理协调交叉，施工过程监控，可视化报表进度。

3）对工程进度进行精确计量，保证业主项目中的成本控制风险。

4）工程验收时，用 3D 扫描仪进行三维扫描测量，对表现质量进行快速、真实、可追溯的测量，与模型参照对比来检验工程质量，防止人工测量验收的随意性和误差。

（5）运营维护管理阶段。BIM 模型结合运营维护管理系统可以充分发挥空间定位和数据记录的优势，合理制订维护计划，分配专人专享维护工作，以提高建筑物在使用过程中出现突发状况后的应急处理能力。BIM 辅助业主单位进行运营维护管理主要体现在以下几个方面：

1）设备信息的三维标注，可在设备管道上直接标注名称、规格、型号，三维标注跟随模型移动、旋转。

2）属性查询，在设备上单击鼠标右键，可以显示设备部具体规格、参数、厂家等信息。

3）外部链接，在设备上单击，可调出有关设备设施的其他格式文件，如图片、维修状况，仪表数值等。

4）隐蔽工程，工程结束后，各种管道可视化降低，给设备维护、工程维修或二次装饰工程带来一定难度，BIM 清晰记录各种隐蔽工程，避免错误施工的发生。

5）模拟监控，物业对一些净空高度，结构有特殊要求，BIM 提前解决各种要求，并能生成 VR 文件，可以让客户互动阅览。

BIM 技术在建筑全生命周期的系统、持续运用，将提高业主单位项目管理水平，提高信息反馈的及时性和系统性，决策主要依据将由经验，或者自发的积累，逐渐被科学决策数据库所代替，同时，决策主要依据将延伸到运营维护阶段。

8.4.2 勘察设计单位与 BIM 应用

1. 设计方的 BIM 技术应用流程

与其他行业相比，建筑物的生产是基于项目协作的，通常由多个平行的利益相关方在较长的生命周期中协作完成。因此，建筑信息模型尤其依赖于不同阶段、不同专业之间的信息传递标准，就是要建立一个在整个行业中通用的语义和信息交换标准，使不同工种的信息资源在建筑全生命周期中各个阶段都能得到很好地利用，保证业务协作可以顺利地进行。

BIM 技术的提出给设计流程带来了很大的改变。在传统的设计过程中，各个设计阶段的设计沟通都是以图纸为介质，不同的设计阶段的不同内容都分别体现在不同的图纸中，经常会出现信息不流通、设计不统一的问题。如图 8-1 所示的传统模式下的设计流程，各个阶段各个专业之间信息是有限共享的，无法实时更新。而通过 BIM 技术，从设计初期就将不同专业的信息模型整合到一起，改变了传统的设计流程，通过 BIM 模型这个载体，实现了设计过程中信息的实时共享，如图 8-2 所示。

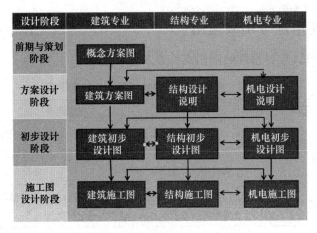

图 8-1　传统模式下的设计流程

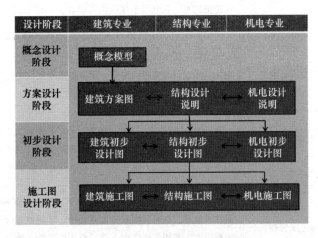

图 8-2　BIM 模式下的设计流程

BIM 技术促使设计过程从各专业点对点的滞后协同改变为通过同一个平台实时互动的信息协同方式。这种方式带来的改变不仅在交互方式上有着巨大优势，还带来了专业之间配合的前置，使更多问题在设计前期得到更多的关注，从而大幅提高设计质量。

2. 设计方的 BIM 技术应用核心

设计方无论采用何种 BIM 技术应用形式和技术手段、技术工具，应用的核心在于用 BIM 技术提高设计质量，完成 BIM 设计或辅助设计表达，为业主单位整体的项目管理提供有效的技术支撑。所以，设计方的 BIM 技术应用的核心是模型完整表达设计意图，与图纸内容一致，部分细节的表达深度，可能模型要优于二维图纸。

3. 勘察单位与 BIM 技术应用

勘察单位主要是野外土工作业与室内试验，与 BIM 技术的衔接主要是勘察基础资料和勘查成果文件提交。目前 BIM 应用于这块的案例较少，有待于 BIM 技术应用普及后，勘察单位将逐渐参与到 BIM 技术应用工作中。

8.4.3 施工单位与 BIM 应用

施工单位与 BIM 项目管理的应用点见表 8-2。

表 8-2 施工单位与 BIM 项目管理的应用点

序号	应用点	应用概述
1	施工图 BIM 模型建立及图纸审核	基于设计单位所提交的施工图纸，搭建建筑、结构、机电专业的施工图 BIM 模型。建模过程中，同时对施工图纸进行审核，利用 BIM 的可视化优势，发现图纸中的问题
2	碰撞检测	在施工图 BIM 模型的基础上，进行各专业模型之间的碰撞检测，发现专业之间的图纸问题，编制碰撞检测报告
3	深化设计及模型综合协调	在施工图 BIM 模型的基础上，组织各专业及分包使用 BIM 技术作为工具进行深化设计工作。同时，整合各专业深化设计 BIM 成果进行综合协调碰撞调整，达到模型零碰撞，形成施工模型及深化设计综合图纸，指导现场施工
4	设计变更及洽商预检	通过施工图 BIM 模型的建立、深化设计、综合协调及碰撞检测等 BIM 应用，减少设计变更。对每一项洽商或变更，均使用 BIM 模型提前进行验证及预检，确保现场的顺利实施
5	施工方案辅助及工艺模拟	利用 BIM 辅助施工方案的编制工作，建立施工方案模型，并用 BIM 施工方案模拟来展示在重要施工区域或部位施工方案的合理性，检查方案的不足，协助施工人员充分理解和执行方案的要求
6	BIM 辅助进度管理	依托 BIM 进度管理技术，对重要节点及工序穿插配合复杂的节点进行复核及验证。在项目实际施工过程中，实时跟踪及录入实际生产工效及工程进度，利用实际生产工效、资源配置和工程进展对项目进行动态管控，预测进度走势，同时分析进度差异原因，协助控制现场进度
7	BIM5D 及辅助造价管理和管控应用	利用 BIM 模型提取构件工程量，与项目商务进行对量，提高工程量计算的精确度，并与商务信息挂接，辅助项目进行资源及整体造价的控制
8	现场及施工过程管理	在施工过程中，利用深化设计综合 BIM 模型、施工方案和工艺 BIM 模型指导现场施工。对比并及时发现现场施工实物及工艺的错误，要求现场工作人员进行整改。依托 BIM 平台，及时记录并反馈现场的质量安全问题
9	BIM 数字加工及 RFID 技术应用	基于 BIM 深化设计模型进行分段分节、预制加工，并对每个构件赋予 ID。利用 RFID 技术(无线射频识别)对构件的下料、运输、安装进行全过程追踪管理。施工管理过程中通过无线射频识别，实时更新材料精确位置，优化排版取料顺序，减少材料浪费，加快施工进度
10	BIM 三维激光扫描辅助实测实量及深化设计管理应用	利用激光测距的原理，扫描施工现场形成的三维点云数据，经与深化设计模型进行精度对比后，将误差修正到 BIM 模型中，并及时通知相关专业调整深化设计模型或整改施工现场，避免出现因现场与图纸、模型不一致而导致的返工、洽商问题

序号	应用点	应用概述
11	BIM放样机器人辅助现场测量工作应用	从设计模型中提取放样点，使用BIM放样机器人在现场进行自动测量放样，将模型点位与现场对应，提高测量效率和精确度，确保安装工程的顺利实施
12	安全管理及绿色文明施工辅助	项目部综合各专业的模型成果，建立漫游模拟功能
13	模型维护	对模型及时进行更新，保证施工BIM模型与现场实物的一致，综合各专业及分包在施工阶段的专业模型。在项目竣工阶段，提供与现场实物相一致的BIM竣工模型
14	协同平台管理	协同平台用于BIM实施过程的各参与方协作过程，所有BIM成果及项目信息通过平台进行传输与共享。确保项目信息安全及时有效地传递
15	数字楼宇交付	及时更新施工BIM模型，将相关建造信息录入至BIM模型中，在工程竣工阶段，向业主交付集成建设全过程相关建筑信息的"数字楼宇"及相关成果

8.4.4 造价咨询企业与BIM应用

BIM技术的引入，将对造价咨询企业在整个建设全生命周期项目管理工作中对工程量的管控发挥质的提升。

(1)算量建模工作量将大幅度减少。因为承接了设计模型，传统的算量建模工作将变为模型检查、补充建模(人钢筋、电缆等)，传统建模体力劳动将转变为对基于算量模型规则的模型检查和模型完善。

(2)大幅度提高算量效率。传统的造价咨询模式是待设计完成后，根据施工图纸进行算量建模，根据项目的大小，少则一周，多则数周，然后计价出件。算量建模工作量减少后，将直接减少造价咨询时间，同时，算量成果还能在软件中与模型构件一一对应，便于快捷、直观地检验成果。

(3)将减轻企业负担，形成以核心技术人员和服务经理组成的企业竞争模式。对于传统造价咨询行业，算量建模工作将不再是造价咨询企业的人力资源重要支出，丰富的数据资源库、项目经验积累、资深的专业技术人员，将是造价咨询企业的核心竞争力。

(4)但各项目的造价咨询服务将从节点式变为伴随式。BIM技术推广应用后，造价咨询企业的参与度将不再局限于预算、清单、变更评估、结算阶段。项目进度评估、项目赢得值分析、项目预评，均需要造价咨询专业技术支持；同时，项目管理、计价是一项复杂的工程，涵盖了定额众多子项和市场信息调价，过程中存在众多的暗门，必须有专业的软件应用人员和造价咨询专家技术支持。造价咨询企业将延伸到项目现场，延伸到项目建设全过程，与项目管理高度融合，提供持续的造价咨询技术服务。

一、单项选择题

1. 下列关于 BIM 在项目管理中的应用说法错误的是（　　）。
   - A. 在项目实施过程中，各利益相关方既是项目管理的主体，同时也是 BIM 技术的应用主体
   - B. 施工单位是建设工程生产过程的总集成者
   - C. 业主单位的项目管理是所有各利益相关方中唯一涵盖建筑全生命周期各阶段的项目管理
   - D. 在施工管理阶段，业主单位更多的是施工阶段的风险控制，包含安全风险、进度风险、质量风险和投资风险等

2. BIM 技术在设计阶段的主要任务不包括（　　）
   - A. 造价控制 　　　　　　　　B. 组织与协调
   - C. 方案比选 　　　　　　　　D. 信息管理

3. 整个工程项目建设造价控制的关键阶段是（　　）
   - A. 运维阶段 　　　　　　　　B. 设计阶段
   - C. 规划阶段 　　　　　　　　D. 施工阶段

4. （　　）阶段是整个设计阶段的开始，设计成果是否合理、是否满足业主要求对整个项目的以下阶段实施具有关键性的作用。
   - A. 场地规划 　　　　　　　　B. 方案比选
   - C. 概念设计 　　　　　　　　D. 性能分析

5. 以下关于碰撞检查说法正确的是（　　）
   - A. 冲突检查一般从设计前期开始进行
   - B. 随着设计的进展，反复进行"冲突检查—确认修改—更改模型"的 BIM 设计过程，直到所有冲突都被检查出来并修正，直到最后一次检查所发现的冲突数为零
   - C. 不同专业是统一设计，分别建模的
   - D. 冲突检查的工作只能检查其中两个专业之间的冲突关系

6. 下列选项中不属于 BIM 技术在施工企业投标阶段的应用优势的是（　　）
   - A. 能够更好地对技术方案进行可视化展示
   - B. 基于快速自动算量功能可以获得更好的结算利润
   - C. 提升项目的绿色化程度
   - D. 提升竞标能力，提升中标率

二、多项选择题

1. 方案设计阶段 BIM 应用主要包括（　　）。
   - A. 利用 BIM 技术进行概念设计
   - B. 利用 BIM 技术进行空间设计
   - C. 利用 BIM 技术进行总体设计
   - D. 利用 BIM 技术进行场地设计

E. 利用 BIM 技术进行方案比选

2. 施工图设计阶段 BIM 应用主要包括(　　)。

    A. 协同设计   B. 性能分析

    C. 结构分析   D. 工程量计算

    E. 施工图出具

3. 下列哪几项属于 BIM 技术在专业深化设计阶段的应用(　　)。

    A. 管线综合深化设计   B. 土建结构深化设计

    C. 钢结构深化设计   D. 幕墙深化设计

    E. 机电各专业深化设计

4. BIM 在技术方案展示中的应用主要体现在(　　)等方面。

    A. 碰撞检查   B. 虚拟施工

    C. 施工隐患排除   D. 材料分区域统计

    E. 人员管理

5. 下列属于 BIM 在工程项目质量管理中的关键应用点有(　　)。

    A. 建模前期协同设计   B. 安装材料 BIM 模型数据库

    C. 施工过程详细信息全过程查询 D. 碰撞检测

    E. 后期模型修改

三、简答题

1. 基于 BIM 的设计阶段信息管理具备的优势有哪些?

2. BIM 技术在进度管理中的优势有哪些?

3. 虚拟施工管理在项目实施过程中带来的好处主要有哪些?

参考文献

[1]中华人民共和国住房和城乡建设部．建设工程项目管理规范[M]．北京：中国建筑工业出版社，2018．

[2]吴渝玲．建筑工程项目管理[M]．哈尔滨：哈尔滨工业大学出版社，2017．

[3]蔡学峰．建筑工程施工组织管理[M]．北京：高等教育出版社，2006．

[4]项建国．建筑工程项目管理[M]．北京：中国建筑工业出版社，2008．

[5]建设工程项目管理规范编写委员会．建设工程项目管理规范实施手册[M]．北京：中国建筑工业出版社，2002．

[6]全国一级建造师执业资格考试用书编写委员会．建设工程项目管理[M]．北京：中国建筑工业出版社，2019．

[7]王芳，范建洲．工程项目管理[M]．北京：科学出版社，2007．

[8]刘小平．建筑工程项目管理[M]．北京：高等教育出版社．2002．

[9]马纯杰．建筑工程项目管理[M]．杭州：浙江大学出版社．2007．

[10]徐广舒．建设法规[M]．北京：机械工业出版社，2017．

[11]中华人民共和国住房和城乡建设部．建筑工程安全技术统一规范[M]．北京：中国建筑工业出版社，2013．

[12]中华人民共和国住房和城乡建设部．建筑工程施工质量验收统一标准[M]．北京：中国建筑工业出版社，2013．

[13]中华人民共和国住房和城乡建设部．建设工程监理规范[M]．北京：中国建筑工业出版社，2013．

[14]田元福．建设工程项目管理[M]．北京：清华大学出版社，2010．

[15]王芳，范建洲．工程项目管理[M]．北京：科学出版社，2007

[16]张守健．许程洁．施工组织设计与进度管理[M]．北京：中国建筑工业出版社，2001．

[17]任宏等．工程项目管理[M]．北京：高教出版社，2005．

[18]陈群．建设工程项目管理[M]．北京：中国电力出版社，2010．

[19]王辉．建设工程项目管理[M]．北京：北京大学出版社，2014．

[20]危道军．建筑施工组织：土建类专业适用[M]．北京：中国建筑工业出版社，2014．